中国生态环境产教融合丛书
职业技能等级认定系列教材

智能水厂运行与调控

（初级）

冀广鹏　刘振生　董　超　宗德森
全玉莲　张维宁　晏　丽　主编

中国环境出版集团・北京

图书在版编目（CIP）数据

智能水厂运行与调控 ： 初级 / 冀广鹏等主编.
北京 ： 中国环境出版集团， 2025. 5. -- （中国生态环境产教融合丛书）（职业技能等级认定系列教材）.
ISBN 978-7-5111-5955-7
Ⅰ. TU991.6
中国国家版本馆CIP数据核字第2024F0A664号

责任编辑 曹 玮
封面设计 岳 帅

出版发行 中国环境出版集团
（100062 北京市东城区广渠门内大街 16 号）
网 址：http://www.cesp.com.cn
电子邮箱：bjgl@cesp.com.cn
联系电话：010-67112765（编辑管理部）
010-67113412（第二分社）
发行热线：010-67125803，010-67113405（传真）

印 刷 玖龙（天津）印刷有限公司
经 销 各地新华书店
版 次 2025 年 5 月第 1 版
印 次 2025 年 5 月第 1 次印刷
开 本 787×1092 1/16
印 张 19.25
字 数 390 千字
定 价 76.00 元

如何高效推动
水厂智慧化升级
以及
Upgrading...
智能化运维?
扫码提问
快速提升
精进个人能力
AI技能培训助手
全天候在线，为您提供专业问题的解答服务。
运行操作准备
1.水厂运行异常报警分为哪三类?
2.企业全面落实有限空间安全管理有哪7项措施?
3.精确曝气系统采用哪两种控制模式?
1.旋流沉砂池提砂系统包括哪些设备?
2.一级处理主要是指去除污水中哪些无机物?
水处理工艺分析
水质指标监测
1.水样在运输过程中有哪些基本要求?
2.使用曲线法定量方法有哪些注意点?

中国生态环境产教融合丛书
编委会

《智能水厂运行与调控（初级）》

编 委 会

刘　军（河北环境工程学院）
郑艳芬（河北环境工程学院）
董　冰（河北环境工程学院）
夏志新（广东环境保护工程职业学院）
叶　平（广东环境保护工程职业学院）
张　伟（山东水利职业学院）
乔　鹏（山东水利职业学院）
朱邦辉（长沙环境保护职业技术学院）
曾静滢（长沙环境保护职业技术学院）
陈冉妮（长沙环境保护职业技术学院）
朱　蕊（北控水务集团有限公司）
秦建明（北控水务集团有限公司）
刘婧邈（北控水务集团有限公司）

总　序

2021 年是“十四五”开局之年，我国生态环境产业将继续迎来蓬勃发展的重要机遇期，国家着力建立健全绿色低碳循环发展经济体系，促进经济社会发展全面绿色转型。面对新的发展时期，在“绿水青山就是金山银山”理念和习近平生态文明思想的指引下，水务行业的工作重点将从传统的水资源利用和水污染防治逐渐发展为生态产品价值体现以及环境资源贡献。

随着生态环境产业的迅速发展，水务行业对技术创新力的要求不断提高，市场竞争中行业人才供给有着非常大的缺口，而“产教融合”正是解决这一“缺口”的有效途径。企业通过与高校开展校企合作，联合招生，共同培养水务人才；企业专家和高校教师共同制定培养方案并开发教材，将污水处理厂作为学生的实习基地；企业专家担任高校授课教师，从而将对岗位能力的实际需求全方位地融入学生的培养过程。

2017 年，《关于深化产教融合的若干意见》印发，鼓励企业发挥重要主体作用，深化引企入教，促进企业需求融入人才培养环节，培养大批高素质创新人才和技术技能人才；2019 年，《国家产教融合建设试点实施方案》再次强调，企业应通过校企合作等方式构建规范化的技术课程、实习实训和技能评价标准体系，在教学改革中发挥重要主体作用，在提升技术技能人才和创新创业人才培养质量上发挥示范引领作用；2021 年，《中华人民共和国国民经济和社会发展第十四个五年规划和 2035 年远景目标纲要》提出，建设高质量教育体系，推行“学历证书+职业技能等级证书”制度，深化产教融合、校企合作，鼓励企业举办高质量职业技术教育，实施现代职业技术教育质量提升计划，建设一批高水平职业技术院校和专业。

北控水务集团有限公司是国内水资源循环利用和水生态环境保护行业的旗舰企业，集产业投资、设计、建设、运营、技术服务与资本运作于一体。近年来，在国家政策导向和企业发展战略的双重驱动下，北控水务集团有限公司在多年实践经验的基础上，进一步推动在产教融合领域的积极探索，把握（现代）产业学院建设、1+X 证书制度试点建设、“双师型”教师队伍建设、公共实训基地共建共享等重大政策机遇，围绕产教融合“大平台+”建设规划开展了一系列实践项目，并取得了显著成果。北控水务集团有限公司希望通过践行产教融合战略，推动行业人才培养和技术进步，为水务行业的持续发展提供有力的支持和帮助。

“中国生态环境产教融合丛书”（以下简称丛书）主要涉及智慧水务管理、职业技能等级标准、大学生创新创业、实习培训基地等，聚焦生态环境领域人才培养，采用校企双元合作的教材开发模式和内容及时更新的教材编修机制，深度对接行业企业标准，落实“书证融通”相关要求，同时适应“互联网+”发展需求，加强与虚拟仿真软件平台的结合，重视对学生实操能力的培养。

由于丛书内容涉及多学科领域，且受编者水平所限，难免有遗漏和不足之处，敬请读者不吝指正。

北控水务集团有限公司轮值执行总裁

生态环境职业教育教学指导委员会副秘书长

2021 年 12 月

前言

党的二十大报告指出，教育、科技、人才是全面建设社会主义现代化国家的基础性、战略性支撑。要推动战略性新兴产业融合集群发展，构建新一代信息技术、人工智能、高端装备、绿色环保等新的增长引擎；协同推进降碳、减污、扩绿、增长，推进生态优先、节约集约、绿色低碳发展；实施科教兴国战略、创新驱动发展战略，推进职普融通、产教融合、科教融汇。

我国智慧水务建设正处于由自动化、信息化向智慧化迈进的过程中，物联网、云计算、智能传感等新一代信息技术正快速渗透至水务行业，推动企业的生产效率和管理水平显著提升。本套教材采用校企深度合作模式，由北控水务集团北水教育中心主导，会同河北环境工程学院、长沙环境保护职业技术学院、山东水利职业学院、广东环境保护工程职业学院共同编写完成。结合先进的智能化水厂运维技术，以企业需求为导向，参照智能水厂运行与调控职业技能等级标准，将院校教学实训、企业人才需求、职业技能证书相融合开发而成。

本套教材是以北控水务集团组团式智能水厂为样板，提炼水厂运行、巡检、维护及水质检测等常用技能，与职业院校讲授的水处理工艺、自动控制、信息技术、机电、仪表等专业知识相衔接，以任务型技能讲授和实操培训为主，理论与实践相结合而开发的新形态教材。本套教材既适用于职业院校水处理工艺、水质检测、自控仪表、机电等相关专业学生的职业技能培训，也适用于水务企业一线员工岗位技能培训。

本套教材分为初级、中级、高级 3 册，分别对应“智能水厂运行与调控职业技能等级标准”初级、中级、高级 3 个职业技能等级。初级教材将院校讲授的水处理专业知识与水厂运行实操知识相衔接，通过初级教材的学习和实训，熟悉典型水厂运行管理、安全管理基本规则和方法，掌握运行值班、运行巡检、中控监视、安全操作、水质监测等岗位的入门实用技能。

《智能水厂运行与调控（初级）》包括水厂运行操作准备、水处理工艺运行、中控系统运行监控、现场巡检准备、水质指标监测 5 个项目，含 16 个任务、65 个技能。由北控水务集团刘振生、董超、宗德森、晏丽、张维宁、王双吉、张雷、丁文兵、叶斌、王增礼、杨成等资深专家和全玉莲（河北环境工程学院）、张伟（山东水利职业学院）、夏志新（广东环境保护工程职业学院）、吴同华（长沙环境保护职业技术学院）等优秀教师共同编写，冀广鹏、吴同华、陈克森、钟真宜等领导对教材编写给予了评审指导。

在本书编写过程中，北控水务集团智能水厂工艺、设备、自动控制专家和各参编院校一线老师给予了大力支持，提供了大量实用规程和技能培训案例，在此一并致以衷心的感谢。由于编者水平有限，编写经验不足，书中难免存在纰漏和错误，欢迎读者批评指正。如在教材使用中有疑问或者需要提供相应配套课件，请发送需求至邮箱 edu@bewg.net.cn，编者将及时回复。

编　者

2024 年 9 月

目 录

项目一 水厂运行操作准备 / 1

任务 1 水厂安全操作准备 / 2

子任务 1.1 污水处理厂安全标识及含义 / 10
子任务 1.2 污水处理厂安全劳动用品的使用 / 15
子任务 1.3 污水处理厂危险源及辨识 / 18
子任务 1.4 应急预案及安全事件处理流程 / 25

任务 2 水厂运行操作技术准备 / 29

子任务 2.1 污水处理厂常用工艺流程图和工艺运行原理认知 / 31
子任务 2.2 污水处理厂主要工艺单元运行参数和控制指标 / 35
子任务 2.3 污水处理厂主要设备的用途和运行参数 / 41
子任务 2.4 工艺单元运行异常分类和处理方法 / 50

任务 3 水厂运行值班准备 / 54

子任务 3.1 运行值班制度和交接班制度 / 54
子任务 3.2 运行值班记录 / 57
子任务 3.3 运行异常识别和处理 / 60
子任务 3.4 运行安全防护和处置方法 / 62

项目二　水处理工艺运行 / 67

任务 1　预处理系统工艺运行操作 / 68

子任务 1.1　格栅除渣系统的运行操作 / 73
子任务 1.2　进水提升系统运行操作 / 76
子任务 1.3　曝气沉砂池系统运行操作 / 78
子任务 1.4　旋流沉砂池系统运行操作 / 82

任务 2　生化处理工艺运行操作 / 85

子任务 2.1　生化系统运行操作步骤 / 95
子任务 2.2　生化系统运行指标参数控制 / 101
子任务 2.3　生化系统运行状态分析判断 / 104
子任务 2.4　生化系统配套设备的运行状态分析判断 / 106

任务 3　沉淀工艺运行操作 / 109

子任务 3.1　高密度沉淀池的开停车操作步骤 / 118
子任务 3.2　絮凝沉淀运行状态分析判断 / 120
子任务 3.3　混凝加药系统开停车操作 / 123
子任务 3.4　混凝加药系统药剂配比及投加方式 / 124

任务 4　过滤工艺运行操作 / 128

子任务 4.1　滤池过滤系统、反冲洗系统构成和运行指标 / 138
子任务 4.2　过滤系统运行状态分析 / 140
子任务 4.3　滤池投入和退出运行控制 / 141
子任务 4.4　滤池反冲洗操作控制 / 143

项目三　中控系统运行监控 / 145

任务 1　中控系统上位机画面识别 / 146

子任务 1.1　上位机登录及交接班操作 / 146
子任务 1.2　上位机监控画面构成、类别和用途 / 151
子任务 1.3　上位机监控画面操作和信号识别 / 156

子任务 1.4 上位机画面异常报警分类及处理 / 171

任务 2 工艺设备运行数据监测 / 174

子任务 2.1 各工艺单元运行参数及异常判断 / 174
子任务 2.2 各工艺单元设备配置、运行参数及异常判断 / 179
子任务 2.3 各工艺单元在线仪表配置、作用及异常数据判断 / 184
子任务 2.4 各类异常数据的处理方法和处理流程 / 186

任务 3 中控系统异常信号识别与处理 / 190

子任务 3.1 工艺单元异常分类及异常信号处理 / 190
子任务 3.2 设备异常分类及异常信号处理 / 193
子任务 3.3 一般工艺、设备异常报警的处理流程 / 196
子任务 3.4 工艺异常、设备异常通知单填报及处理流程 / 197

项目四 现场巡检准备 / 202

任务 1 巡检装备配置 / 203

子任务 1.1 巡检任务分类和内容 / 204
子任务 1.2 巡检任务及适用的巡检工具 / 206
子任务 1.3 巡检仪功能操作介绍 / 210
子任务 1.4 巡检仪现场使用方法演示 / 217

任务 2 现场工艺运行巡检准备 / 220

子任务 2.1 工艺运行巡检的方法 / 220
子任务 2.2 现场工艺巡检步骤和要求 / 223
子任务 2.3 工艺巡检工单的下达 / 224
子任务 2.4 运行巡检记录填写 / 227

任务 3 现场设备运行巡检准备 / 229

子任务 3.1 设备运行状态巡检方法 / 229
子任务 3.2 现场设备巡检步骤及要求 / 233
子任务 3.3 设备巡检工单的下达 / 237

子任务 3.4　设备巡检工单的填写 / 239

项目五　水质指标监测 / 243

任务 1　水样采集 / 244

子任务 1.1　水样采集准备 / 245
子任务 1.2　水样的采集 / 252
子任务 1.3　水样的保存 / 257
子任务 1.4　水质采样记录表 / 261
子任务 1.5　水样的运输和交接 / 263

任务 2　样品分析 / 268

子任务 2.1　温度计法测定水温 / 268
子任务 2.2　玻璃电极法测定水样的 pH / 270
子任务 2.3　电化学探头法测定水中溶解氧 / 271
子任务 2.4　重量法测定水中悬浮物、硫酸盐、全盐量 / 273

任务 3　数据处理 / 279

子任务 3.1　监测数据记录 / 279
子任务 3.2　单位换算 / 283
子任务 3.3　数据异常值判断 / 286
子任务 3.4　测定结果的统计检验 / 289

项目一

水厂运行操作准备

学习目标

一、知识目标

掌握污水处理厂安全标志及含义，熟悉污水处理厂各类安全和劳动用品，了解污水处理厂常见危险源风险。掌握污水处理厂常用工艺流程图和工艺运行原理，熟悉常见工艺处理单元的用途、原理和参数指标，掌握污水处理厂主要设备的原理和运行参数。掌握运行值班相关制度，熟悉运行过程中相关设备的运行原理和安全防护，了解运行值班制度在企业管理中的重要作用。

二、技能目标

能辨识、检查厂内危险源，会预防性安全措施，能应急处理一般安全事件，能绘制常用工艺流程图并能讲解工艺运行原理；能基本运行污水处理厂主要设备，掌握各工艺单元的基本运行，能按照值班制度交接班，撰写值班记录和处理一般的值班运行异常情况。

项目综述

本项目包括 3 个工作任务，分别是水厂安全操作准备、水厂运行操作技术准备、水厂运行值班准备。

任务1　水厂安全操作准备

任务目的

（1）能区分工作环境安全警示标志、安全距离、安全色等安全标识。

（2）能使用常用安全防护器具和劳动保护用品以及有毒气体检测仪、消防器材等安全器具。

（3）能辨识、检查厂内危险源。

（4）能制定预防性安全措施并应急处理一般安全事件。

专业知识

一、污水处理厂安全管理制度

1. 安全生产方针

“安全第一、预防为主”是我国长期以来的安全生产工作方针，并在《中华人民共和国安全生产法》第三条中以法律条款的形式得以确定。2005年10月，党的十六届五中全会通过“十一五”规划，要求坚持安全发展，并首次提出了坚持“安全第一、预防为主、综合治理”的安全生产工作方针。

为了保障生产安全，减少或避免事故的发生，必须认真贯彻落实“安全第一、预防为主、综合治理”的安全生产工作方针。

“安全第一”是指在处理安全和生产以及其他各项工作的关系时，必须将安全工作放在首位。当生产或其他工作与安全发生矛盾时，安全是最主要的，要把保护职工的生命安全和健康放在第一位，把它作为各项工作的指导思想和行为准则。

“预防为主”是实现“安全第一”的前提条件，是安全管理工作中最为重要的原则，只有认真做到预防为主，从人、物、环境、管理4个方面消除隐患，才能把事故和职业危害消灭在发生之前，防患于未然。

“综合治理”就是从系统的观点出发，从全过程进行严密控制，坚持“检查上工序，控制本工序，服务下工序”，一环扣一环，关注协调和配合。对隐患实施综合治理就是要全员参与，就是要人人有责、人人履责，形成“人人懂安全、人人抓安全、人人要安全、人人保安全”的群防群治局面。综合治理既包括对隐患出现后的治理，更涵盖着对危险因素的预防，工作的重点就是紧紧抓住“物防、技防、人防”这三大防治措施，其中“人防”是关键。

2. “三级”安全教育

“三级”安全教育是指公司级、部门级、班组级安全教育，新入职员工必须经过三级安全教育，并通过考核后方可上岗。

3. 安全生产“三不”原则

安全生产“三不”原则是指不伤害自己，不伤害他人，不被他人伤害。

4. 事故处理“四不放过”原则

事故处理“四不放过”原则是指事故原因没有查清不放过；事故责任者没有严肃处理不放过；广大职工没有受到教育不放过；防范措施没有落实不放过。

5. 安全“十戒”

安全“十戒”是：一戒侥幸心理；二戒短期行为；三戒虎头蛇尾；四戒以次充好；五戒未训上岗；六戒违章作业；七戒弄虚作假；八戒以罚代管；九戒走马观花；十戒瞒上欺下。

6. 员工安全生产权利和义务

（1）遵守本单位的安全生产规章制度和安全操作规程，服从管理，正确佩戴和使用劳动防护用品；

（2）接受安全生产教育和培训；

（3）及时报告事故隐患和不安全因素；

（4）参加事故抢险和救援；

（5）法律、法规规定的其他义务。

二、污水处理厂安全标识及含义

1. 安全色

安全色（safety colour）表示安全信息的颜色。颜色常被用作为加强安全和预防事故而设置的标志。安全色要求醒目，容易识别，其作用在于迅速指示危险，或指示在安全方面有着重要意义的器材和设备的位置。安全色应该有统一的规定。国际标准化组织建议采用红色、黄色和绿色 3 种颜色作为安全色，并用蓝色作为辅助色，我国标准《安全色》（GB 2893—2008）规定红、蓝、黄、绿 4 种颜色为安全色。其含义和用途见图 1-1。

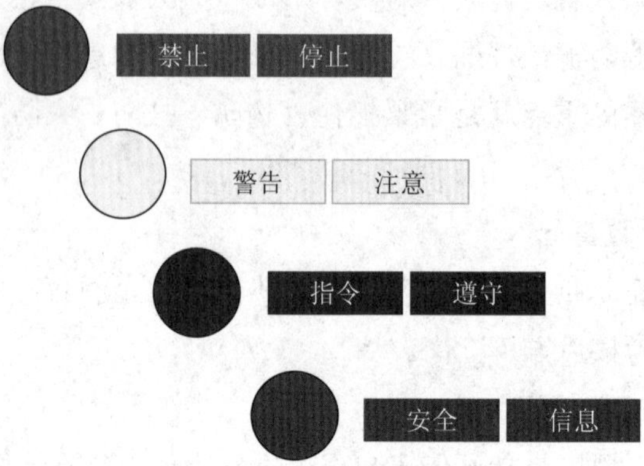

图 1-1　污水处理厂安全色概述图

（1）红色：表示禁止、停止，用于禁止标志、停止信号、车辆上的紧急制动手柄等；

（2）蓝色：表示指令、必须遵守的规定，一般用于指令标志；

（3）黄色：表示警告、注意，用于警告警戒标志、行车道中线等；

（4）绿色：表示提示安全状态、通行，用于提示标志、行人和车辆通行标志等。

2．安全标志

安全标志是向工作人员警示工作场所或周围环境的危险状况，指导人们采取合理行为的标志。安全标志能够提醒工作人员预防危险，从而避免事故发生；当危险发生时，能够指示人们尽快逃离，或者指示人们采取正确、有效的措施，对危害加以遏制。安全标志不仅类型要与所警示的内容相吻合，而且设置位置要正确合理，否则就难以真正充分发挥其警示作用。

安全标志的分类为禁止标志、警告标志、指令标志、提示标志和补充标志。

（1）禁止标志。

禁止标志的含义是不准或制止人们的某些行动。禁止标志的几何图形是带斜杠的圆环，其中圆环与斜杠相连，用红色；图形符号用黑色；背景用白色。

我国规定的禁止标志共有 40 个，如禁放易燃物、禁止吸烟、禁止通行、禁止烟火、禁止用水灭火、禁带火种、启机修理时禁止转动、运转时禁止加油、禁止跨越、禁止乘车、禁止攀登等。禁止标志示例如图 1-2 所示。

图 1-2 禁止标志示例

（2）警告标志。

警告标志的含义是警告人们可能发生的危险。警告标志的几何图形由黑色的正三角形、黑色符号和黄色背景组成。

我国规定的警告标志共有 39 个，如注意安全、当心触电、当心爆炸、当心火灾、当心腐蚀、当心中毒、当心机械伤人、当心伤手、当心吊物、当心扎脚、当心落物、当心坠落、当心车辆、当心弧光、当心冒顶、当心瓦斯、当心塌方、当心坑洞、当心电离辐射、当心裂变物质、当心激光、当心微波、当心滑跌等。警告标志示例如图 1-3 所示。

图 1-3 警告标志示例

（3）指令标志。

指令标志的含义是必须遵守。指令标志的几何图形是圆形，由蓝色背景、白色图形符号组成。

我国规定的指令标志共有 16 个，如必须戴安全帽、必须穿防护鞋、必须系安全带、必须戴防护眼镜、必须戴防毒面具、必须戴护耳器、必须戴防护手套、必须穿防护服等。指令标志示例如图 1-4 所示。

图 1-4 指令标志示例

（4）提示标志。

提示标志的含义是示意目标的方向。提示标志的几何图形是方形，由绿色背景、白色图形符号及文字组成。

我国规定的提示标志共有 8 个，如紧急出口、避险处、应急避难场所、可动火区、击碎板面、急救点、应急电话、紧急医疗站。提示标志示例如图 1-5 所示。

图 1-5 提示标志示例

（5）补充标志。

补充标志是对前述 4 种标志的补充说明，以防误解。

补充标志分为横写和竖写两种。横写的为长方形，写在标志的下方，可以和标志连在一起，也可以分隔开；竖写的写在标志杆上部。

补充标志的颜色：竖写的补充标志，均为白底黑字；横写的补充标志，用于禁止标志的为红底白字，用于警告标志的为白底黑字，用于指令标志的为蓝底白字。

三、污水处理厂安全劳动用品的种类及用途

1. 特种劳保用品

特种劳动防护用品有“三证”，即生产许可证（现为安全标志证）、产品合格证、安全鉴定证。国家安监总局公布的特种劳动防护用品包括：

（1）头部护具类：安全帽。

（2）呼吸护具类：防尘口罩、过滤式防毒面具、自给式空气呼吸器、长管面具。

（3）眼（面）护具类：焊接眼（面）防护具、防冲击眼护具。

（4）防护服类：阻燃防护服、防酸工作服、防静电工作服。

（5）防护鞋类：保护足趾安全鞋、防静电鞋、导电鞋、防刺穿鞋、胶面防砸安全靴、电绝缘鞋、耐酸碱皮鞋、耐酸碱胶靴、耐酸碱塑料模压靴。

（6）防坠落护具类：安全带、安全网、密目式安全立网。

2. 一般防护用品

一般防护用品主要有棉纱手套、帆布手套、毛巾、棉纱、擦机布、口罩、防尘帽、普通工作服、普通劳保皮鞋、耳塞、脚套、水靴、雨衣、黏胶带等。

劳动保护用品按照防护部位分为 9 类：

（1）安全帽类：用于保护头部，防撞击、挤压伤害的护具，主要有塑料、橡胶、玻璃、胶纸、防寒和竹藤的安全帽。

（2）呼吸护具类：预防尘肺等职业病的重要护品，按用途分为防尘、防毒、供养 3 类，按其作用原理分为过滤式、隔绝式两类。

（3）眼防护具：用以保护作业人员的眼睛、面部，防止外来伤害，分为焊接用眼防护具、炉窑用眼护具、防冲击眼护具、微波防护具、激光防护镜以及防 X 射线、防化学、防尘等眼护具。

（4）听力护具：长期在 90 dB（A）以上或短时在 115 dB（A）以上环境中工作时应使用听力护具。听力护具有耳塞、耳罩和帽盔 3 类。

（5）防护鞋：用于保护足部免受伤害，目前主要作用有防砸、绝缘、防静电、耐酸碱、耐油、防滑鞋等。

（6）防护手套：用于手部保护，主要有耐酸碱手套、电工绝缘手套、电焊手套、防 X 射线手套、石棉手套等。

（7）防护服：用于保护职工免受劳动环境中的物理、化学因素的伤害。防护服分为特殊防护服和一般作业服两类。

（8）防坠落具：用于防止坠落事故发生，主要有安全带、安全绳和安全网。

（9）护肤用品：用于外露皮肤的保护，分为护肤膏和洗涤剂。

四、污水处理厂的危险源

危险源是指一个系统中具有潜在能量和物质释放危险的、可造成人员伤害、在一定的触发因素作用下可转化为事故的部位、区域、场所、空间、岗位、设备及其位置。它的实质是具有潜在危险的源点或部位，是爆发事故的源头，是能量、危险物质集中的核心，是能量传出来或爆发的地方。危险源存在于确定的系统中，不同的系统范围，危险源的区域也不同。例如，从全国范围来说，对于危险行业（如石油、化工等）具体的一个企业（如炼油厂）就是一个危险源。而对于一个企业系统来说，可能某个车间、仓库就是危险源。对于一个车间系统来说某台设备可能是危险源。因此，分析危险源应按系统的不同层次来进行。一般来说，危险源可能存在事故隐患，也可能不存在事故隐患，对于存在事故隐患的危险源一定要及时加以整改，否则随时都可能导致事故。

危险源应由潜在危险性、存在条件和触发因素 3 个要素构成。危险源的潜在危险性是指一旦触发事故，可能带来的危害程度或损失大小，或者说危险源可能释放的能量强度或危险物质量的大小。危险源的存在条件是指危险源所处的物理、化学状态和约束条件状态。例如，物质的压力、温度、化学稳定性，盛装压力容器的坚固性，周围环境障碍物等情况。触发因素虽不属于危险源的固有属性，但它是危险源转化为事故的外因，而且每一类型的危险源都有相应的敏感触发因素。如易燃、易爆物质，热能是其敏感的触发因素，又如压力容器，压力升高是其敏感触发因素。因此，一定的危险源总是与相应的触发因素相关联。在触发因素的作用下，危险源转化为危险状态，继而转化为事故。

危险源辨识就是识别危险源并确定其特性的过程。危险源辨识不仅包括对危险源的识别，也包括对其性质加以判断。国内外已经开发出的危险源辨识方法有几十种之多，如安全检查表、预危险性分析、危险和操作性研究、故障类型和影响性分析、事件树分析、故障树分析、作业条件危险性评价（LEC）法、储存量比对法等。

五、应急预案

1．应急预案类别

应急预案是指面对突发事件如自然灾害、重特大事故、环境公害及人为破坏的应急管理、指挥、救援计划等，一般应建立在综合防灾规划上。应急预案几大重要子系统为：完善的应急组织管理指挥系统；强有力的应急工程救援保障体系；综合协调、应对自如的相互支持系统；充分备灾的保障供应体系；体现综合救援的应急队伍等。

应急预案应形成体系，针对各级各类可能发生的事故和所有危险源制订专项应急预案和现场处置方案，并明确事前、事发、事中、事后的各个过程中相关部门和有关人员的职责。生产规模小、危险因素少的生产经营单位，综合应急预案和专项应急预案可以合并编写。

（1）综合应急预案。

综合应急预案是从总体上阐述事故的应急方针、政策，应急组织结构及相关应急职责，应急行动、措施和保障等基本要求和程序，是应对各类事故的综合性文件。

（2）专项应急预案。

专项应急预案是针对具体的事故类别（如煤矿瓦斯爆炸、危险化学品泄漏等事故）、危险源和应急保障而制订的计划或方案，是综合应急预案的组成部分，应按照应急预案的程序和要求组织制订，并作为综合应急预案的附件。专项应急预案应制定明确的救援程序和具体的应急救援措施。

2. 应急响应

应急响应由高到低分为一级、二级、三级 3 个级别。一般通过实时监控响应程序运行状态及效果，综合判断，及时纠偏，决定提级响应或解除响应。

（1）一级响应。

发生一级、二级生产安全事故，即进入一级应急响应。集团成立应急指挥中心，事发现场应急指挥部在集团应急指挥中心领导下积极实施救援与处置工作。根据生产安全事故性质及严重情况，集团应急指挥中心指派相关专业人员赶赴事故现场，了解现场情况，提出应急处理工作建议，配合现场应急处置的各组织机构开展工作并协助善后处理。

（2）二级响应。

发生三级生产安全事故，即进入二级应急响应。现场应急指挥部负责二级应急响应及应急救援处置工作。根据生产安全事故性质及严重情况，一级业务单位应派安全、生产运营等专业人员赶赴现场，了解现场情况，配合现场应急处置工作并协助善后处理。必要时向集团申请增援协助开展救援与处置等工作。

（3）三级响应。

发生四级生产安全事故，即进入三级应急响应。现场应急指挥部负责三级应急响应，现场应急救援人员应按照项目公司应急预案中的职责规定，积极实施救援与处置工作。必要时向一级业务单位申请增援协助开展救援与处置等工作。

3. 应急救援

生产安全事故发生后，无论其级别大小，事发单位都应立即启动应急预案，组成现场应急指挥部，根据相关预案程序，组织制订相应现场处置方案并负责实施。现场处置措施包括但不限于以下内容：

（1）在确保应急救援人员安全的前提下，组织营救和救治受害人员，疏散、撤离并妥善安置受到威胁的人员以及采取其他救助措施。

（2）迅速控制事态，标明危险区域，封锁危险场所，划定警戒区，禁止或限制使用事发区域内的有关设备、设施，关闭或限制使用有关场所，终止可能导致危害扩大的生产经营活动并采取其他保护措施。

（3）组织人员参与应急救援和处置工作，需要时应安排有特定专长的人员提供专业服务；启用储备的应急救援物资，必要时调用其他急需物资、设备、设施、工具，应急机构的组织、管理，应急资源的调配及信息的上传下达等要保证综合协调有序。

（4）采取防止发生次生、衍生事件的必要措施，以及有关法律、法规、规章规定认为必要的其他应急处置措施。

（5）对于继续救援直接威胁救援人员生命安全、极易造成次生或衍生事故等情况，应暂停救援；因客观条件导致无法实施救援的，应终止救援。

（6）及时掌握事件进展情况，随时报告。一旦发现事态有进一步扩大的趋势，或有可能超出自身的控制能力时，应启动应急升级，协调调配其他应急资源参与处置工作。同时应及时向事件可能波及的地区或兄弟单位通报有关情况。

任务实施

子任务 1.1　污水处理厂安全标识及含义

一、任务目的

新员工入厂安全教育培训应掌握污水处理厂基本安全标识、基础知识及基本安全规则。

二、准备工作

1．知识准备

了解污水处理厂安全标识与含义。

2．实训场地

污水处理厂厂区和工艺单元。

3．实训设备

安全标识标牌。

三、方法步骤

新员工入职或外来人员入厂首先要进行入厂安全教育培训，培训内容一般包括水厂简介、危险源防护措施介绍、入厂安全须知等。

1．宣传栏

污水处理厂宣传栏如图 1.1-1 所示。

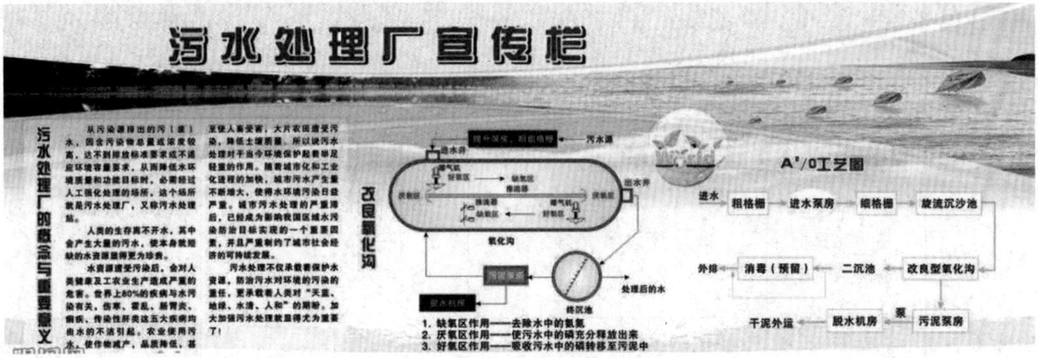

图 1.1-1　污水处理厂宣传栏

2．危险源分布图

污水处理厂危险源分布如图 1.1-2 所示，污水处理厂危险源清单见表 1.1-1。

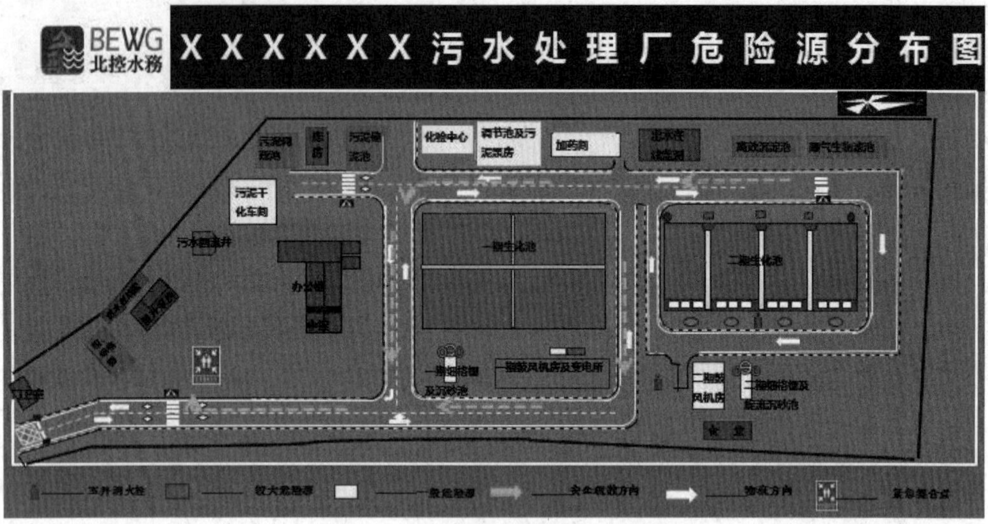

图 1.1-2　污水处理厂危险源分布

表 1.1-1　污水处理厂危险源清单

危险源	可能导致事故类别	现有管控措施	风险评价				拟增加的控制措施
			L	E	C	D	
高低压配电室	触电	落实安全用电制度、持证上岗	1	2	10	20	加强教育、培训和监管
有限空间作业	中毒	气体检测仪、个人防护用品、规范作业制度	1	1.5	15	22.5	加强教育、提高安全意识
电动葫芦起吊物品	起重伤害	起吊前检查设备完好	3	2	7	42	设起重监护人；尽可能在低标高下完成起吊；起吊物下方不得站人
污泥车厂内行驶	车辆伤害、机械伤害、其他伤害	严格执行交通安全管理，定期检审，持证上岗	1	6	7	42	限制车速；定期检查车辆状况
仓库	火灾、其他伤害	严格按照易燃易爆物品储存摆放规定存放	1	6	7	42	定期整理、盘点，消除隐患

3. 入厂安全须知

以下是某水厂“入厂安全须知”，目的是让外来人员了解水厂危险源和安全防范措施、安全守则，以防止意外事故发生。入厂安全培训由水厂安全员或运行主管负责，入厂参观应有专门人员陪同，并戴好安全帽等防护用具。

入厂安全须知

为加强本水厂安全管理，预防安全事故发生，特规定外来人员入厂须知如下：

（1）凡外来人员进入厂区须经安保部门同意，由接待人员带入水厂，严禁私自闯入。

（2）厂区内严禁烟火，严禁私自携带易燃易爆物品进入厂区。

（3）不准穿拖鞋、赤膊进入作业场所。

（4）严禁随意开启和动用各种机械设备。

（5）严禁随意动用消防设备、器材。

（6）严禁酒后进入作业场所。

（7）外来车辆未经允许一律不准进入厂区；外来车辆出厂时一律自觉打开后备箱接受检查；厂区内车辆行驶时速不得超过 5 km/h，应按指定线路行驶及停靠。

（8）外来人员未经接待人员允许不得在厂区内拍照。

（9）外来人员进入车间参观，必须由本厂专业人员陪同。

（10）进入指定地点请配戴劳动防护用品。

（11）请遵守各项警告标示及告示牌之注意事项。

（12）外来施工单位或人员在进入厂区施工作业前必须经本公司行政部门培训、审核批准，并接受本公司安全管理人员的安全监督。

（13）外来施工单位及人员因违反《中华人民共和国安全生产法》造成安全生产责任事故，本公司将依法追究其经济责任和法律责任。

（14）外来施工单位及人员因违反《中华人民共和国消防法》，造成本公司发生火灾事故，本公司将依法追究其经济责任和法律责任。

（15）凡不遵守水厂安全规定的外来人员，水厂保安有权拒绝放行。对无理取闹、打架或以恶劣言语攻击保安的，保安可通知行政部门处理或报警处理。

四、注意事项

（1）危险源应设置安全标识标志，并且应设在醒目的地方。污水处理厂危险源警示牌如图 1.1-3 所示。

图 1.1-3　污水处理厂危险源警示牌

（2）安全警示标志应设置牢固，不应有造成人体任何伤害的潜在危险。

（3）每个工艺单元应设置风险告知牌，如图 1.1-4 所示。

（4）污水处理厂每个有限空间作业点均应设置作业安全告知牌，如图 1.1-5 所示。

图 1.1-4　污水处理厂风险告知牌

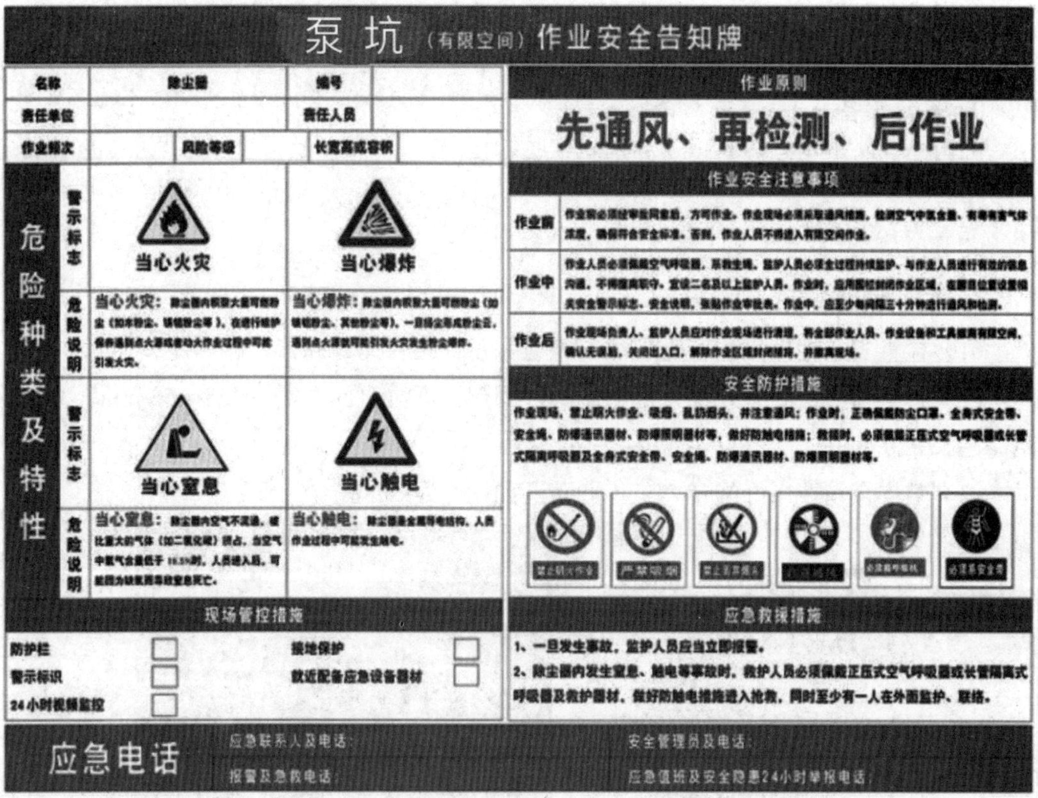

图 1.1-5　污水处理厂有限空间作业安全告知牌

子任务 1.2　污水处理厂安全劳动用品的使用

一、任务目的

能识记污水处理厂安全劳动用品的种类及用途，掌握污水处理厂常用安全劳动用品的正确使用方法。

二、准备工作

1. 知识准备

了解污水处理厂安全劳动用品的种类与用途。

2．实训场地

安全培训教室、会议室。

3．实训设备

常用劳动防护用品安全帽、安全带、安全绳、防毒面具。

三、方法步骤

1．安全帽的使用

（1）检查安全帽，壳体应无裂纹，垫衬完整，帽衬完好扎紧，帽带不得腐蚀。

（2）衬与帽壳之间必须保持足够的缓冲间隙，即垂直间距需在 25～53 mm，水平间距需在 5～20 mm。

（3）戴安全帽要系好帽带，防止脱落。如图 1.2-1 所示。

图 1.2-1　安全帽

2．安全带、安全绳的使用

（1）安全带、安全绳应由专人保管，使用前必须先做一次外观检查，使用中也应注意检查，如发现有部件破损、断丝、变质等情况应及时修理或更换。如图 1.2-2 所示。

图 1.2-2　安全带、安全绳

（2）安全带应高挂低用，注意防止摆动碰撞，使用 3 m 以上安全绳应加缓冲器。

（3）不准将绳打结使用，也不准将钩直接挂在安全绳上使用，应挂在连接环上使用。

（4）安全带上的各种部件不得随意拆掉，更换绳时要注意加套绳。

（5）安全带每 2 年送检一次。

3. 防毒面具的使用

（1）在使用中应注意面具的完整性和气密性，面罩密合框应与佩戴者面部密合，应注意有无泄漏和滤毒罐失效情况。

（2）滤毒罐应存放于干燥、通风处，无酸、碱、溶剂等物质的环境中，存储期为 5 年。滤毒罐为一次性使用品。

（3）为保证滤毒效果，应根据所防护有毒有害气体对象采购相应标号的滤毒罐。

（4）防毒面具在缺氧环境中不得使用，氧气含量不得低于 19.5%。如图 1.2-3 所示。

图 1.2-3　防毒面具

四、注意事项

（1）采购各种安全设施及防护用品，必须在正规的劳保商店购买。

（2）凡购买的特种防护用品，应符合质量要求。必须有安全标志证、出厂合格证、安全鉴定证等。

子任务 1.3　污水处理厂危险源及辨识

一、任务目的

掌握污水处理厂危险源的基础知识，掌握正确判断、辨识危险源的方法。

二、准备工作

1. 知识准备

了解污水处理厂危险源相关知识。

2. 实训场地

污水处理厂各工艺单元现场。

3. 实训设备

进入危险场所需穿戴的劳动防护用品。

三、方法步骤

1. 污水处理厂重大危险源类型

根据污水处理厂设计和运行情况，重大危险点源危害主要有以下几种类型。

（1）职业中毒危险源分布情况。

污水处理厂的水主要为城市生活污水和工业废水，在市政管网输送时已经处于缺氧状态，在处理过程中，污水中的硫化氢、沼气等有毒有害气体将产生、溶解、沉积或溢出，因此工作人员进入以下区域时会发生中毒事件：进水格栅、潜水泵间、沉砂池、配水井、工艺闸井和箱涵、贮泥池、消化池、沼气柜、脱水机房、雨污水管道和检查井。生产过程使用的液氯、硫酸、化学絮凝剂和化验室使用的分析试剂被人体接触或吸入也将发生中毒事件。污水处理厂有限空间作业安全告知牌如图 1.3-1 所示。

（2）触电危险源分布情况。

污水处理厂是用电大户，设计有高低压变配电系统，设备的控制箱上百台（套），操作人员在维修和操作过程中，操作不当、设备故障及接地防雷保护系统不在安全状态时容易发生触电伤亡事故。主要风险区域有高低压变电所、进水泵房配电室、加药间配电室、鼓风机房配电室、紫外线消毒渠配电室、污泥控制室配电室、脱水机房配电室、中心控制室、设备控制箱。变配电室安全警示牌如图 1.3-2 所示。

图 1.3-1　污水处理厂有限空间作业安全告知牌

图 1.3-2　变配电室安全警示牌

（3）火灾危险源分布情况。

污水处理厂除工艺构筑物外还配套建设附属构筑物，构筑物中不仅存放了易燃物品，而且其建设材料具有可燃性，当构筑物电源老化、雷击、电器使用不当、使用明火作业及有其他不安全行为时会发生火灾危险。主要风险区域有库房、综合办公楼、高低压变电所、培训楼、进出泵房、机修车间、鼓风机房、加药间、污泥控制室、脱水机房。液氧罐储存区安全警示牌如图 1.3-3 所示。

图 1.3-3　液氧罐储存区安全警示牌

（4）爆炸危险源分布情况。

在污泥消化处理过程中产生的沼气不仅是有毒有害气体，还是易燃易爆气体，因此，工作人员进入消化池、沼气柜、污泥控制室区域工作时必须在采取有效措施且由保卫安技部门开具动火令后方可作业。加氯间氯酸钠药剂受到剧烈撞击时可能发生爆炸事故，因此应存放妥当，小心搬运，使用木锤破解结块。加氯间氯酸钠药剂安全警示牌如图 1.3-4 所示。

图 1.3-4　加氯间氯酸钠药剂安全警示牌

（5）有毒有害气体危险源分布情况。

下水道和污水池中危害性最大的气体是硫化氢和氰化氢，尤其是硫化氢，其在城市污水系统中普遍存在。硫化氢的第一个主要来源是城市的石油、化工、皮革、皮毛、纺织、印染、采矿、冶金等行业的工厂或车间废水所挟带的硫化物进入下水道后，遇到酸性废水后发生化学反应，生成毒性硫化氢气体。硫化氢的第二个主要来源是城市生活污水、污泥等，在下水道或污泥池中长期缺氧，发生厌氧分解而生成。在下水道、集水井和泵站内均可能出现硫化氢，鉴于历史上的一系列惨痛教训，污水处理厂必须采取一系列安全措施来预防硫化氢中毒。

污泥脱水间如果通风不畅，也会产生硫化氢等有毒有害气体聚集，人吸入有毒有害气体会导致中毒昏迷甚至死亡。污泥脱水间预防硫化氢气体中毒安全警示牌如图 1.3-5 所示。

图 1.3-5 污泥脱水间预防硫化氢气体中毒安全警示牌

（6）溺水危险源分布情况。

污水处理厂的构筑物有效水深一般有 3～6 m，人落入池中后可能造成溺水伤亡事故，或有毒有害气体伤害、污泥伤害危险。溺水危险源构筑物主要包括进水格栅渠道、沉砂池、初沉池、生物反应池、二沉池、消毒池（渠）、泵坑、储泥池等。防溺水安全警示牌如图 1.3-6 所示。

图 1.3-6 防溺水安全警示牌

（7）坠落危险源分布情况。

污水和污泥处理的构筑物具有容积大的特点，为保证处理过程实现重力流，在高程设计时构筑物顶部一般距地面 2～3 m，部分构筑物将达到 10 m 以上，构筑物的池深一般也有 3～7 m，若操作人员不慎坠落池内或地面，可能造成摔伤事故。坠落危险源构筑物主要包括进水格栅渠道、沉砂池、初沉池、生物反应池、二沉池、消毒池（渠）、泵坑、储泥池、消化池、沼气柜、污泥料仓等。防坠落安全警示牌如图 1.3-7 所示。

图 1.3-7　防坠落安全警示牌

（8）机械伤害危险源分布情况。

污水处理厂有大量机械设备（如粗格栅、细格栅、压榨机、刮泥机、鼓风机、泵、闸、阀、行车等），旋转设备会对人员造成机械伤害，天车吊装的物品或钢丝绳断裂会造成撞击伤害。机械伤害安全警示牌如图 1.3-8 所示，鼓风机房噪声伤害安全警示牌如图 1.3-9 所示。

图 1.3-8　机械伤害安全警示牌

图 1.3-9　鼓风机房噪声伤害安全警示牌

2. 危险源的监控和管理

（1）危险源分级管理要求。

依照国家有关法律、法规和规范标准，采集重大危险源的周边环境、建（构）筑物、公共设施等地理信息及生产经营单位与重大危险源有关的生产和贮存设施、设备、装置、场所的现场信息，进行重大危险源辨识、评估，以重大危险源单元为单位对重大危险源可能导致的事故后果进行模拟，以死亡人数或直接经济损失为主要指标，按照重大危险源危险等级的分级规定，确定重大危险源的危险等级。

（2）危险源监控要求。

重大危险源管理单位应根据重大危险源等级和实际情况，建立健全安全监测监控体系，完善控制措施，定期对重大危险源的安全设施和安全监测监控系统进行检测、检验，并进行经常性维护、保养，保证重大危险源的安全设施和安全监测监控系统有效、可靠运行。维护、保养、检测应当做好记录，并由有关人员签字。

（3）危险源管理要求。

重大危险源管理单位应建立重大危险源管理制度及安全操作规程。

安全隐患排查。重大危险源管理单位应明确重大危险源中关键装置、重点部位的责任人或者责任机构，并对重大危险源的安全生产状况至少每周例行一次检查。对存在事故隐患的重大危险源，重大危险源管理单位应按照《生产安全事故隐患排查治理管理暂行规定》立即进行整改。要制订整改方案，落实整改资金、责任人、期限等。整改期间要采取切实可行的安全措施，防止事故发生。

安全教育培训。重大危险源管理单位应对管理和操作岗位人员进行安全教育和技术培训，使其了解重大危险源的危险特性，熟悉重大危险源安全管理制度和安全操作规程，掌握本岗位的安全操作技能。

重大危险源管理单位要在重大危险源现场设置明显的安全警示标志，并应当将重大危险源可能发生的事故后果和应急措施等信息，以适当方式告知可能受影响的区域、单位及人员。

重大危险源管理单位应配备合适的安全设备设施，为作业人员配发劳动保护用品及用具。

3. 重大危险源清单及记录（举例）

表 1.3-1 重大危险源清单

序号	辨识部位及内容	潜在危险危害因素	可能导致事故类别	现有管控措施	拟增加的控制措施
1	粗格栅检查维修作业	护栏及爬梯损坏、井下产生有毒气体	高处坠落、中毒和窒息	（1）定期对护栏和爬梯进行检查和维护；（2）下井作业时严格按有限空间作业安全操作规程做好相关的安全防护措施；（3）日常巡检中进行有毒气体检测	加强安全知识培训，提高人员安全意识
2	提升泵房检查维修作业	格栅盖板及爬梯损坏、井下产生有毒气体	高处坠落、中毒和窒息	（1）定期对格栅盖板和爬梯进行检查和维护；（2）下井作业时严格按有限空间作业安全操作规程做好相关的安全防护措施；（3）日常巡检中进行有毒气体检测	加强安全知识培训，提高人员安全意识
3	除油沉砂池检查维修作业	护栏及爬梯损坏、井下产生有毒气体	高处坠落、中毒和窒息	（1）定期对护栏和爬梯进行检查和维护；（2）下井作业时严格按有限空间作业安全操作规程做好相关的安全防护措施	加强安全知识培训，提高人员安全意识
4	地下管廊井	管道泄漏产生有毒气体	中毒和窒息	（1）轴流风机 24 h 运行通风；（2）入井前进行气体检测，确保达标后方能入井作业；（3）安装排水装置	增加水解池管廊井管道泄漏应急预案
5	曝气池廊道	无安全护栏、阳光棚损坏	跌落	（1）定期对阳光棚进行检查和维护；（2）提高员工安全意识；（3）在曝气池四周放置救生圈	加强安全知识培训，提高人员安全意识
6	高低压变配电房检查维修	未按规程作业	触电	（1）严格按《高低压配电设备安全操作规程》作业；（2）严禁无高低压电工操作证的人员进对高低压配电房相关设备进行操作	加强电气设施维修的培训，提高维修人员技能水平和安全意识

序号	辨识部位及内容	潜在危险危害因素	可能导致事故类别	现有管控措施	拟增加的控制措施
7	厨房	燃气泄漏引发爆炸、火灾	设施及人员伤害	（1）定期检查燃气用具及管道，发现损坏或氧化及时更换； （2）保持厨房通风畅顺，禁止用火器具开启时无人看管； （3）厨房要摆放消防器材； （4）火灾应急预案	更换厨房门锁，严禁非厨房人员进入
8	驾驶机动车辆行驶	疲劳驾驶	车辆及人员伤害	（1）严格要求驾驶人员安全驾驶、文明驾驶； （2）要求驾驶人员注意休息，严禁疲劳驾驶	加强安全驾驶的培训，提高安全意识
9	井下作业	产生有毒气体、电气线路损伤	中毒和窒息、触电、火灾	（1）严格按有限空间作业操作规程作业； （2）气体中毒事故应急预案	加强有限空间作业知识的培训和作业演练

四、注意事项

（1）危险源管控要定岗定责。

（2）做好重大危险源的登记建档。

（3）定期编写安全评估报告或者安全评价报告。

子任务 1.4　应急预案及安全事件处理流程

一、任务目的

以“停电应急预案”演练为例，掌握污水处理厂应急预案构成、内容和处理流程。

二、准备工作

1. 知识准备

电气设备操作人员须具备水厂用电安全知识和电气设备操作技能。

2．实训场地

现场、会议室。

3．实训设备

教材、教科书、应急预案及演练人员。

4．安全事项

确保在安全防范措施保证下开展应急事件处理。

三、方法步骤

下面以“全厂突然停电应急预案”为例，说明应急预案构成、职责、内容和工作流程。

1．指挥领导小组职责

（1）负责组织运营公司突发停电应急预案的制订、修订，组建应急救援专业队伍，组织实施和演练。

（2）负责统筹和有秩序地指挥应对全厂停电的工作。

（3）组织相关部门对停电原因进行检查，明确各部门工作职责。

（4）负责做好事故现场的应急工作及事发现场所在区域内外的急救药品、器材、后勤物资、人员的统一调配。

（5）负责对现场处置工作进行指导和检查评价。

（6）负责向上级领导汇报事故情况。

组长：总经理（副总经理），职责为组织指挥全厂的应急救援。

副组长：厂长（或总助），职责为协助组长负责应急救援的具体指挥工作。

成员：行政部经理、运行部经理、设备部经理、安全员（兼职安全员）。

2．实施组及人员分工

（1）运行工艺组由运行部经理、设备部经理、工艺工程师、运行人员组成。主要职责有：

①担负运行生产合理安排、工艺的及时调节；

②按照应急预案规定，关闭或打开相应阀门，断开受冲击易损坏的负荷，切断来电可能误动作的连锁；

③负责停电期间全厂巡视，避免设备处于中间状态带来的次生灾害，将设备现场状态手动关闭或将现场控制箱调至停止状态；

④在通知来电时，负责听从指挥领导小组指令，配合设备抢修组进行逐级送电，设备开启后，加强设备运行的巡视，发现异常情况及时上报检查；

⑤按照重大事项停产备案管理办法将停产损失上报至业务区。

（2）设备抢修组由维修班班长、维修人员组成。主要职责有：

①负责查明突然停电的原因，通告预计来电时间；

②负责现场故障设备的抢修作业；

③恢复通电后对现场供电及其他设备运行情况进行复查作业；

④加强变电所的运行保证。

（3）物资供应组由行政部经理、库管员、司机组成。主要职责有：

①准备好沙袋、锹镐、设备故障配件等物资及劳动保护用品；

②备好车辆，为现场供应所需物资；

③做好后勤供应工作。

3．应急处理原则

（1）及时了解停电原因，上报当地环保部门、业务区等备案。

（2）加强运行控制，做好安全运行保障。

（3）加强设备运行巡视，避免次生危害。

（4）加强对供电设备运行情况的监督。

（5）断电由各现场设备逐级到主进线，送电由主进线逐级到现场各设备。

4．事故预防措施

（1）操作人员应严格按照操作规程进行操作，防止因检查不周或失误而造成事故。

（2）及时合理的调节运行工况，严禁长期超负荷运行。

（3）加强设备管理，认真做好设备、管道、阀门的检查工作，对存在安全隐患的设备、管道、阀门要及时进行修理、更换或手动开启关闭。

5．突然停电应急工作流程、措施

（1）供电部门线路故障突然停电的应对措施：

①发现停电，及时向厂部门负责人及总经理汇报、并第一时间以电话或短信形式上报至业务区进行备案（待来电并恢复生产时以书面形式上报备案）。

②应急小组组长或电气工程师组织人员，到现场排查停电的原因。及时拉开进线断路器，并将来电时可能自动运行的设备进行手动分闸。

③及时与供电局联系，查清是外网停电还是厂内设备故障造成的停电。如果是外网停电，应了解恢复供电的时间。

④向政府部门及时汇报，并立即通知上级主管部门减少向厂里输送污水。

（2）厂区内部原因引起突然停电措施：

①维修班立即组织人员将存有故障的设备退出电网。

②维修班及时查清原因，并向领导汇报。

③用电负责人及时安排人员检修。

④经检修短时间内能恢复送电的，待检修结束，确认修复正常后恢复送电；若短时间内无法修复的，则启用备供线路。

供电恢复后，设备部先对高低压配电柜进行巡检，确定正常后逐级送电；运行部在确定各工艺单元送电后，按运行操作规程顺序开启设备，恢复运行。

四、注意事项

在应急响应终止后，事发项目公司应召开专题会议，组织应急救援相关人员或聘请专家到事故现场考察，对响应过程进行总结并形成评估报告。

任务小结

本章节以入厂安全教育培训内容为重点，教会学生识别污水处理厂常用安全标识，了解污水处理厂危险源及监测控制方法，了解应急预案及演练流程。危险源及辨识是本章节要点，详细讲解有限空间作业安全操作规程。

任务练习

（1）安全生产方针是什么？如何理解？

（2）事故处理“四不放过”原则是什么？

（3）安全标志分为哪几类？含义分别是什么？

（4）特种劳动防护用品有“三证”，分别是什么？

（5）企业全面落实有限空间安全管理有哪七项措施？

（6）有限空间作业程序有哪些？

任务 2　水厂运行操作技术准备

任务目的

（1）熟悉污水处理厂常用工艺流程图和工艺运行原理。

（2）熟悉污水处理厂常用工艺处理单元运行状态。

（3）了解污水处理厂主要设备运行状态。

（4）了解工艺单元运行异常分类和处理方法。

任务综述

本项目包括 3 个工作任务，分别是污水处理厂常用工艺流程图和工艺运行原理认知；污水处理厂常用工艺处理单元的用途、原理、主要运行参数和控制指标；污水处理厂主要设备的用途、原理、构成、运行参数。

专业知识

一、城镇污水三级处理工艺

1．一级处理工艺

城镇污水一级处理主要是用物理处理法去除污水中呈悬浮状态的固体污染物质，物理处理法大部分只能完成一级处理的要求。城镇污水一级处理的主要构筑物有格栅、沉砂池和初沉池。一级处理的工艺流程如图 2-1 所示。格栅的作用是去除污水中的大块漂浮物，沉砂池的作用是去除相对密度较大的无机颗粒，初沉池的作用主要是去除无机颗粒和部分有机物质。经过一级处理后的污水，SS 去除率一般为 40%～55%，BOD 去除率一般在 30%左右，达不到排放标准。一级处理可作为二级处理的预处理。

2．二级处理工艺

城镇污水二级处理是一级处理的基础之上增加生化处理方法，其目的主要是去除污水中呈胶体和溶解状态的有机污染物质（BOD、COD 物质）。二级处理采用的生化方法主要有活性污泥法和生物膜法，其中采用较多的是活性污泥法。经过二级处理，城镇污水有机物的去除率在 90%以上，水中的 BOD、SS 等指标能够达到排放标准。二级处理是城市污水处理的主要工艺，应用非常广泛。图 2-1 为城镇污水一级、二级处理典型的工艺流程。

3．三级处理工艺

城镇污水三级处理是在一级、二级处理后，进一步处理难降解的有机物，以及磷和氮等能够导致水体富营养化的可溶性无机物等。主要方法有生物脱氮除磷法、混凝沉淀法、砂滤法、活性炭吸附法、离子交换法和电渗析法等。三级处理是深度处理的同义语，但两者又不完全相同，三级处理常用于二级处理之后。而深度处理则以污水回用为目的，在一级或二级处理后增加的处理工艺。三级处理流程如图 2-1 所示。

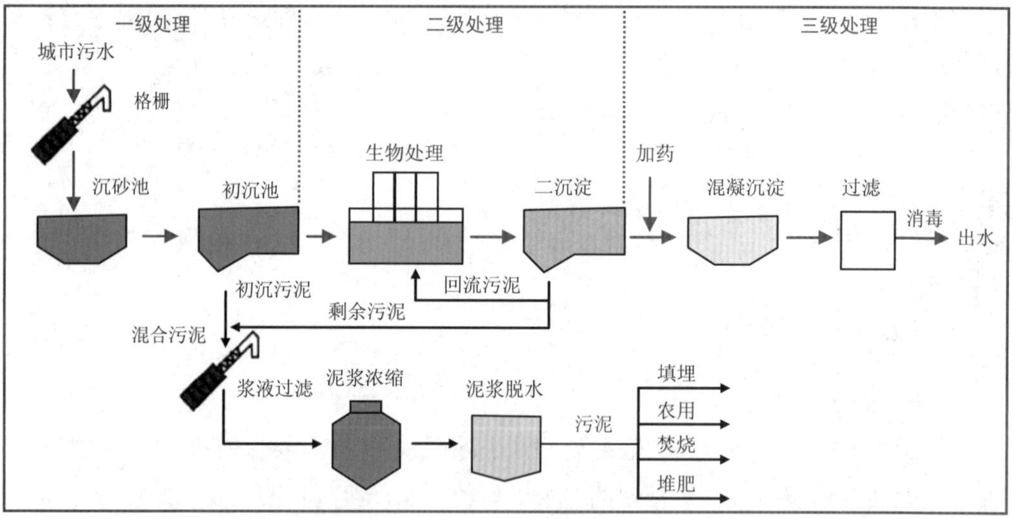

图 2-1　城镇污水处理工艺流程

任务实施

子任务 2.1 污水处理厂常用工艺流程图和工艺运行原理认知

一、任务目的

通过参观污水处理厂工艺设备设施，了解污水处理厂概况，结合学习过的污水处理厂常用工艺流程图及工艺运行原理对污水处理厂实际运行产生直观印象。

二、准备工作

1. 知识准备

了解城镇污水三级处理工艺相关知识。

2. 实训场地

污水处理厂生产现场。

3. 实训设备

污水处理工艺相关培训资料。

三、方法步骤

1. 污水处理厂概况

××污水处理厂占地面积 15 万 m^2，一期工程占地约 7 万 m^2，总投资 7 862 万元。该项目由中国市政工程设计研究院完成了设计工作，××公司为工程监理。该项目设计处理能力 10 万 t/d，一期工程设计处理能力 5 万 t/d，2002 年 8 月开始动工建设，2003 年 12 月底，完成了全部的土建及设备安装工作。2004 年 6 月 1 日正式进行通水调试运行，该厂现有职工共 28 人。

2. 污水处理厂工艺流程

污水处理厂工艺流程示意图如图 2.1-1 所示。

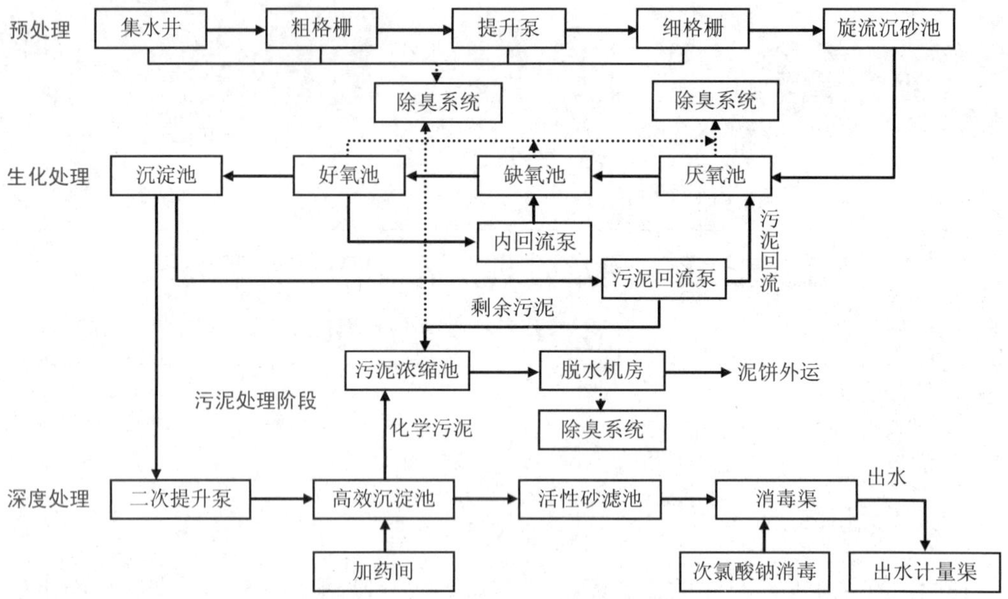

图 2.1-1　污水处理厂工艺流程示意图

本工艺生化部分采用 A-A-O 处理工艺。A-A-O 工艺实质上是厌氧-好氧活性污泥法生物除磷和缺氧-好氧活性污泥法生物脱氮两种方法的组合。经预处理之后的废水经配水井进入厌氧池（A1 区），回流污泥经配泥井进入反硝化池，最终进入厌氧池，循环硝化液由好氧池（O 区）经内回流泵送入缺氧池（A2 区）。在厌氧池进行磷的释放，在缺氧池进行脱氮，在好氧池进行硝化和磷的摄取，经二次沉淀池沉淀后的净化水排至下一处理单元。

A-A-O 工艺流程中，A1 区中的混合污水通过 A2 区进入 O 区。有机物被微生物生化降解，而继续下降；有机氮被氨化继而被硝化，使 NH_3-N 浓度大幅下降，但随着硝化过程的推进，NO_3-N 的浓度不断增加；O 区中部分混合液通过内回流输送到 A2 区，在 A2 区大量的硝酸盐氮进行反硝化反应，反硝化细菌利用污水中的有机物作碳源，将内回流混合液中带入的大量硝酸盐氮（NO_3-N）和亚硝酸盐氮（NO_2-N）还原为氮气（N_2），释放至空气中，以达到脱氮的目的。

A-A-O 工艺不但有去除 BOD 和脱氮的功能，还有除磷的作用。污水中的磷以多种形式存在，但主要以磷酸盐（PO_4^{3-}-P）形式存在，聚磷酸盐和有机磷进入污水处理厂后，绝大部分被水解或矿化成为 PO_4^{3-}-P，污水中剩余的聚磷酸盐和有机磷进入生物处理系统后也将被矿化或水解成 PO_4^{3-}-P 而被去除。在 A1 区，聚磷菌能吸收污水中的乙酸、甲酸、丙酸及乙醇等极易降解的有机物，存在体内作为营养液，并将体内存在的聚磷酸盐以

PO_4^{3-}-P 的形式释放出来，以便获得能量。在 O 区（好氧状态），聚磷菌将存在体内的有机物氧化分解产生能量，同时将污水中的 PO_4^{3-}-P 超量吸收到体内，以聚磷酸盐的形式存起来，通过剩余污泥排除，达到除磷的目的。

3．主要构筑物认知

污水处理厂主要构筑物布置图如图 2.1-2～图 2.1-10 所示。

图 2.1-2　污水处理厂构筑物布置图

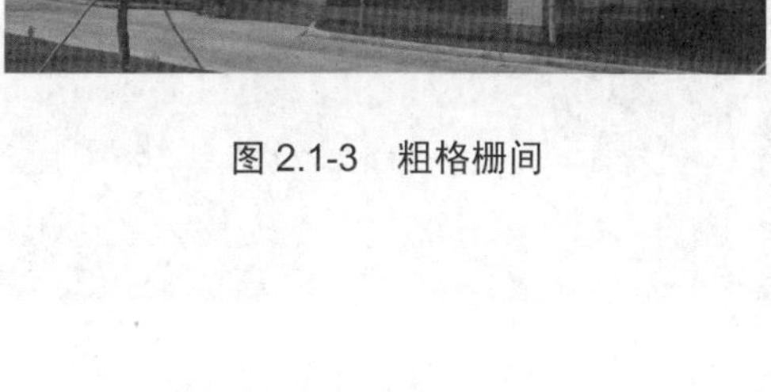

图 2.1-3　粗格栅间

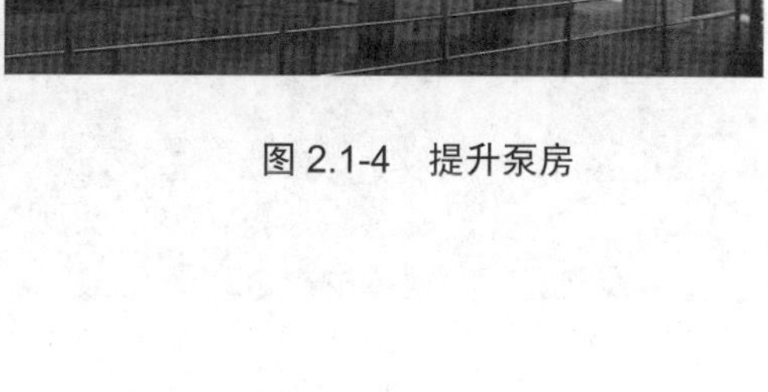

图 2.1-4　提升泵房

图 2.1-5　曝气沉砂池

图 2.1-6　生化反应池

图 2.1-7　鼓风机房

图 2.1-8　二沉池

图 2.1-9　脱水机房

图 2.1-10　紫外消毒渠

四、注意事项

（1）学员参观构筑物前应首先进行入厂安全教育。

（2）学员入厂参观应有专人陪同，设置安全警戒线，防止学员进入危险作业区。

子任务 2.2　污水处理厂主要工艺单元运行参数和控制指标

一、任务目的

通过了解污水处理厂主要工艺单元结构、工作原理和运行参数，进一步熟悉工艺运行原理，为保持工艺单元正常运行状态奠定基础。

二、准备工作

1．知识准备

了解城镇污水三级处理工艺流程。

2．实训场地

污水处理厂现场、教室。

3．实训设备

污水处理相关培训资料。

三、方法步骤

本章节主要介绍污水处理厂常用工艺单元的作用、结构、运行参数，熟知各工艺单元的实物构成和工作原理，为工艺运行操作做好准备。

1．格栅

格栅用于去除污水中较大的漂浮物和悬浮物，以保护后续设备、减轻后续处理单元的负荷。格栅一般由相互平行的格栅条、格栅框和清渣耙 3 部分组成。被截留的物质称为栅渣。回转式粗格栅结构示意图如图 2.2-1 所示。

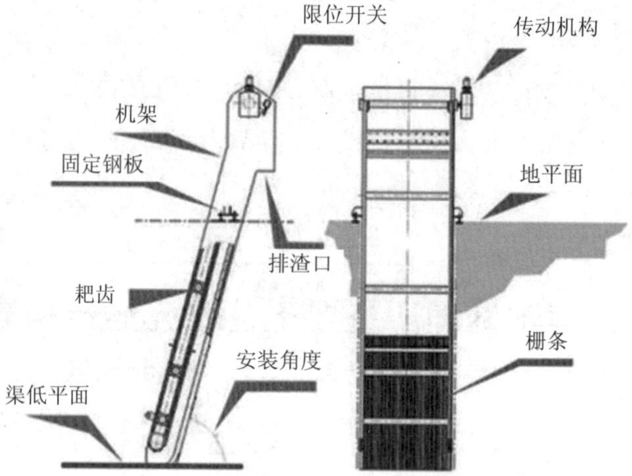

图 2.2-1　回转式粗格栅结构示意图

格栅主要运行参数有栅距、过栅流速和水头损失。

2．提升泵房

提升泵作为污水处理厂的关键设备，其主要功能是将需要输送的液体介质（污水或清水）从低水位提升输送至高水位。按安装位置和所起作用，可分为进水提升泵、中间提升泵和出水提升泵 3 种。

提升泵房由潜污泵、泵座、导轨、提升链、阀门、管道等构成，并配备液位浮球开关和超声波液位计等。污水提升泵房结构示意图如图 2.2-2 所示。

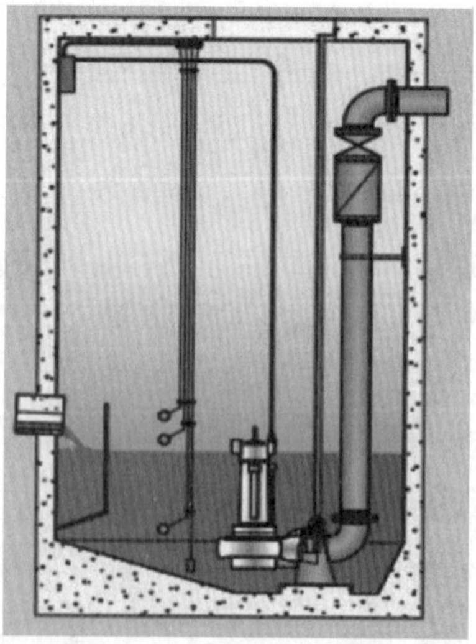

图 2.2-2　污水提升泵房结构示意图

提升泵的运行参数主要有水泵流量、扬程、功率、液位、效率等。

3. 曝气沉砂池和旋流沉砂池

沉砂池的功能是从污水中分离粒径较大、相对密度较大的无机颗粒，例如，砂、炉灰渣等。曝气沉砂池结构示意图如图 2.2-3 所示，旋流沉砂池结构示意图如图 2.2-4 所示。

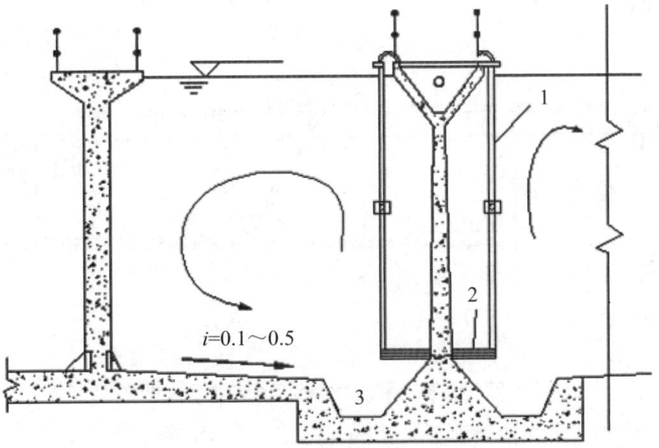

1—压缩空气管；2—空气扩散板；3—积砂槽

图 2.2-3 曝气沉砂池结构示意图

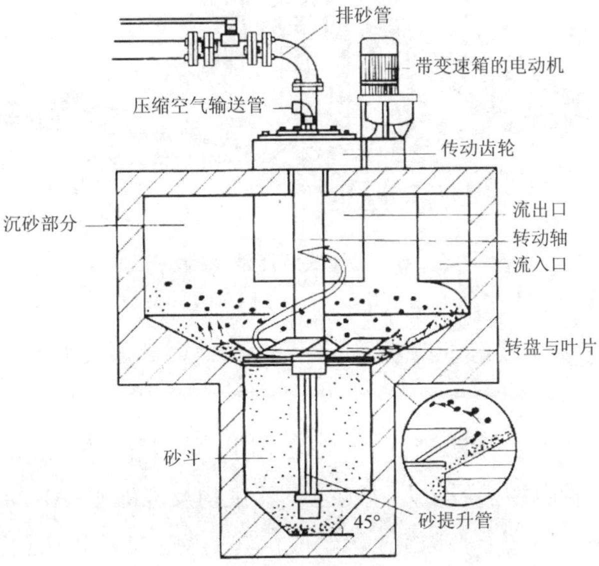

图 2.2-4 旋流沉砂池结构示意图

沉砂池的主要运行参数包括曝气强度、旋流速度、水平流速和停留时间等。

4．沉淀池

沉淀池是分离水中悬浮颗粒的一种主要处理构筑物，分为初沉池和二沉池，初沉池设在生化池前端，初步去除废水中的有机物；二沉池设在生化池的后端，主要是将生化池处理后的混合液进行泥水渣分离。平流式沉淀池结构示意图如图 2.2-5 所示，辐流式沉淀池结构示意图如图 2.2-6 所示。

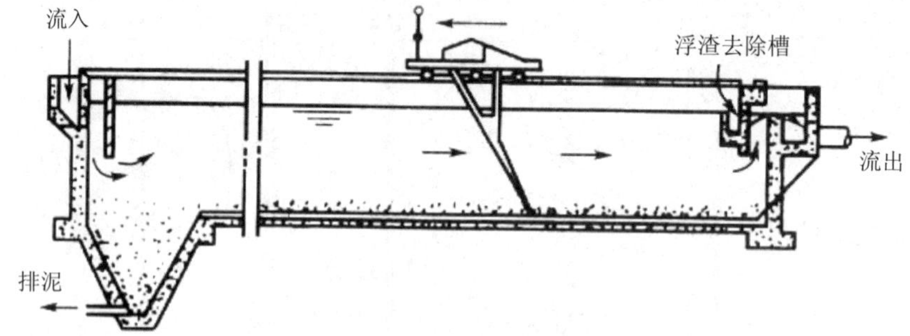

图 2.2-5 平流式沉淀池结构示意图

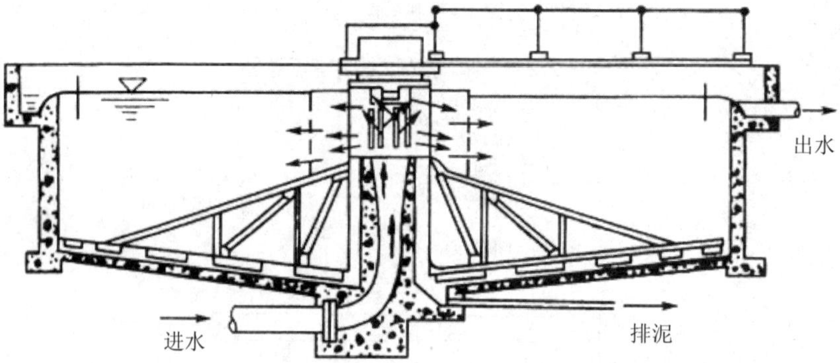

图 2.2-6 辐流式沉淀池结构示意图

沉淀池的工艺参数主要有水力表面负荷、停留时间和堰板水力负荷。

5．生化池

本文以常规 A^2/O 工艺为例，说明生化池作用、构成和主要运行参数。

A^2/O 工艺是一种典型的脱氮除磷工艺，其生物反应池由 ANAEROBIC（厌氧）、ANOXIC（缺氧）和 OXIC（好氧）3 段组成，其典型工艺流程示意图如图 2.2-7 所示。其特点是厌氧、缺氧、好氧 3 段功能明确，界线分明，可根据进水条件和出水要求，人为地创造和控制 3 段的时空比例和运转条件，只要碳源充足（TKN/COD≤0.08 或 BOD/TKN≥4）便可根据需要达到较高的脱氮率。

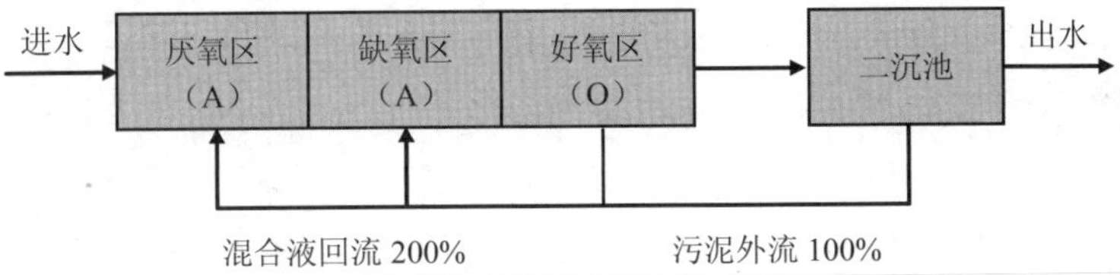

图 2.2-7　典型 A^2/O 工艺流程示意图

生化池的工艺参数主要有 DO、MLSS、氨氮、SV_{30}、SVI、内外回流比等。

6．高密度沉淀池

城镇污水深度处理工艺主要采用物理、化学或物理化学方法，如混凝、过滤、吸附、消毒等。深度处理的对象为生活污水一级处理、二级处理未能有效去除或去除效率不高的物质，如重金属离子、氮磷元素等。深度处理主要是为了适应日益提高的水质标准（污水排放标准、回用水标准等），将处理水回用，实现污水资源化。

目前，深度处理单元主要有高密度沉淀池、磁混凝沉淀等。高密度沉淀池结构示意图如图 2.2-8 所示。高密度沉淀池系统通常包括以下几个部分：

①高密池上游带有混凝剂投加功能的快速搅拌池；

②带有聚合物投加和污泥回流功能的絮凝反应池；

③配备斜管的沉淀池；

④澄清水的集水槽及出水水渠；

⑤污泥回流和排放系统；

⑥带有泥位检测功能的控制系统。

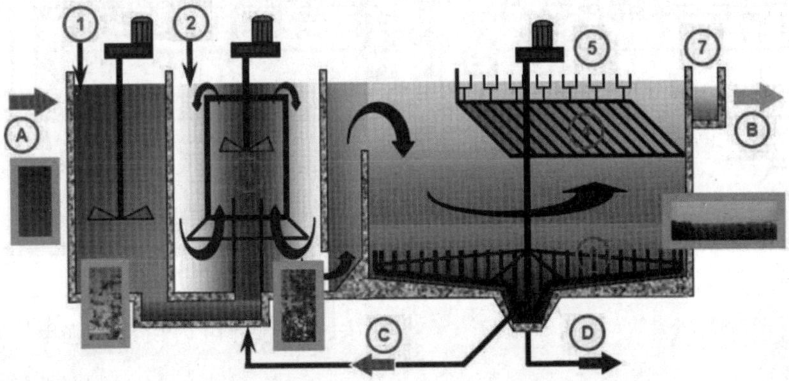

1—混凝剂投加；2—絮凝剂投加；3—反应池；4—斜管；5—出水堰；6—栅形刮泥机；7—出水渠；

A—进水；B—出水；C—污泥回流；D—剩余污泥排放

图 2.2-8　高密度沉淀池结构示意图

高密度沉淀池的运行参数主要有反应区污泥沉降比、回流污泥比、泥位、加药量、排泥量、污泥浓度、出水 SS。

7．滤池

过滤是使含悬浮物的废水流过具有一定孔隙的过滤介质，水中的悬浮物被截留在介质表面或吸附在内部而除去。在污水处理中，过滤一般用于污水的深度处理（包括中水回用）。用在混凝、沉淀或澄清等处理之后，进一步去除水中的细小悬浮颗粒，降低浊度。在常规过滤时，水中有机物、细菌乃至病毒等更小的粒子由于吸附作用也将随着水的浊度降低而被部分去除。

V 形滤池是快滤池的一种形式，因为其进水槽形状呈“V”形而得名，也称均粒滤料滤池、六阀滤池。滤池系统包括滤池本体、反冲洗鼓风机房、控制间、反冲洗水泵间、出水池（反冲洗集水池），整个滤池系统均设计在一座或几座建（构）筑物内。滤池的本体结构包括进水系统（进水总渠、进水支渠、V 形进水槽）、出水系统（清水支管、出水水封井、出水堰、清水总管等）、排水系统、配水系统、配气系统和池体等，具体见 V 形滤池结构示意图 2.2-9。

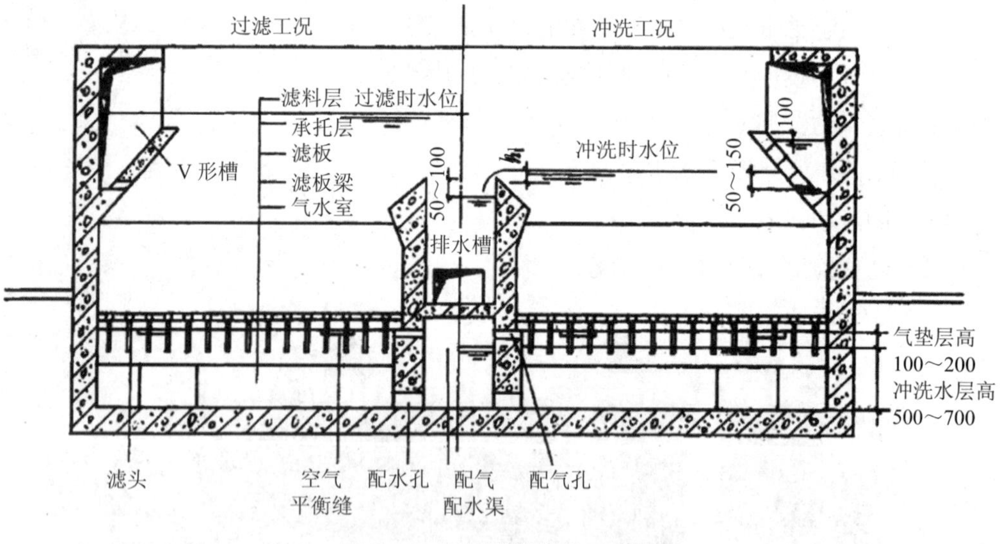

图 2.2-9　V 形滤池结构示意图

滤池的运行参数主要有滤池水位、水头损失、滤后浊度、反冲洗强度、砂层厚度、砂层含泥量等。

8．紫外线消毒设备

紫外线消毒设备分为管式消毒设备和明渠式消毒设备两大类。其中管式消毒设备多用于给水消毒，明渠式消毒设备多用于污水消毒。其核心部件均为多个平行设置的紫外线灯管，其设置在专门的管件中或消毒渠道中，在水流经消毒设备的数秒时间内，完成对水的紫外线消毒处理。

明渠式消毒设备结构示意图见图 2.2-10。在渠道中设置众多紫外线灯管，一般由多只灯管构成一个组件挂在渠中，再由多个组件在渠道中排列，构成消毒渠段。紫外线灯管组件可以垂直取出拆卸后检修。为了保证稳定的浸没水位，消毒渠道后设置水位控制设施，如溢流堰等。

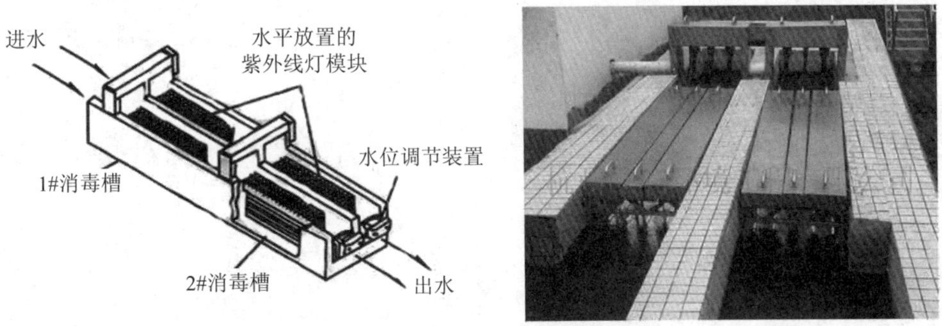

图 2.2-10　明渠式消毒设备结构示意图

紫外线消毒设备的运行参数主要有紫外光强度、灯管寿命。

四、注意事项

（1）了解污水处理厂主要工艺单元的构成、用途。

（2）各工艺单元运行参数是判断运行是否正常的依据，需熟记。

子任务 2.3　污水处理厂主要设备的用途和运行参数

一、任务目的

认识污水处理厂主要工艺设备实物，了解设备的用途和功能参数，为实操设备奠定基础。

二、准备工作

1. 知识准备

熟悉污水处理厂主要工艺设备。

2. 实训场地

污水处理厂现场、教室。

3. 实训设备

污水处理厂现场主要设备。

4. 安全事项

做好相关防护措施后学员方可进入生产现场，学习期间未经允许不得随意触碰、启停设备。

三、方法步骤

1. 粗格栅

作用：拦截污水中较大的漂浮物、悬浮物、渣物，保护水泵的正常工作。

结构：由框架、栅条及支架、驱动装置、联动机构、卸料机构、清污机构、导轨及排污槽、维护及保护平台、电控装置等构成。钢丝绳牵引式粗格栅如图 2.3-1 所示。

图 2.3-1 钢丝绳牵引式粗格栅

设计参数：

设计规模：10 万 m^3/d

总变化系数：K_z=1.3

设计流量：Q=5 417 m^3/h

过栅流速：v=0.7 m/s

最大过栅水头损失：Δh=0.20 m

粗格栅渠尺寸：$B \times L \times H$=13.80 m×4.05 m×8.05 m

格栅型号：GSY1000，栅条间距：b=20 mm

总宽度：1 000 mm，安装倾角：75°

栅条厚度：3 mm，重量：2 300 kg

栅条型号：SA87

油型：ISO VG680，油量：8.4 L

电机生产厂家：SEW

电机型号：DV 100M4BMG，功率：2.2 kW

转速：1 410 r/min，电流：4.7 A

2．提升泵

作用：提升泵主要靠叶轮的旋转输送液体。根据叶轮输出液体的方向又可分为离心泵、轴流泵、混流泵等。

结构：由电动机和泵两部分组成。离心泵和轴流泵如图 2.3-2 所示。

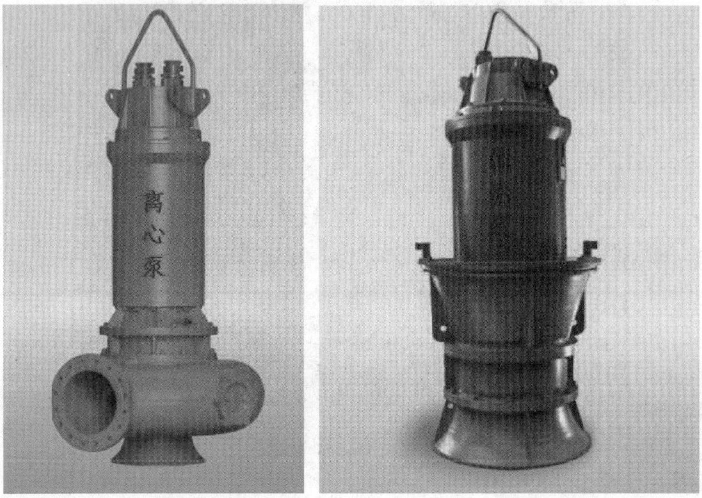

图 2.3-2　离心泵和轴流泵

设计参数：

设计流量 Q：10 万 m^3/d

总变化系数：K_z=1.3

设计扬程：H=13.0 m

泵池尺寸：$B\times L\times H$=13.80 m×9.35 m×15.50 m，地下部分深 10.80 m。

潜污泵型号：KRTK600-710/2351OU2G；流量：4 170 m^3/h；扬程：16.5 m；电机功率：235 kW；电源：400 V、50 Hz；最高温度：40℃；cos ϕ：0.78；保护等级：IP 68；绝缘等级：F；效率：87.3%；最小淹没深度：1.7 m；电流：500 A；转速：595 r/min。

3．细格栅

作用：截留污水中较小的漂浮物和悬浮物。

结构：主要由一组固定的静栅条和另一组移动的动栅条、机架及驱动装置组成。细格栅如图 2.3-3 所示。

图 2.3-3　细格栅

设计参数：

设计规模：10 万 m^3/d

总变化系数：K_z=1.3

设计流量：Q=5 417 m^3/h

过栅流速：v=0.70 m/s

安装倾角：65°，栅条间隙：b=6 mm

栅前水深：h=1.00 m，最大过栅水头损失：Δh=0.30 m

单道栅尺寸：$B \times L \times H$=1.60 m×6.80 m×1.40 m

4．曝气沉砂池除砂设备

作用：去除原水中粒径较大的无机砂粒以便于后续处理。

结构：桥式吸砂机由主梁、驱动装置、潜污泵（或空气提升装置）、撇渣装置、轨道和控制箱等组成。曝气沉砂池和刮砂机结构图如图 2.3-4 所示。

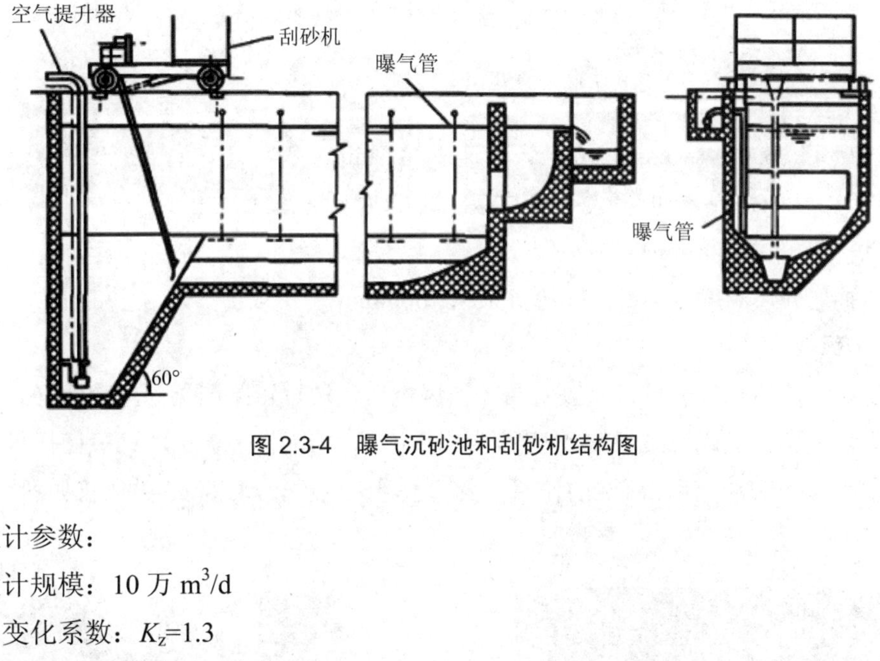

图 2.3-4　曝气沉砂池和刮砂机结构图

设计参数：

设计规模：10 万 m^3/d

总变化系数：K_z=1.3

设计流量：Q=5 417 m^3/h

污水停留时间：5.0 min

空气量：q_s=0.18 m^3 空气/m^3 污水

曝气沉砂池尺寸：$B \times L \times H$=22.80 m×10.00 m×（4.55+3.80）m

5．生化系统潜水推流器和搅拌器

作用：在生化池厌氧区和缺氧区，为了保证污泥处于悬浮状态，强化污泥和水的充分混合，需在池内增加泥水混合设备。一般采用潜水推流器和搅拌器来完成泥水混合任务。

结构：由电动机、齿轮箱和叶轮等部分组成。见图 2.3-5。

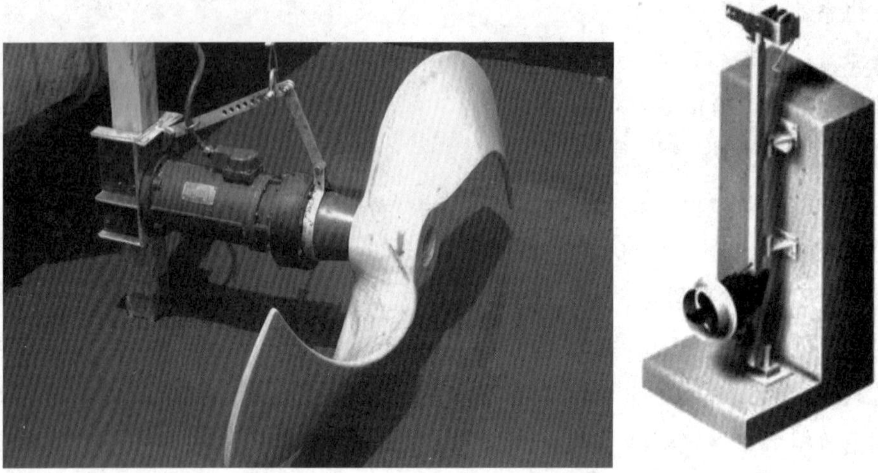

图 2.3-5　潜水推流器和搅拌器

设计参数：

电机功率：6.5 kW；cos ϕ：0.87；转速：88 r/min

绝缘等级：IP 68；防护等级：F；电流：13.4 A

电机转速：1 445 r/min

最高抽送介质温度：40℃；叶轮直径：1 600 mm

6. 鼓风机

作用：生物池曝气鼓风机一般安装于鼓风机房，通过管路连接到生物池好氧段池底的曝气头，为生物池好氧段活性污泥提供压缩空气，为活性污泥中的好氧菌提供必需的氧气，起到搅拌并防止污泥沉淀的作用。空气悬浮鼓风机和高速离心鼓风机如图 2.3-6 和图 2.3-7 所示。

图 2.3-6　空气悬浮鼓风机

图 2.3-7　高速离心鼓风机

设计参数：

型号：KA22SV-GL225；液体介质：空气；最小入口风量：7 965 m^3/h；最大入口风量：17 700 m^3/h

最高入口温度：38℃；正常入口温度：20℃；转速：11 370 r/min

入口压力：1.013 bar①；最大出口压力：1.69 bar；最小功率消耗：171 kW

最大功率消耗：357.2 kW

7．二沉池刮吸泥机

作用：经生物池处理过的污水进入沉淀池，由刮泥机将沉积在池底的污泥刮到泥斗中，通过地下管道进入污泥泵房，上清液经齿形堰流入集水槽，经过后续工艺段处理后排出厂外。

结构：主要由工作桥、栏杆、中间回转支承及集电装置、刮泥装置、浮渣刮板装置、堰板清洗转刷、驱动装置及电控箱等部分组成。桁车式刮吸泥机如图 2.3-8 所示。

图 2.3-8　桁车式刮吸泥机

设计参数：

型号：GNJ45

池径：45 m

① 1 bar=100 kPa。

表面负荷：0.904 m^3/（m^2·h）

周边线速：3 m/min

沉淀时间：3.76 h

主电机功率：1.1 kW

转刷电机功率：0.37 kW

8．紫外线消毒装置

作用：利用紫外线杀灭水中的大肠杆菌及致病病菌、病毒。

结构：由紫外线灯管及机架、灯管清洗装置、电控装置及出水阀等构成。如图 2.3-9 所示。

图 2.3-9　紫外线消毒设备

设计参数：

设计规模：10 万 m^3/d

总变化系数：K_z=1.3

悬浮物含量：20 mg/L

紫外线穿透率：45%

尺寸：$B \times L \times H$=（5.44～7.10）m×14.70 m×（1.50～2.80）m

9．带式脱水机

作用：带式脱水机安装在污泥脱水机房，将生物池剩余污泥进行脱水处理，形成含水率小于 80%的泥饼，并将其外运填埋。

结构：带式脱水机一般由滤带、辊压筒、滤带张紧系统、滤带调偏系统、滤带冲洗系统和滤带驱动系统组成。如图 2.3-10 所示。

图 2.3-10　带式脱水机

设计参数：

型号：DNYB2000

滤带宽度：2 000 mm

滤带尺寸：上带：宽 2 060 mm，长 17 300 mm，三丝

　　　　　下带：宽 2 060 mm，长 13 500 mm，三丝

滤带线速度：1.5～7.5 m/min

调速方式：无级

电机功率：2.2 kW

冲洗水耗量：12 m^3/h

冲洗水压力：0.5 MPa

输入气压：0.5～0.8 MPa

污泥处理量：10～16 m^3/h

泥饼含水率：70%～80%

设备重量：5.70 t

四、注意事项

（1）现场观察设备时需保持一定安全距离。

（2）处于自动运行状态的设备可能随时启动，因此不得触摸任何设备。

（3）需要近距离观察设备前应向带队老师申请，做好安全防护后才能近距离观察。

子任务 2.4　工艺单元运行异常分类和处理方法

一、任务目的

了解污水处理厂主要工艺单元运行异常分类，了解各类异常的一般处理方法，为运行值班奠定基础。

二、准备工作

1. 知识准备

熟悉上位机监控画面操作，熟悉各类报警图标。

2. 实训场地

污水处理厂中控室、教室。

3. 实训设备

污水处理厂集控系统。

4. 安全事项

未经值班人员允许，学员不得随意操作集控系统画面。

三、方法步骤

1. 水厂运行异常报警分类分级

工艺报警：是指各工艺单元运行异常报警，按照对生产影响的严重程度，1 级报警对应进出水水质严重超标、全厂停电等应急预案报警；2 级报警对应需要区控中心工艺工程师及以上人员下发工艺调整单才能处理的工艺运行异常；3 级报警对应区控中心运行值班人员或分厂运行主管可处理的运行异常。

设备报警分为 3 级，1 级报警对应主要工艺设备和主要电气设备，包括无备用设备故障并停止运行的报警；2 级报警对应主要工艺设备和主要电气设备，包括无备用设备故障但不会停止运行的报警；3 级报警对应设备可能故障但不会影响生产运行的报警。

系统报警：是指预处理系统、提升系统、鼓风曝气系统、混合搅拌系统、污泥脱水系统、加药系统、深度处理系统、消毒系统、高低压配电系统、进出水在线仪表十大系统的异常报警。系统报警分为 3 级，1 级报警表示系统异常导致系统停运影响产品质量或产量的报警；2 级报警表示系统异常不会导致系统长时间停运、不会影响产品质量或产量的报警；3 级报警是指一般不会影响系统运行的一般异常或警示。水厂异常报警分类、分级见图 2.4-1。

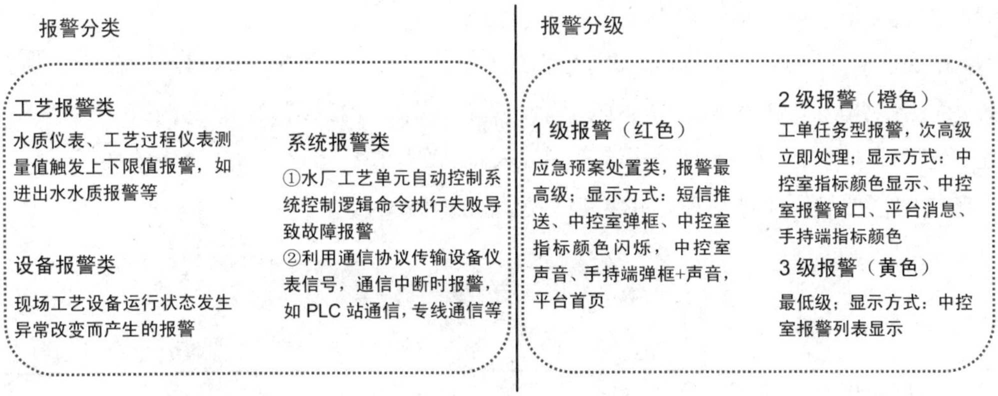

图 2.4-1　水厂异常报警分类、分级

2．工艺报警处理

（1）集控值班人员通过集控系统和视频巡检，发现水厂工艺出现异常时，如果判断为 3 级异常，则应及时启动调度指令，通过集控平台派发巡检工单至分厂，巡检人员到现场核实情况，集控值班人员接收巡检反馈信息。若能处理则填写处理意见并将意见下发给分厂巡检人员，若处理不了则将工单转发给分厂运行主管。

（2）集控值班人员或分厂巡检人员在巡检过程中发现工艺异常时，如果符合 2 级报警，则应及时通过巡检终端上报工艺工程师，由集控中心进行分析处理，编写工艺调整单并下发执行。

（3）工艺异常较为严重时，根据需要可通过运维平台“应急预案”功能对重大异常事件进行指挥调度。

3．设备报警处理

（1）集控值班人员通过集控系统和视频巡检，发现水厂设备出现异常报警时，首先判断报警级别，如果是 1 级报警，则应立即报告水厂设备主管和设备经理，如果是全厂停电报警则应告知厂长或总经理；2 级报警应及时填写处理意见并将意见下发给水厂设备主管处理；3 级报警应将报警信息发送到维修班处理。

（2）分厂巡检人员在巡检过程中发现设备异常或故障时，应及时通过巡检终端上报设备异常通知单至集控中心，由集控中心下发给分厂设备主管处理。

（3）设备异常或故障较为严重时，根据需要可通过运维平台“应急预案”功能对重大异常事件进行指挥调度。

4．工艺运行调整规程

（1）对水量、水质和污水处理系统日常运行中可能发生的各种状况，制订一套科学、合理的工艺调整方案，确保处理水量、水质达标。

（2）建立工艺运行分析流程，生产部根据各项记录和现场情况每日进行分析、判断，及时、科学地指导运行班组具体实施工艺调整，并跟踪调试结果，以便采取后续措施。上述流程应有翔实的流转记录和指导、审核、执行人的签名，以建立相应的责任制。对于工艺调整需要填写工艺调整申请单，详见表 2.4-1。

表 2.4-1　工艺调整申请单

日期：____年__月__日

申请工艺调整原因：	申请人签字：	时间：
工艺调整方案：	签字：	时间：
运行部经理意见：	签字：	时间：
运营公司副总经理或总经理助理意见：	签字：	时间：
运营公司总经理意见：	签字：	时间：
工艺调整执行过程：	签字：	时间：

四、注意事项

（1）异常分类和报警级别可按照实际情况调整，但需按照流程审批，否则会导致报警处理混乱。

（2）运行值班人员须牢记异常告警分类处理流程。

任务小结

本章节学习了污水处理厂常用工艺流程图和运行原理，熟记主要工艺单元运行参数和控制指标，识记主要设备的用途和运行参数，了解主要工艺运行异常分类和处理方法。

任务练习

（1）一级处理主要是物理处理，主要去除污水中哪些无机物？

（2）沉砂池一般有哪两种形式？

（3）什么是活性污泥法？

（4）A^2/O 工艺中磷的释放是在哪个单元？反硝化脱氮是在哪个单元？

（5）CASS 工艺一个周期有哪 4 种操作？

（6）进水提升泵站的作用是什么？

（7）简述生物池的 5 个控制指标。

（8）二沉池的控制参数有哪几个？

（9）水厂运行异常报警分为哪 3 类？

（10）工艺异常一级报警是指哪些？

任务3　水厂运行值班准备

任务目的

（1）了解交接班制度和值班制度的作用。

（2）了解运行值班记录的填报。

（3）掌握运行异常识别和处理。

（4）掌握运行安全防护和处理。

任务综述

（1）了解交接班制度和值班制度的作用；

（2）掌握运行异常识别和处理方法，掌握运行安全防护和处理方法。

实训设备

中控室设备设施、值班工器具。

任务实施

子任务3.1　运行值班制度和交接班制度

一、任务目的

熟悉中控运行值班职责和交接班工作内容。

二、准备工作

1. 知识准备

入厂教育培训。

2. 实训场地

污水处理厂中控室。

3. 实训设备

中控室相关制度。

4. 安全事项

未经值班人员允许，学员不得随意操作集控系统画面。

三、方法步骤

集控中心控制室是各分厂的监控中心，执行四班三倒，24 h 值班制。通过集控系统和运维平台对所属水厂进行工艺运行监控和生产指挥调度；接收所有水厂生产相关信息，按照程序向生产相关人员（包括中心和水厂领导）下达调度指令，派发工单，接收反馈信息。

1. 值班制度主要内容

（1）中控室是全厂的监控中心，在此设立值班室，值班人员除巡视外，还可以通过自控系统实时监视设备状态，通过监视系统查看生产情况。

（2）工作前必须穿戴好工作服。检查微机、PLC 设备运行是否正常。严禁戴手套操作设备。

（3）严禁带小孩进入中控室；严禁穿跟高 2.5 cm 以上的鞋，赤脚、赤膊、敞衣、戴头巾（围巾）进行操作；严禁饮酒后上班。

（4）上班时间必须集中精力，坚守岗位，严禁擅离工作岗位或私自顶班（岗）工作；严禁打闹、睡觉，严禁做与本职位无关的事；非因工作关系，严禁到其他部门（岗位）串岗。

（5）严格执行交接班制度。

（6）无关人员严禁进入中控室。

（7）中控室内严禁烟火。

（8）中控室内所有设备、器具严禁自行拆除、搬动。

（9）按照巡视制度定时巡视规定内容并按标准做好原始记录。

（10）通过电脑定时了解设备运行状态和参数。

（11）出现报警时，及时检查报警原因、做好记录并尽快解决；不能解决的问题必须及时汇报。

（12）遵守安全生产守则和防火安全管理规定。

（13）生产用计算机严禁私自安装软件和运行各种游戏程序。

（14）严格执行交接班制度，确保生产正常（包括工艺、生产设备、安全生产）。确保各种记录（巡视记录等各类原始记录）、工作环境卫生、生产值班公物和用具齐全、各项任务完成情况及未完成情况等的交接完整。

（15）值班人员必须使用自己的用户名和密码登录计算机进行操作维护，操作完成后必须及时注销自己的用户名。

（16）确保中控室和PLC柜、模拟屏、监控系统整洁、干净；操作台设备安装有序。

（17）做好中控室卫生清洁工作，不乱扔废弃物，保持环境清洁卫生。定时进行清洁。

2. 交接班制度主要内容

（1）工艺调整或事故处理过程中不得交接班。

（2）交接班过程中发生事故时，应立即停止交接，由交班人员进行处理，接班人员协助处理。若事故处理较长时间，可在处理告一段落后，进行交接班。

（3）交接班应全面交接，交接班双方除共同检查微机自控系统的显示内容外，还要一起巡视检查现场设备和工艺运行情况，对过载、缺陷及需特殊关注的设备进行重点交接。

（4）交接班工作必须做到交接两清。双方一致认为交接清楚无问题后再在交接班记录本上签名，交接班双方签名完成交接班工作即为结束。交接班经双方签字生效后，接班人员成为当班人员。交接后的现场卫生管理、生产安全管理、岗位环境管理及其他当班工作任务和责任均由接班班组承担。在办理完签字交接手续后，交班人员方可离岗。

（5）交接班时间。四班三倒：集控早班向中班交接的时间为15:45—16:00，集控中班向夜班交接时间为23:45—24:00，集控夜班向早班交接时间为7:45—8:00。三班两倒：早班向夜班交接的时间为20:15—20:30，夜班向早班交接时间为8:15—8:30。具体以实际工作安排为准。

（6）交班人员在交接前应做好以下工作：填写、整理好运行工作记录簿及其他记录；对责任工段的工艺运行状况及设备进行全面检查并做好记录；清点各种工具、用具、仪器、仪表及借用工具、器材等。

（7）接班人员应提前15 min到达值班交接地点，进行正式交接班的准备工作。交班人员向接班人员介绍系统及设备的运行方式（手动或自动）和运行状况和各类仪器、仪表的指示情况；工艺、设备调整及操作情况；工艺及设备异常、事故处理、缺陷消除情况和新发现的缺陷；设备检修情况，安全措施的布置和落实情况；设备维护保养情况；系统和设备的耗电、耗药和耗水情况；现场设备及室内卫生保洁情况；上级指示、通知、文件及与运行有关的其他情况。

（8）接班人员在交班人员做完全面情况介绍后，立即按规定的接班要求进行检查：检查控制室和现场所有设备及仪器、仪表的运行和指示情况，查阅前班所做的各种记录，了解运行方式、运行工况及运行设备的状况；了解备用设备状况，是否能达到随时投用的要求；与其他相关（工段）岗位核实有关运行数据和设备状况；核对有关安全设施和设备检查的情况，是否与有关记录相符，如有疑问，应到现场或与交班人员共同检查；检查通信设备是否正常。

四、注意事项

当存在下列情况时，可以拒绝交班或接班：

（1）接班者醉酒或精神失常；

（2）值班室内务整理不规范、环境卫生状况不符合要求；

（3）公共用具和设施有损坏而交班人员在交班前没有上报；

（4）交班人员因未完成且推诿本班工作任务，而出现严重的生产问题；

（5）各种记录（表格）有缺损、遗漏、丢失或记录严重失真的；

（6）交班人员安全生产情况不符合安全规程，存在隐患的。

子任务 3.2　运行值班记录

一、任务目的

了解运行记录表的填报内容，会填写运行值班记录。

二、准备工作

1. 知识准备

了解运行值班主要工作内容。

2．实训场地

污水处理厂中控室。

3．实训设备

污水处理厂集控系统。

4．安全事项

未经值班人员允许，学员不得随意操作集控系统画面。

三、方法步骤

1．污水处理厂运行值班记录

填写值班记录可以提供产品、过程和质量管理体系符合要求及有效性运作的证据，具有可追溯、保留证据并据此采取纠正和预防措施的作用。

污水处理厂值班记录主要有运行值班日志、工艺调控记录、设备控制记录、异常情况记录、药剂投加记录等，见图 3.2-1。智能水厂的相关记录可自动生成，不需要值班人员手工记录。

2．运行值班日志的记录内容

（1）值班班组和值班人员；

（2）各工艺单元运行状态和主要指标；

（3）主要设备实时数据；

（4）异常报警和处理情况记录，上传下达的重要指令及运行注意事项等。

四、注意事项

（1）填报数据真实、准确、无误。

（2）值班记录须按照要求认真填写。

主要处理工段及设备		粗格栅及提升泵房				细格栅及曝气沉砂池		生化系统						二沉池			工艺参数														流量计				配电房			能耗指标	
		粗格栅	提升泵			细格栅	曝气沉砂池	鼓风机					PAC投加装置	外回流	剩余污泥	助凝剂投加	COD/(mg/L)		PH		DO/(mg/L)		MLSS/(mg/L)		TN/(mg/L)		TP/(mg/L)		NH_3-N/(mg/L)		进水流量计		出水流量计		电度表			本班吨水电耗/(度/吨)	平均处理水量/m3
班次	时间	渣量/m³	电流/A			渣量/m³	砂量/m³	转速/rpm	阻力损失/kpa	入口温度/℃	风压/(kgf/cm²)	风量/(m³/min)	PAC投加量/kg	累计回流流量/m³	累计流量/m³	投加量/m³	进水	出水	进水(厂外)	出水	1#	2#	1#	2#	进水	出水	进水	出水	进水	出水	流量计累计读数/m³	本班处理水量/m³	流量计累计读数/m³	本班处理水量/m³	电表累计读数/度	本班总用电量/度	配电房功率因数		
夜班	1:00																																						
	3:00																																						
	5:00																																						
	7:00																																						
早班	9:00																																						
	11:00																																						
	13:00																																						
	15:00																																						
中班	17:00																																						
	19:00																																						
	21:00																																						
	23:00																																						
当天数据统计		总进水量/m³			总出水量/m³			总进出水量平均值/m³				总电量/度			自来水表累计读数/m³		自来水用量/m3				PAC投加量/kg			助凝剂投加量/kg			外回流量/m3			剩余污泥量/m3		高压柜当前正向有功总电量读数		高压柜当前反向有功总电量读数		光伏电柜		吨水电耗/(度/吨)	

班次	夜班	早班	中班
交接班记录	1、公用工具是否齐全（　　） 2、设备运行状态是否正常（　　） 3、排泥情况：系统污泥（ ）小时，水解污泥（ ）小时 4、药剂记录详见报表	1、公用工具是否齐全（　　） 2、设备运行状态是否正常（　　） 3、排泥情况：系统污泥（ ）小时，水解污泥（ ）小时 4、药剂记录详见报表	1、公用工具是否齐全（　　） 2、设备运行状态是否正常（　　） 3、排泥情况：系统污泥（ ）小时，水解污泥（ ）小时 4、药剂记录详见报表
	交班人：　　接班人：	交班人：　　接班人：	交班人：　　接班人：

图 3.2-1　运行值班日志

子任务 3.3 运行异常识别和处理

一、任务目的

能识别运行异常状态，了解运行异常处理方法。

二、准备工作

1．知识准备

了解污水处理厂运行状态及评价依据。

2．实训场地

污水处理厂中控室。

3．实训设备

污水处理厂集控系统。

4．安全事项

未经值班人员允许，学员不得随意操作集控系统画面。

三、方法步骤

污水处理厂常见的异常情况分两类，主要为工艺运行异常（如水量异常、水质异常）和设备异常。下面针对两种常见的异常情况进行简单的举例分析。

（一）水量异常

1．水量剧增的应急处理

（1）水量剧增一般发生在暴雨或持续下雨期间，泵房水位大于 7 m，同时进水污染物浓度会有所降低。

（2）提升泵房满负荷生产，目前最大处理水量为设计处理水量的 1.3 倍，即 6.5 万 t/d。

（3）粗、细格栅开启连续运行，并及时清除栅渣。

（4）水量突增初期，不要减小风量，注意监控出水水质及生化系统运行参数（DO、pH、MLSS 等），及时调整工艺。

（5）增加生化池上清液、二沉池出水及总出水的抽检频次。

（6）二沉池全部投入使用，并且加强巡视。

（7）根据需要调节污泥回流比，调节依据主要是二沉池泥位及生物池的污泥浓度。

（8）密切留意出水在线数据。

（9）密切观察强排泵站液位，液位超过 6 m 时及时开启强排泵。

（10）随着生化系统逐渐稳定，DO 上升，系统氨氮较低，可考虑减少鼓风机的开启台数和开启频率。

2．水量不足的应急处理

（1）水量不足通常情况为大型节假日（如春节、国庆节等）期间，原因是城市用水量剧减、工厂停产等，泵房液位低于 4 m。

（2）水位低时粗格栅垃圾较多，粗、细格栅连续开启，并及时清除栅渣。

（3）提升泵房尽量保持水泵平稳进水，但需避免提升泵低液位运行。

（4）水量在设计水量的 50%以下，污水处理系统单组运行，注意监控生化系统运行参数（DO、pH、MLSS 等），及时调整风机的开关及频率，及时调节回流比。

（5）水量在设计水量的 50%以下，二沉池减半运行。减少高效沉淀池运行组数。

（二）水质异常

水质异常会出现颜色异常或含有大量油污，或含有泡沫，或有强烈刺激性气味。

（1）出现上述任何一种情况时，应减少进水量或停止进水，密切关注进出水 pH、COD，出水 NH_3-N 等在线水质仪表检测值的变化。

（2）立即组织化验人员对进水水质、生化池活性污泥各项指标进行化验分析，并观察活性污泥生物相，根据化验数据和生物相确定工艺调整措施，如果污泥活性明显降低，出水水质明显变差，应及时停止进水。

（3）当班人员要加强对进水口的巡检，要求至少每半小时检查一次。

（4）排查厂外管网，并且取异常进水水样进行保留，条件允许时可送至环境监测站进行全分析。

（5）拍照留底，及时向生态环境局有关部门反映进水水质异常情况，并将异常报告及水样送至主管部门备案，申请免责。

（三）设备异常

（1）水处理设备机械、电气故障，水处理自控故障，自来水系统故障，管路、构筑物、设备堵塞，污水、污泥泄漏等造成的异常情况。运行部经理第一时间通知厂长和总经理，商定工艺应急调整方案，事后补工艺调整工单。情况严重的按照《区控中心应急指挥调度管理办法》的规定进行。

（2）计划外停电、停水等原因引起的需进行工艺应急调整的情况，运行部经理第一时间通知厂长和总经理，商定工艺应急调整方案，事后补工艺调整工单。

四、注意事项

（1）针对设备故障或异常，非专业人员严禁拆装设备。

（2）自身无法处理的异常情况均及时汇报上级领导。

子任务 3.4　运行安全防护和处置方法

一、任务目的

掌握简单的安全应急处理措施，保证在发生突发性事故时能及时、高效、有序地采取有效抢救措施，保障员工的身体健康和生命安全，防止事故的扩大，减少事故的损失。

二、准备工作

1. 知识准备

了解水厂运行安全相关知识。

2. 实训场地

污水处理厂中控室。

3. 实训设备

污水处理厂集控系统。

三、方法步骤

以意外触电为例说明运行安全防护和处置流程。

1. 意外触电后脱离电源的方法

发现有人触电时，应立即使触电人员脱离电源。脱离电源方法如下。

（1）高压触电脱离方法：触电者触及高压带电设备，救护人员应迅速切断使触电者带电的开关、刀闸或其他电路设备，或用适合该电压等级的绝缘工具（如绝缘手套、绝缘鞋、绝缘棒）等方法，将触电者与带电设备脱离。触电者未脱离高压电源前，现场救护人员不得直接用手触及伤员。救护人员在抢救过程中应注意与周围带电物体保持必要的安全距离，保证自己免受电击。

（2）低压触电脱离方法：低压设备触电，救护人员应设法迅速切断电源，如拉开电源开关、刀闸，拔除电源插头等；或使用绝缘工具、干燥的木棒、木板、绝缘绳子等绝缘材料解脱触电者；也可抓住触电者干燥而不贴身的衣服，将其拖开，切记要避免碰到金属物体和触电者的裸露身体；也可佩戴绝缘手套或用干燥衣物包裹手部解脱触电者；救护人员也可站在绝缘垫上或干木板上进行救护。为使触电者脱离导电体，最好用一只手进行。

（3）杆塔触电脱离方法：高、低压杆塔上作业发生触电，应迅速切断线路电源的开关、刀闸或其他电路设备，对低压带电线路，由救护人员立即登杆至能确保自己安全的位置，系好自己的安全带后，用带绝缘柄钢丝钳、干燥的绝缘体将触电者拉离电源。在完成上述操作后，应立即用绳索迅速将伤员送至地面，或采取可能的迅速有效的措施送至平台上。解脱电源后，可能会造成高处坠落而再次受到伤害的，要迅速采取地面拉网、垫软物等预防措施。

（4）落地带电导线触电脱离方法：触电者触及断落在地的带电高压导线，在未明确线路是否有电时，救护人员在做好安全措施（如穿好绝缘靴、戴好绝缘手套）后，才能用绝缘棒拨离带电导线。救护人员应疏散现场人员至以导线落地点为圆心、8 m 为半径的范围以外，以防跨步电压伤人。

发现者应即时向单位领导和调度人员汇报，明确事故地点、事故时间、受伤程度和受伤人数；调度人员应根据现场汇报情况，决定停电范围，下达停电指令。

根据其受伤程度，决定采取合适的救治方法，同时用电话等快捷方式向当地的 120 抢救中心求救，并派人等候在交叉路口处，指引救护车迅速赶到事故现场，争取医务人员接替救治。在医务人员未接替救治前，现场人员应及时组织现场抢救。

2. 抢救方法

（1）触电伤员如神志清醒，应使其就地仰面平躺，严密观察，暂时不要使其站立或走动。

（2）触电伤员如神志不清，应就地仰面平躺以确保气道畅通，5 s 内呼叫伤员或轻拍其肩部，以判断伤员是否丧失意识，禁止摇动伤员头部。

（3）触电后又摔伤的伤员，应就地仰面平躺，保持脊柱在伸直状态，不得弯曲；如需搬运，应用硬模板保持伤员仰面平躺，使其身体处于平直状态，避免脊椎受伤。

◆ 呼吸、心跳情况的判定

①触电伤员如意识丧失，应在 10 s 内，用“看、听、试”的方法，判定伤员的呼吸和心跳情况。

看——看伤员的胸部、腹部有无起伏动作。

听——用耳贴近伤员的口鼻处，听有无呼气声音。

试——试测伤员口鼻有无呼气的气流，再用两手指轻试一侧（左或右）喉结旁凹陷处的颈动脉有无搏动。

②若看、听、试的结果既无呼吸又无颈动脉搏动，则可判定为呼吸、心跳停止。

◆ 心肺复苏法

触电伤员的呼吸和心跳均已停止时，应立即按心肺复苏法中支持生命的 3 项基本措施进行抢救。3 项基本措施：通畅气道、口对口（鼻）人工呼吸、胸外按压（人工循环）。

①通畅气道：触电伤员呼吸停止，重要的是应始终确保气道通畅。如发现伤员口内有异物，可将其身体及头部同时侧转，并迅速用一个手指或用两手指交叉从口角处插入，取出异物。操作中要注意防止将异物推到咽喉深部。

通畅气道可采用仰头抬额法。用一只手放在触电者前额，另一只手的手指将其下颌骨向上抬起，两手协同将头部推向后仰，舌根随之抬起，气道即可通畅，严禁用枕头或其他物品垫在伤员头下。头部抬高前倾，会加重气道的阻塞，且使胸外按压时心脏流向脑部的血流减少，甚至消失。

②口对口（鼻）人工呼吸：在保持伤员气道通畅的同时，救护人员用放在伤员额头上的手指，捏住伤员的鼻翼，在救护人员深吸气后，与伤员口对口紧合，在不漏气的情况下，先连续大口吹气两次，每次 1～5 s。如两次吹气后试测颈动脉仍无搏动，可判断心跳已经停止，要立即同时进行胸外按压。

除开始时大口吹气两次外，正常口对口（鼻）呼吸的吹气量不需过大，以免引起胃膨胀。吹气和放松时要注意伤员胸部应有起伏的呼吸动作。吹气时如有较大阻力，可能是头部后仰不够，应及时纠正。

触电伤员如牙关紧闭，可口对鼻进行人工呼吸。口对鼻人工呼吸吹气时，要将伤员嘴唇紧闭，防止漏气。

③胸外按压。正确的按压位置是保证胸外按压效果的重要前提。确定正确按压位置的步骤如下：

a. 右手的食指和中指沿触电伤员的右侧肋弓下缘向上，找到肋骨和胸骨接合处的中点。

b. 两手指并齐，中指放在切迹中点（剑突底部），食指平放在胸骨下部。

c. 另一只手的掌根紧挨食指上缘，置于胸骨上，即为正确的按压位置。

d. 正确的按压姿势是达到胸外按压效果的基本保证。正确的按压姿势如下：使触电伤员仰面躺在平硬的地方，救护人员站立或跪在伤员一侧肩旁，两肩位于伤员胸骨正上方，两臂伸直，肘关节固定不屈，两手掌根相叠，手指翘起，不接触伤员胸壁。

e. 以髋关节为支点，利用上身的重力，垂直将正常成人胸骨压陷 3～5 cm（儿童和瘦弱者酌减）；按压至要求程度后，立即全部放松，但放松时救护人员的掌根不得离开胸壁。

按压必须有效，其标志是按压过程中可以触及颈动脉搏动。

操作频率如下：胸外按压要以均匀速度进行，每分钟 80 次左右，每次按压和放松的时间相等。胸外按压与口对口（鼻）人工呼吸同时进行，其节奏为：单人抢救时，每按压 15 次后吹气 2 次（15∶2），反复进行；双人抢救时，每按压 5 次后由另一人吹气 1 次（5∶1），反复进行。

3. 抢救过程中的再判定

（1）按压吹气 1 min 后（相当于单人抢救时做了 4 个 15∶2 压吹循环），应用看、听、试方法在 5～7 s 内完成对伤员呼吸和心跳是否恢复的再判定。

（2）若判定颈动脉已有搏动但无呼吸，则暂停胸外按压，而再进行 2 次口对口人工呼吸，接着每 5 s 时间吹气 1 次（每分钟 12 次）。如脉搏和呼吸均未恢复，则继续坚持心肺复苏法抢救。

四、注意事项

由事故应急指挥小组宣布应急状态结束，恢复正常运行状态。开始对事故原因进行调查，并评估事故损失，总结经验教训。

任务小结

本章节学习了运行值班制度和交接班制度，以及相关工作内容；学习了运行异常种类及识别和处理方法；以意外触电为例说明运行安全防护和应急处理的方法，为后续深入掌握运行值班技能奠定基础。

任务练习

（1）运行值班主要工作内容是什么？

（2）出现报警时运行值班人员应如何做？

（3）交接班的主要内容是什么？

（4）运行值班日志主要记录的内容是什么？

（5）污水处理厂常见的异常情况分为哪两类？

项目二

水处理工艺运行

学习目标

一、知识目标

掌握预处理系统、生化处理系统、沉淀系统和过滤系统的构成；熟悉水处理系统控制的基本方式；了解水处理系统控制的各项指标参数。

二、技能目标

能按操作规程对预处理系统、生化处理系统、沉淀系统和过滤系统进行日常运行管理，能识别生化处理系统、沉淀系统和过滤系统运行异常。

项目综述

本项目包括 4 个工作任务，分别是预处理系统工艺运行操作、生化处理工艺运行操作、沉淀工艺运行操作和过滤工艺运行操作。

任务1 预处理系统工艺运行操作

任务目的

（1）按规程操作粗格栅、细格栅出渣系统。

（2）按规程操作进水提升泵系统。

（3）按规程操作曝气沉砂池。

（4）按规程操作旋流沉砂池。

专业知识

一、格栅

1．格栅的作用

格栅是用于去除污水中较大的漂浮物和悬浮物，以保证后续处理设备正常工作的一种装置，通常由一组或多组平行金属栅条制成的框架组成，倾斜或直立地设立在进水渠道中，用以截留较大的悬浮物或漂浮物，如纤维、碎皮、毛发、木屑、果皮、蔬菜塑料制品等，以保护后续设备、减轻后续处理单元的负荷。

2．格栅的分类

目前，国内生产的格栅种类繁多，各污水处理厂可以根据自己厂里的土建设施、进水水质和水量等情况来选择不同种类的格栅。

（1）按栅条间距分，格栅分为粗格栅（间距为40～100 mm）、中格栅（间距为10～40 mm）、细格栅（间距为3～10 mm）。随着深度处理和膜处理工艺的应用，对格栅的去除效果要求更高，精细格栅（间距为1 mm）开始推广应用。

（2）按构造特点分，格栅可分为齿耙式格栅、循环式格栅、弧形格栅、回转式格栅和阶梯式格栅。

3．常见格栅的结构和工作过程

（1）钢丝绳牵引式格栅。

钢丝绳牵引式格栅采用钢丝绳带动铲齿，可适用较大渠深（图1-1）。这种格栅除污机有倾斜安装的，也有垂直安装的。其工作原理：除污机的抓斗（齿耙）呈半圆形，沿侧壁轨道上下运行。3 条钢丝绳中的两条用于提升和下降，一条用于抓斗的吃入与抬起。抓斗可在旋转轴的驱动下，以任意的角度运转，在自动运行中清污运动连续且重复。在限位开关、传感器和驱动装置的操纵下，开合卷筒和升降卷筒可协调运转，使抓斗上下运行，并可在任意高度上吃入与脱开，完成一次次的工作循环。由于抓斗的耙齿是靠自重吃入格栅，所以在运行时经常会出现耙齿吃入不深，在垃圾杂物较多时存在耙齿插不进的问题。解决这个问题的主要方法是频开机，勿使格栅前积聚很多垃圾。

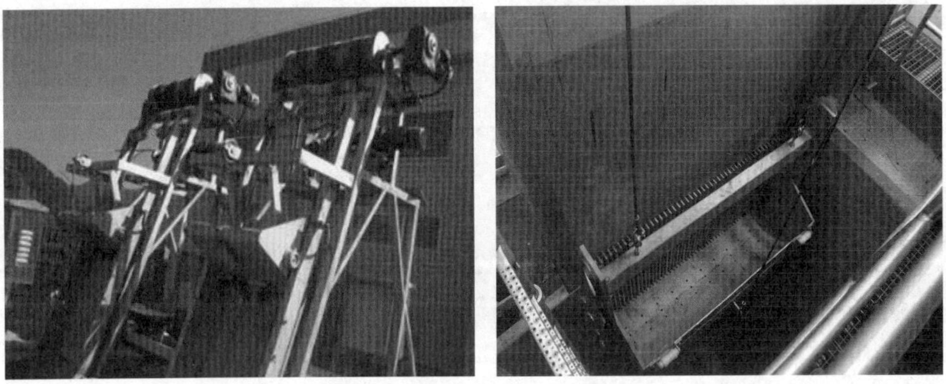

图 1-1　钢丝绳牵引式格栅

（2）回转式格栅。

回转式机械格栅是一种可以连续自动清除栅渣的格栅（图 1-2）。它由许多个相同的耙齿机件交错平行组装成一组封闭的耙齿链，在电动机和减速机的驱动下，通过一组槽

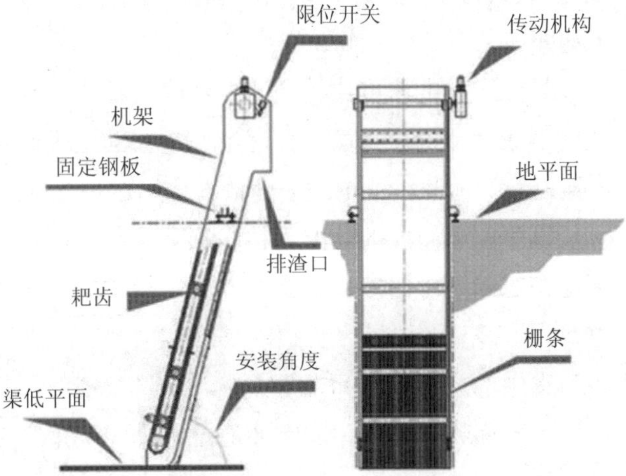

图 1-2　回转式格栅示意图

轮和链条组成连续不断的自上而下的循环运动，达到不断清除格栅的目的。当耙齿链运转到设备上部及背部时，由于链轮和弯轨的导向作用，可以使平行的耙齿排产生错位，使固体污物靠自重下落到渣槽内，脱落不干净时，这类格栅容易将污物带到栅后渠道中。回转式机械格栅因技术成熟、运行稳定得到了广泛应用。

二、沉降工艺

1. 沉降的基本理论

（1）沉降的作用。沉降是使水中的悬浮物质（主要是可沉固体）在重力作用下下沉，从而与水分离，使水质得到澄清。这种方法简单易行，分离效果良好，是水处理的重要工艺，在每一种水处理过程中几乎都不可或缺。在各种水处理系统中，沉降的作用有所不同，大致如下：

①作为化学处理与生物处理的预处理；

②用于化学处理或生物处理后，分离化学沉淀物、分离活性污泥或生物膜；

③污泥的浓缩脱水；

④灌溉农田前作灌前处理。

（2）沉降的类型。按照水中悬浮颗粒的浓度、性质及絮凝性能的不同，沉降可分为以下几种类型：

①自由沉降：悬浮颗粒的浓度低，在沉淀过程中互不黏合，不改变颗粒的形状、尺寸及密度，如沉砂池中颗粒的沉降。

②絮凝沉降：在沉淀过程中能发生凝聚或絮凝作用、浓度低的悬浮颗粒物的沉降，由于絮凝作用颗粒质量增加，沉降速度加快，沉降速度随深度的增加而增加。经过化学混凝的水中颗粒的沉淀即属絮凝沉降。

③成层沉降：水中悬浮颗粒的浓度比较高，在沉降过程中，产生颗粒互相干扰的现象，在清水与浑水之间形成明显的交界面，并逐渐向下移动，因此称为成层沉降，活性污泥法中的二次沉淀池以及污泥浓缩池中的初期情况均属这种沉降类型。

④压缩沉降：一般发生在高浓度的悬浮颗粒的沉降过程中，颗粒相互接触并部分受到压缩物的支撑，下层颗粒间隙中的液体被挤出界面，固体颗粒群被浓缩。浓缩池中污泥的浓缩过程属此类型。

（3）沉降曲线。污水中的悬浮物实际上是大小、形状及密度都不相同的颗粒群，其沉淀特性也因污水性质不同而异。因此，通常要通过沉降实验来判定其沉淀性能，并根据所要求的去除率来获得沉降时间和沉降速度这两个基本设计参数。根据实验结果绘制的各参数之间的相互关系的曲线，统称为沉降曲线。对于不同类型的沉降，其沉降曲线的绘制方法是不同的。

图 1-3 为自由沉降型的沉降曲线，其中图 1-3（a）为去除率η与沉降时间 t 之间的关系曲线，图 1-3（b）为去除率η与沉降速度 u 之间的关系曲线。

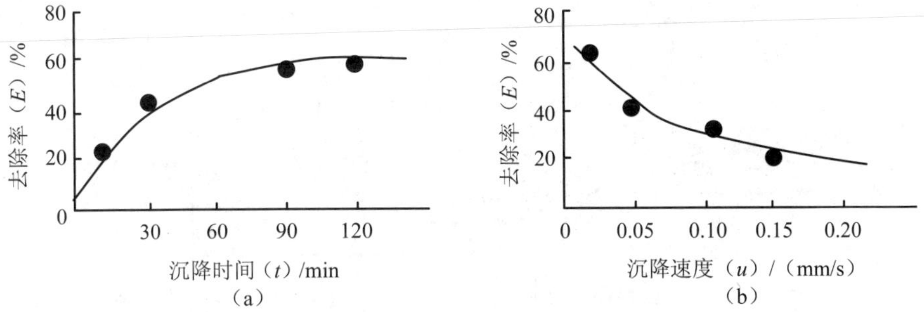

图 1-3　自由沉淀型的沉降曲线

若污水中的悬浮物浓度为 c_0，经 t 时间沉降后，水样中残留浓度为 c，则沉降去除率（沉降效率）为

$$\eta=\frac{c_0-c}{c_0}\times 100\% \tag{1-1}$$

2. 沉砂工艺

（1）沉砂池的作用。沉砂池的功能是从污水中分离粒径较大、相对密度较大的无机颗粒，如砂、炉灰渣等。它一般设在泵站、沉淀池之前，用于保护机件和管道免受磨损，还能使沉淀池中污泥具有良好的流动性，能防止排放与输送管道的堵塞，使无机颗粒和有机颗粒分离，便于分离处理和处置。

（2）沉砂池的分类。常用的沉砂池有曝气沉砂池和旋流（钟式）沉砂池。

①曝气沉砂池。

普通沉砂池截留的沉砂中夹杂一些有机物，影响截留效果，采用曝气沉砂池在一定程度上克服此缺点。曝气沉砂池是一长形渠道，沿池壁一侧的整个长度距池底 60～80 cm 的高度处安设曝气装置，而在下部设集砂槽，池底有一定坡度，以保证砂粒滑入（图 1-4）。由于曝气和水流的综合作用，水流在池内呈螺旋状前进。颗粒处于旋流状态，且互相摩擦，颗粒表面有机物擦掉，获得较纯净的砂粒。曝气沉砂池的水流在池内停留时间为 1～3 min，空气量应保证池中水的旋流速度在 0.3 m/s 左右，所需的空气量为 2～3 m^3/m^2 池表面积，池的有效水深为 2～3 m，宽深比为 1∶1.5。

曝气沉砂池与普通沉砂池相比有以下优点：沉砂池分离出的砂有机物含量低，不易腐败；沉砂池对污水有预曝气作用，可脱臭，改善水质，有利于后续处理。

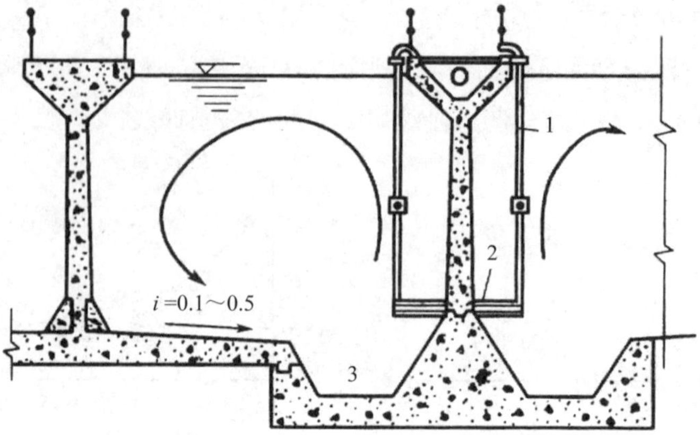

1—压缩空气管；2—空气扩散板；3—集砂槽

图 1-4 曝气沉砂池剖面图

②旋流（钟式）沉砂池。

旋流沉砂池是利用机械力控制流态与流速，加速砂粒的沉淀，并使有机物随水流带走的沉砂装置，如图 1-5 所示。

沉砂池由流入口、流出口、沉砂区、砂斗、砂提升管、排砂管、电动机和变速箱等组成。污水由流入口切线方向流入沉砂区，利用电动机及传动装置带动转盘和斜坡式叶片旋转。在离心力的作用下，污水中密度较大的砂粒被甩向池壁，掉入砂斗，有机物则被留在污水中。调整转速，以达到最佳沉砂效果。沉砂用压缩空气经砂提升管、排砂管清洗后排出，清洗水回流至沉砂区。

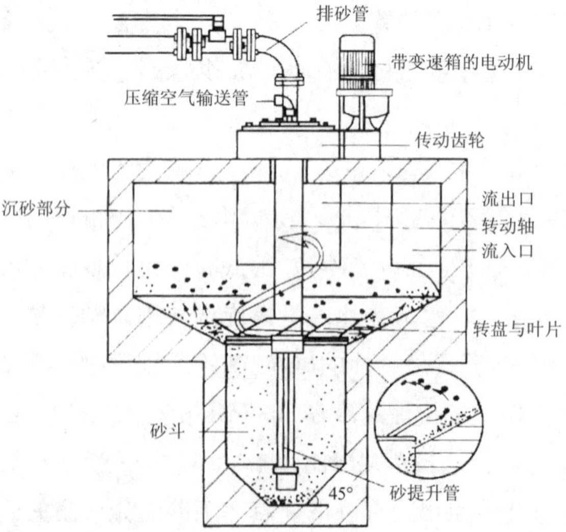

图 1-5 旋流沉砂池

任务实施

子任务 1.1　格栅除渣系统的运行操作

一、任务目的

（1）掌握格栅运行方式。

（2）掌握格栅的手动和远程操作步骤。

二、准备工作

1. 知识准备

（1）格栅除污机的运行方式。

一般来说，格栅除污机没有必要昼夜不停地运转，长时间运转会加速设备的磨损和电能的浪费。有些除污机如高链式自动格栅除污机和钢绳式格栅除污机，每次运行仅捕获少量树叶或塑料袋，因此积累一定数量的栅渣后间歇开机较为经济。

格栅除污机间歇运行的控制方式有人工控制、自动定时控制和水位差控制。

①人工控制又分为定时控制与视栅渣情况控制。其中，定时控制是制订一个开机时间表，操作人员在规定的时间去开机与停机；也可以由操作人员每天定时观察拦截的栅渣状况，按需开机。

②自动定时控制是指自动定时系统按预定好的时间开机与停机。人工与自动定时控制，都需要有人时刻监视栅渣情况，如果发现大量垃圾突然涌入，应及时手动开机。

③水位差控制是一种较为先进、合理的控制方式。污水通过格栅时都会有一定的水头损失，拦截的栅渣增多时，水头损失增大，即栅前与栅后的水位差增大。利用传感器测量水位差，当水位差达到一定数值（一般为 0.3 m）时，说明栅渣已较多，格栅除污机应立即开启除渣。这种方式自动化程度高、节省人力、不易出现异常情况，关键是保证传感器及控制系统的正常工作。

（2）格栅及耙渣设备的操作注意事项。

格栅是污水处理厂的第一道工序，其操作适当与否直接影响后续构筑物的负荷。操作时要检查耙渣的各部分设备状况、润滑状况等。特别是转换自动、手动手柄要彻底切开（用手动操作时，要开至手动位置），以免切不开导致损坏设备。

每日耙渣次数应按栅前水位控制，一般来说，当栅前水位较高时，说明污物已影响水流条件，可增加耙渣次数；当栅前水位较低，且在设计水位以下时要停止耙渣，否则水位太低会造成水泵的汽蚀现象。

不同的格栅除污机，其操作保养方法不同，但有些共同问题应注意：

①清除间隔不能太长、不要等格栅上的垃圾堆得很多时才清除。

②该加注润滑油的部分须经常检查和加油。

③钢丝绳格栅运行时应注意避免钢丝绳错位。

④当格栅的耙齿或其他部件卡住时，不要强行开机，以免损坏机械。

⑤经常检查电器限位开关是否失灵。

⑥及时维护保养设备，如刷漆等。

栅渣包括塑料薄膜、破布、粪便等脏物。栅渣的贮存、运输、处置是一项复杂的工序，刚捞上来的栅渣含水率常达 80%以上，需进行滤水工作。目前多采用栅渣压滤机去除水分，当直接外排时，最好在格栅平台上让其滤去些水分，然后用车外运。人工清除栅渣的工作强度大且作业环境差，应加强劳动保护工作，栅渣的贮存地须采取卫生和灭蚊蝇等措施。栅渣的最终处置方法有堆放空地、填埋和焚烧 3 种。如果城市垃圾处理部门能接收，送入城市垃圾场也是一个妥善的处置办法。

2. 实训场地

（1）远程控制：中控室。

（2）手动控制：设备安装现场。

3. 实训设备

（1）中控室上位机系统。

（2）格栅机系统控制设备。如表 1.1-1 所示。

表 1.1-1　格栅机主要设备清单

类别	设备名称	安装位置	用途
粗格栅系统	粗格栅除污机	粗格栅	去除进厂来水中较大的漂浮物
	无轴螺旋输送机	粗格栅	将垃圾、漂浮物通过输送机运送至渣斗车外运处理

类别	设备名称	安装位置	用途
细格栅系统	细格栅机	细格栅	进一步去除来水中细小漂浮物
	无轴螺旋输送机	细格栅	将垃圾、漂浮物通过输送机运送至渣斗车外运处理

三、方法步骤

以三索式粗格栅除污机为例，说明格栅手动和远程两种运行操作步骤。

1．开机前准备工作

检查设备完好状态，包括现场电气控制箱电源指示正常，格栅前、后闸门打开状态，进水正常，检查机械各部分无卡堵，机械各部分润滑良好；动力驱动装置正常，耙斗应平衡，栅渣输送机正常。

2．格栅除污机手动操作步骤

（1）在现场设备箱选择“就地”模式。

（2）启动格栅除污机，观测设备各部分运转情况，捞污、排渣、翻耙等动作应准确到位，无异常声响、振动，钢丝绳应传动平稳。

（3）注意扒渣效果是否良好，及时清理耙齿上残留的垃圾。

（4）判断栅渣量，确定是否再运行一个捞渣周期。

（5）清理干净皮带输送机上的栅渣并关闭输送机。

3．格栅除污机远程操作步骤

（1）检查中控室上位机画面格栅操作界面应处于“远程”模式，否则需在现场设备控制箱将转换开关拨到“遥控”位置。

（2）在上位机画面格栅操作界面上点击“启动”按钮，画面上“运行”指示灯亮，格栅运行一个捞渣周期后自动停止。

（3）栅渣输送机联动运行，按照设定的联动运行时间停止运行。

（4）当格栅运行遇到异常情况时，可点击画面“停止”按钮，停止格栅运行。

四、注意事项

（1）检查各润滑点润滑良好。

（2）检查运行各部分无卡堵。

（3）耙斗下降时，如链索张紧失效，应控制升降机构停止下降，并返回维修。

子任务 1.2　进水提升系统运行操作

一、任务目的

（1）掌握提升系统运行方式。

（2）掌握提升系统的手动和远程操作步骤。

二、准备工作

1．知识准备

污水处理厂进水经格栅处理后进入提升泵房，再经提升泵提升后进入后续处理单元（如旋流沉砂池等）。

城市污水处理厂使用的提升泵多为离心泵，其主要构件有电机、泵壳、叶轮、密封腔等，详见图 1.2-1。电机和泵壳之间有密封腔或轴承箱，其间充满医用白油或乙二醇，可以确保持久连续的润滑。

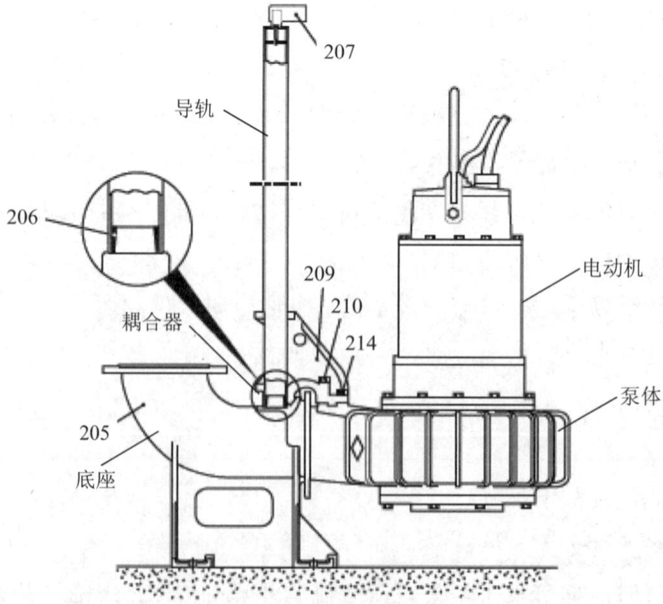

图 1.2-1　潜污泵安装图

泵机工作时，泵的叶轮在电动机的带动下产生高速旋转，充满叶轮的水被高速甩出进入压力低的出口方向。被甩出的水在出口段完成泵的能量转换，由于压出段的流道的结构特点，使水的动能降低、压力升高，水在压力的作用下完成输送。

2. 实训场地

（1）远程控制：中控室。

（2）手动控制：设备安装现场。

3. 实训设备

（1）中控室上位机系统。

（2）进水提升泵控制设备。

表 1.2-1 提升系统主要设备清单

类别	设备名称	安装位置	用途
提升系统	潜污泵	提升泵房	提升污水
	导轨及吊链	提升泵房	起吊水泵
	耦合装置	提升泵房	水泵与管道连接

三、方法步骤

工艺流程中进水提升泵所处位置如图 1.2-2 所示。

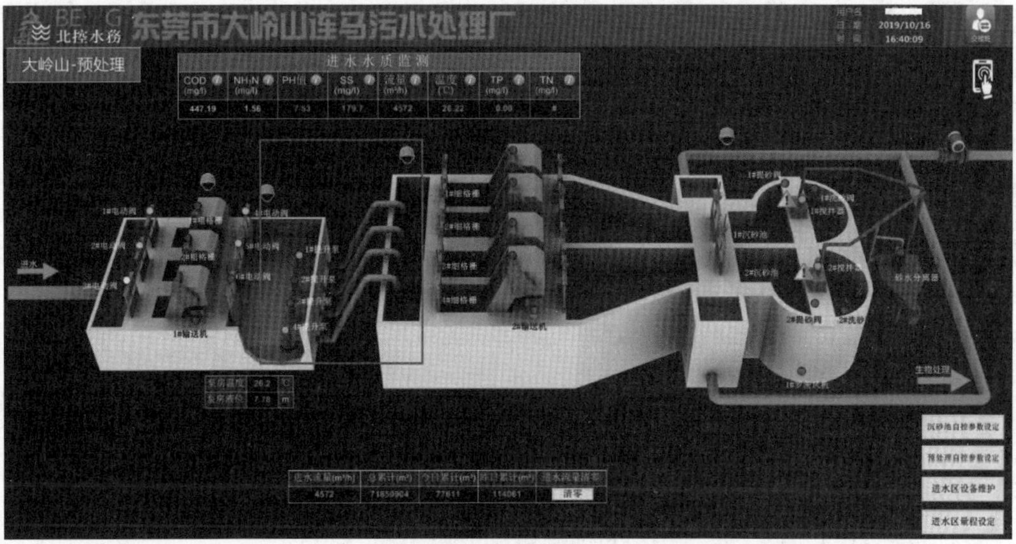

图 1.2-2 工艺流程中进水提升泵所处位置

1．开机前准备工作

检查水泵导轨是否牢固，吊链是否完好，悬挂是否牢固；检查进水闸门是否打开，水位是否高于最低水位；检查现场控制箱、电源线、控制线、接地线是否完好；检查控制箱电源指示是否正常。

2．提升泵手动操作步骤

（1）将控制柜面板上的转换开关拨到“就地”位置。

（2）按“开泵”按钮可在现场手动启动水泵，观察水泵电流是否正常。

（3）变频调节：调整变频泵运转频率，控制提升泵流量和泵坑液位。

（4）按“停止”按钮停止水泵运行。

3．提升泵远程操作步骤

（1）检查中控室上位机画面提升泵操作界面应处于“远程”模式，否则需在现场设备控制箱将转换开关拨到“遥控”位置。

（2）在中控室上位机提升泵操作画面上点击“启动”按钮启动水泵，观察水泵电流、功率、流量、压力是否正常。

（3）变频调节：在上位机画面上调整变频泵运转频率，控制提升泵流量和泵坑液位。

（4）点击操作画面“停止”按钮停止水泵运行。

四、注意事项

（1）不允许水泵长时间干运转或低水位运行。

（2）不得频繁开启、关闭水泵，每小时开关操作次数不能超过 4 次。

（3）水泵运行时振动、噪声、流量、压力、电流异常时，应停泵并通知维修人员。

子任务 1.3　曝气沉砂池系统运行操作

一、任务目的

（1）掌握曝气沉砂池系统运行方式。

（2）掌握曝气沉砂池系统手动和远程操作步骤。

二、准备工作

1. 知识准备

沉砂池运行管理注意事项：

（1）在沉砂池的前部，一般都设有细格栅，细格栅的垃圾应及时清理。

（2）在一些平流沉砂池上常设有浮渣挡板，挡板前浮渣应每天清捞。

（3）沉砂池最重要的操作是及时排砂，对于用砂斗重力排砂的沉淀池，一般每天排砂1次。

（4）排砂机械应经常运转，以免积砂过多引起超负荷，排砂机械的运转间隔时间应根据砂量及机械的能力而定，排砂间隔时间过长，会堵塞排气管、砂泵，堵卡刮砂机械。排砂间隔时间过短会使排砂量增大，含水率增高，后续处理难度增大。用重力排砂时，若排砂管堵塞，可用气泵反冲洗疏通排砂管。

（5）曝气沉砂池的空气量应根据空气流量计测量值每天检查和调节。若发现曝气流量、压力异常，应停车排空检查清理，重新投运时为防止砂粒进入扩散器，应先通气后进水。

（6）每周都要对进、出水阀门及排渣闸门进行加油、清洁保养，每年定期做防腐维护。

（7）沉渣应定期取样化验，主要项目有含水率及灰分，沉渣量也应每天记录。

（8）排出的沉渣含水率很高，需经过砂水分离器将沉渣分离出来。

（9）沉砂池由于截留大量易腐败的有机物质，恶臭污染严重，特别是夏季，恶臭强度高，操作人员一定要注意，不要在池上工作或停留时间过长，以防中毒，堆砂处应用次氯酸钠溶液或过氧化氢进行清洗。

2. 实训场地

（1）远程控制：中控室。

（2）手动控制：设备安装现场。

3. 实训设备

（1）中控室上位机系统。

（2）曝气沉沙池系统设备。

表 1.3-1　曝气沉砂系统主要设备清单

类别	设备名称	安装位置	用途
曝气沉砂池系统	桥式吸砂机	沉砂池上	往返移动，吸取水中砂
	砂水分离器	沉砂池旁	对吸取的砂粒进行收集、分离
	罗茨风机	沉砂池设备间	曝气旋流洗砂
	浮渣斗	沉砂池上	对浮渣进行收集

三、方法步骤

曝气沉砂池运行监控界面如图 1.3-1 所示。

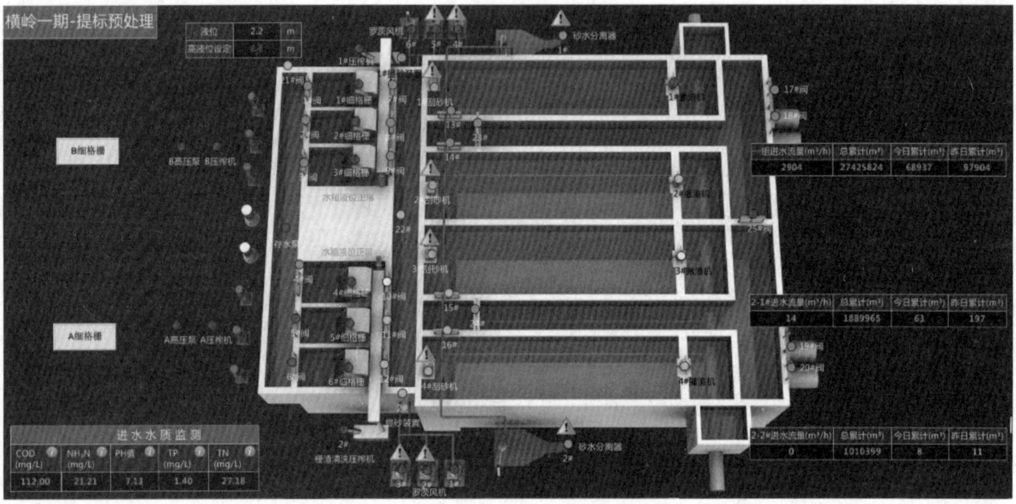

图 1.3-1　曝气沉砂池运行监控界面

1. 开机前的准备工作

（1）检查沉砂池进、出水闸门是否处于开启状态，水流是否通畅。

（2）用调节闸门的开度来调节处理水量。

（3）检查沉砂池中是否有大块杂物，若有应及时清理。

（4）检查提砂阀是否处于开启状态。

2. 曝气沉砂池手动操作步骤

（1）启动罗茨风机。在电控柜上将风机运行方式调至“就地”控制，按“启动”按钮，风机运行灯亮，风机开始运转。检查风机声响、振动、风压、电流是否正常。缓慢调整风机调速旋钮至所需频率。按“停止”按钮，则风机停止运转。

（2）观察沉砂池内曝气情况。将曝气吸砂桥上控制柜上的转换开关转到“就地”位置，按吸砂机“启动”按钮，吸砂泵开始提砂（或气提装置开始提砂），砂水混合物流入排砂槽，进入砂水分离器，砂水分离器联动启动。

（3）启动曝气吸砂桥运行。设定吸砂桥“前进、返回、往返”运行模式，按下吸砂桥“启动”按钮，吸砂桥开始移动，前进时撇渣装置自动下降开启撇渣，前进到终点时停止运行或返回（在往返模式下）；返回时撇渣装置上升停止撇渣，返回到起点时自动停止运行或再次前进（在往返模式下）。任何时点按下吸砂桥“停止”按钮，吸砂桥停止运行。

3. 曝气沉砂池远程操作步骤

（1）现场将曝气吸砂桥、罗茨风机、砂水分离器控制柜上的转换开关转到“遥控”位置。

（2）在中控室上位机界面点击风机“启动”按钮，风机开始运转，运行指示灯亮，将风机频率设定在所需频率。停机风机时点击“停止”按钮。

（3）在中控室上位机界面设置吸砂桥运行频次（如每 2 h 运行 1 次），当进水含砂量增大或减少时，可以适当增加或减小吸砂机的运行频次。吸砂桥“前进、返回、往返”运行模式在现场电控柜上设定。

（4）在中控室上位机界面点击吸砂桥“启动”按钮，则提砂装置先启动，开始提砂，然后砂水分离器启动，吸砂桥按照运行模式和运行频次设定自动运行、停止。

（5）在中控室上位机界面点击吸砂桥“停止”按钮则启动停止吸砂程序。即先停止吸砂桥运行，然后提砂装置、砂水分离器依次延时停止运行。

四、注意事项

（1）风机运行时，严禁完全关闭进、排气口阀门，关闭阀门，压力上升，风机超负荷运转，易被烧坏。

（2）风量大小不能通过开关阀门来调整。该风机是容积式泵，应调整转速来改变流量和轴功率。

（3）在水流和重力的作用下，部分较细砂粒在曝气沉沙池末端堆积，但是行车吸砂装置很难到达这个区域吸砂，造成末端砂粒堆积，需定期排空人工清砂。

（4）吸砂桥运转前应先启动吸砂泵或气提装置，防止沉砂阻碍吸砂桥运行，损坏吸砂管。

（5）砂水分离器运转时不得打开保护盖，防止砂水溢出；不得触动螺旋，防止造成挤压伤害。

子任务 1.4　旋流沉砂池系统运行操作

一、任务目的

掌握旋流沉砂池的类型，熟悉旋流沉砂池系统的组成，识别常见故障点和故障现象。

二、准备工作

1. 知识准备

旋流除砂机由行星摆线针轮减速机、减速箱、桨叶驱动杆、转盘桨叶、空气提升和空气冲洗系统、吸砂管及平台钢梁等组成。

旋流沉砂池采用锥底圆形池，在池内设有桨叶分离机，污水从池的切向入流，回旋270°后（按俯视顺时针向），从排放渠排出，利用进水的一定流速作为动力，沿圆形沉砂池的内壁做切线运动，形成旋流，同时通过桨叶搅拌，使液体旋流和轴向涡流，从而加速污水中砂粒沉降，让水中有机物与砂粒有效地分离。底部水流速度向心递增，越靠中心，水流断面越小，水流速度越快，池底的沉砂以螺旋状轨迹向中心砂斗移动。有机物在池中心部向上升起，并随出水水流一并排出，底部沉砂经提升装置提升，进入砂水分离器进行砂水分离后，污水则回流至格栅井内。

2. 实训场地

（1）远程控制：中控室。

（2）手动控制：设备安装现场。

3. 实训设备

（1）中控室上位机系统。

（2）旋流沉沙池系统设备。如表 1.4-1 所示。

表 1.4-1　旋流沉砂系统主要设备清单

类别	设备名称	安装位置	用途
旋流沉砂池系统	搅拌器	预处理-旋流沉砂系统	形成离心力，将砂与水进行分离的主要设备
	真空吸砂泵	预处理-旋流沉砂系统	对沉淀的砂粒进行吸收
	砂水分离器	预处理-旋流沉砂系统	对吸取的砂粒进行收集、分离
	浮渣斗	预处理-旋流沉砂系统	对砂粒进行收集，外运送出

三、方法步骤

旋流沉砂池运行监控界面如图 1.4-1 所示。

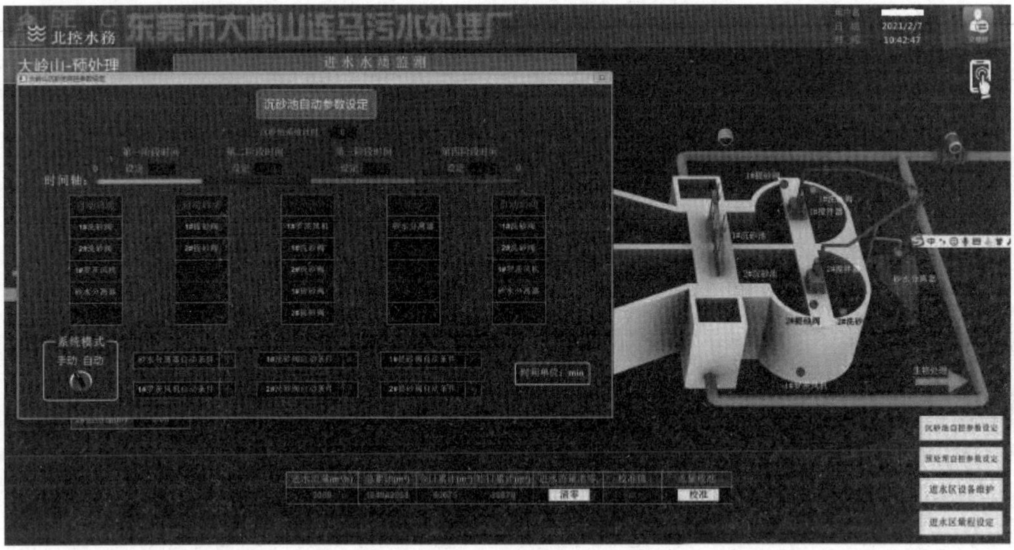

图 1.4-1　旋流沉砂池运行监控界面

1．开机前准备工作

（1）检查沉砂池配电柜电源供电正常；控制箱电源处于合闸位置，且指示灯亮，机组无报警。

（2）空气通道阀门全开，电磁阀开闭正常。

（3）检查集砂渠道是否通畅。

（4）检查砂水分离器出砂管道无堵塞，准备就绪。

（5）检查鼓风机启动准备就绪。

2．旋流沉砂系统手动操作步骤

（1）在现场控制箱将转换开关至“手动”位置。

（2）启动旋流搅拌器运行。

（3）启动风机。先启动空气冲洗管电磁阀，然后关闭空气冲洗管电磁阀再启动空气提砂管电磁阀。空气冲洗管冲洗时间为每次 2 min，间隔时间为 15 min。

（4）检查砂水混合液应流至砂水分离器。

（5）启动砂水分离器。检查砂水分离器出砂情况。

3. 旋流沉砂系统远程操作步骤

（1）将鼓风机、除砂机、砂水分离器电控箱转换开关均转至“遥控”位置。

（2）将自控系统上位机画面除砂系统设定到“自动运行”，则除砂系统接受 PLC 来的指令，根据设定运行间隔时间自动投入运行。

四、注意事项

（1）注意检查提砂是否正常。

（2）巡检时检查减速机运行是否异响。

（3）罗茨风机曝气时应保持空气管路畅通。

任务小结

本章节学习了格栅、提升泵、曝气沉砂装置和旋流除砂装置的类别、用途、结构以及运行操作方式，学会使用污水处理厂预处理工艺单元配套设备的实际操作。

任务练习

1. 单项选择题

（1）间距为 10～40 mm 的格栅属于（　）。

A. 粗格栅　B. 中格栅　C. 细格栅　D. 超细格栅

（2）一般控制格栅运行时污水的过栅流速为（　）。

A. 0.6～1.0 m/s　B. 0.2～0.6 m/s　C. 1.6～1.8 m/s　D. 2.0～3.0 m/s

（3）格栅主体结构运行时有异响、振动，最有可能的原因是（　）。

A. 行走链条、链轮、主轴导轨、托杆、轴承、密封等磨损或破损

B. 传动部件被异物卡住

C. 格栅或耙齿变形

D. 栅距增大

2. 简答题

（1）提升系统远程操作步骤有哪些？

（2）旋流沉砂池提砂系统包括哪些设备？

任务 2　生化处理工艺运行操作

任务目的

（1）熟悉生化系统运行操作步骤，会操作相关设备。

（2）会控制生化系统正常运行的指标参数。

（3）能通过运行指标分析判断生化系统运行状态。

（4）能判断搅拌混合系统、鼓风曝气系统等生化系统配套设备的运行状态。

专业知识

一、A²/O 工艺简介

A²/O 工艺是厌氧—缺氧—好氧生物脱氮除磷工艺的简称，是传统活性污泥工艺、生物硝化、反硝化工艺和生物除磷工艺的综合。常规 A²/O 工艺的生物反应池由 ANAEROBIC（厌氧）、ANOXIC（缺氧）和 OXIC（好氧）3 段组成，其典型工艺流程见图 2-1。其特点是厌氧、缺氧、好氧 3 段功能明确，界线分明，可根据进水条件和出水要求，人为地创造和控制 3 段的时空比例和运转条件，只要碳源充足（TKN/COD≤0.08 或 BOD/TKN≥4）便可根据需要达到比较高的脱氮率，A²/O 工艺同时具有去除 BOD_5、SS、N、P 的功能。

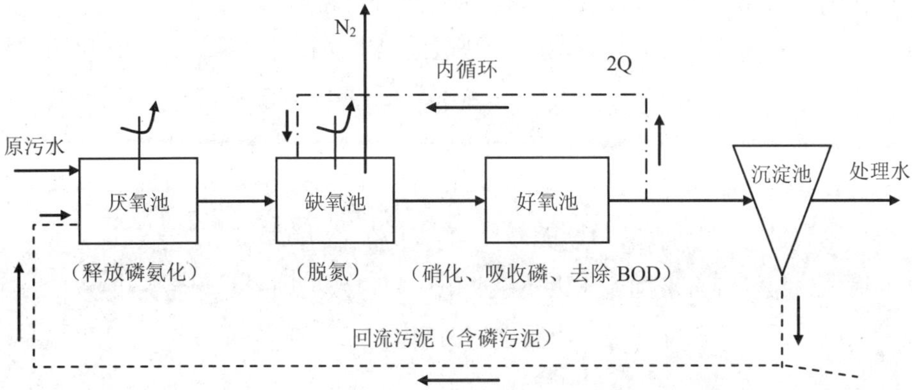

图 2-1　A²/O 生物脱氮除磷工艺流程

在厌氧池中，磷的释放使污水中 P 的浓度升高，溶解性有机物被细胞吸收而使污水中 BOD_5 浓度下降，另外 NH_3-N 因细胞合成而被去除一部分，使污水中 NH_3-N 浓度下降。

在缺氧池中，反硝化菌利用污水中的有机物作碳源，将回流混合液中带入的大量 NO_3-N 和 NO_2-N 还原为 N_2 并释放至空气，因此 BOD_5 浓度继续下降，NO_3-N 浓度大幅下降，但磷浓度变化很小。

在好氧池中，有机物被微生物生化降解，其浓度继续下降；有机氮被氨化继而被硝化，使 NH_3-N 浓度显著下降，NO_3-N 浓度显著增加，而磷随着聚磷菌的过量摄取，也以较快的速率下降。

最后，混合液进入沉淀池，进行泥水分离，上清液作为处理水排放，沉淀污泥的一部分回流至厌氧池，另一部分作为剩余污泥排放。

常规生物脱氮除磷工艺呈厌氧（A）—缺氧（A）—好氧（O）的布置形式。该布置在理论上基于这样一种认识，即聚磷微生物有效释磷水平的充分与否，对于提高系统的除磷能力具有极其重要的意义，厌氧区在前可以使聚磷微生物优先获得碳源并得以充分释磷。

A^2/O 工艺能同时完成有机物的去除、脱氮、除磷等功能，有以下工艺特点。

（1）厌氧、缺氧、好氧 3 种不同的环境条件和不同种类微生物的配合，能同时具有去除有机物、脱氮除磷的功能。

（2）在同步脱氨除磷去除有机物的工艺中，该工艺流程最为简单，总的水力停留时间也少于同类其他工艺，运行稳定，出水水质可保证。

（3）在厌氧—缺氧—好氧交替运行下，丝状菌不会大量繁殖，SVI 一般低于 100 mL/g，不会发生污泥膨胀。

（4）硝化过程消耗的碱度由缺氧过程补充，系统可保持碱度平衡。

（5）污泥中磷含量高，一般为 2.5%以上，具有较高的肥效。

（6）运行过程中无须投药，厌氧池、缺氧池只需轻搅拌，使之混合，以不增加溶解氧为度。

（7）进入沉淀池的处理水要保持一定浓度的溶解氧，减少停留时间，防止产生厌氧、缺氧状态，以避免聚磷菌释放磷而降低出水水质，以及反硝化产生 N_2 而干扰沉淀；但溶解氧浓度也不宜过高，以防循环混合液对缺氧反应的干扰。

（8）脱氮效果受混合液回流比大小的影响，除磷效果则受回流污泥中携带 DO 和硝酸态氧的影响，因而脱氮除磷效率不可能同时很高。

二、A^2/O 工艺的性能指标

在活性污泥法运行过程中，采用性能指标进行检测和评估工艺运行状态，常用的活性污泥法性能指标如下。

1. 污泥沉降比（SV）

污泥沉降比（Settling Velocity，SV）是指混合液经 30 min 静置沉淀后所形成的沉淀污泥容积占原混合液容积的比例（%）。SV_{30} 是相对反映污泥数量以及污泥的凝聚、沉降性能的指标，SV_{30} 越小，其沉降性能与浓缩性能越好。正常的 SV_{30} 一般在 15%～30% 内，以控制排泥量和及时发现早期的污泥膨胀。

2. 混合液悬浮固体浓度（MLSS）

混合液悬浮固体浓度（Mixed Liquor Suspended Solids，MLSS），又称混合液污泥浓度，表示在曝气池单位容积混合液内所含的活性污泥固体的总质量，即

$$\mathrm{MLSS}=M_a+M_e+M_i+M_{ii} \tag{2-1}$$

式中，M_a —— 具有代谢功能活性的微生物群体；

M_e —— 微生物（主要是细菌）内源代谢、自身氧化的残留物；

M_i —— 由原污水挟入的难被细菌降解的惰性有机物质；

M_{ii} —— 由污水挟入的无机物质。

MLSS 近似表示活性微生物浓度，当入流污水 BOD_5 浓度上升，应增大 MLSS，即增大微生物的量，处理增多的有机物质。对传统活性污泥法，MLSS 值为 1 500～3 000 mg/L，对延时活性污泥法或氧化沟法，MLSS 值为 2 500～5 000 mg/L。

3. 混合液挥发性悬浮固体浓度（MLVSS）

混合液挥发性悬浮固体浓度（Mixed Liquor Volatile Suspended Solids，MLVSS），表示混合液活性污泥中有机性固体物质部分的浓度，即

$$\mathrm{MLVSS}=M_a+M_e+M_i \tag{2-2}$$

MLVSS 表示 MLSS 的有机部分，更接近于活性微生物浓度。在条件一定时，MLVSS/MLSS 是较稳定的，对城市污水，MLVSS/MLSS 一般为 0.7。

4. 污泥容积指数（SVI）

污泥容积指数（Sludge Volume Index，SVI）是指混合液经 30 min 静沉后，每克干污泥所形成的沉淀污泥容积，单位为 mL/g。可用式（2-3）表示：

$$\mathrm{SVI}=\frac{\mathrm{SV}}{\mathrm{MLSS}} \tag{2-3}$$

SVI 能更准确地评价污泥的凝聚性能和沉降性能，SVI 一般在 50～150 时，运行效果

最好，SVI 过低，说明活性污泥沉降性能好，但吸附性能差，泥粒小，密实，无机成分多；SVI 过高，说明活性污泥疏松，有机物含量高，但沉降性能差。当 SVI＞200 时，说明活性污泥将要或已经发生膨胀现象。

5．污泥密度指数（SDI）

曝气池混合液在静置 30 min 后，100 mL 沉降污泥中含有的活性污泥悬浮固体的质量。

$$\text{SDI}=100/\text{SVI} \tag{2-4}$$

6．污泥龄（SRT）（又称生物固体停留时间）

活性污泥系统正常运行的重要条件之一是必须保持曝气池内稳定的污泥量（MLSS）。活性污泥反应的结果，使曝气池内的污泥量增加。此外，在污泥增长的同时，伴随微生物的老化和死亡，若不及时排出就会导致活性下降。所以，每天必须从系统中排出与增长量相等的活性污泥量，即剩余污泥，以保持污泥量和污泥活性的稳定。

活性污泥排放量越大，系统内污泥更新越快，污泥在系统内停留的时间越短。反应系统内微生物全部更新一遍所需的时间（生物固体平均停留时间）叫污泥龄，单位为 d。污泥龄是指活性污泥在反应池、二次沉淀池和回流污泥系统内的平均停留时间，也就是曝气池中活性污泥平均更新一遍所需的时间，一般用 SRT 表示，又称为生物固体停留时间。它是活性污泥系统设计和运行中最重要的参数之一，可用式（2-5）表示：

$$\text{SRT}=\frac{\text{系统内活性污泥量}}{\text{每天从系统排出的活性污泥量}} \tag{2-5}$$

剩余污泥排放量越大，泥龄越短。通过控制剩余污泥排放量，便可方便地控制泥龄。世代时间长于污泥龄的微生物在曝气池内不可能形成优势菌种属。

污泥浓度与泥龄有关，而泥龄与剩余污泥排放量有关，工程实践中常通过调节剩余污泥排量来控制污泥浓度。剩余污泥排量越大，泥龄越短，污泥浓度就越低，反之亦然。

出水水质与泥龄有关。泥龄长，出水水质好。随着泥龄的延长，污染物去除率很快达到最大值，所以不需要太长的泥龄（0.5～1.0 d）就可以取得较高的去除率。但是，泥龄短时微生物浓度低，营养相对丰富，细菌生长得很快，絮凝沉淀性能差，易流失，出水水质较差。SRT＞世代期，微生物能在系统中存活下来；SRT＜世代期，微生物被淘汰；如果需要分解有机污染物的绝大部分微生物，世代期＜3 d，因此控制 SRT 为 3～5 d。

7．污泥回流比

反应池运行时，为了维持给定的 SRT 或 BOD-SS 负荷，MLSS 必须维持一定的数值，应按回流污泥悬浮固体浓度改变回流污泥量或污泥回流比。

回流比是污泥回流量与污水量之比，常用 R 表示：

$$R=Q_{\text{R}}/Q \tag{2-6}$$

在活性污泥法的运行管理中，为了维持反应池混合液一定的 MLSS 值，除应保证二次沉淀池具有良好的污泥浓缩性能外，还应考虑活性污泥膨胀的对策，以提高回流活性污泥浓度，减少污泥回流比。回流比 R 可以根据实际运行需要调整。传统活性污泥工艺 R 一般在 25%～100%。

一般冬天活性污泥的沉降性能和浓度性能变差，所以回流活性污泥浓度低，回流比较夏季高；另外，当活性污泥发生膨胀时，回流活性污泥浓度急剧下降。

8．活性污泥的有机负荷

活性污泥的有机负荷是指曝气池内单位质量的活性污泥，在单位时间内要保证一定的处理效果所能承受的有机污染物量，单位为 kg BOD_5/（kg MLVSS·d），也称 BOD 负荷。通常用 F/M 表示有机负荷。有机负荷可用式（2-7）计算：

$$F/M=\frac{Q\times \mathrm{BOD_5}}{\mathrm{MLVSS}\times V_\mathrm{a}} \tag{2-7}$$

式中，Q —— 入流污水量，m^3/d；

BOD_5 —— 入流污水的 BOD_5 浓度，mg/L；

V_a —— 曝气池的有效容积，m^3；

MLVSS —— 曝气池内活性污泥浓度，mg/L。

F/M 表示微生物量的利用率和污泥的沉降性能。F/M 较大时，由于食物较充足，活性污泥中的微生物增长速率较快，有机污染物被去除的速率也较快，但活性污泥的沉降性能较差。反之，F/M 较小时，由于食物不太充足，微生物增长速率较慢或基本不增长，甚至也可能减少，有机污染物被去除的速率也较慢，但活性污泥的沉降性能较好。传统活性污泥工艺的 F/M 值一般在 0.2～0.4 kg BOD_5/（kg MLSS·d）。

三、影响生物脱氮除磷技术的主要因素

1．溶解氧（DO）

在好氧条件下硝化反应才能进行，溶解氧浓度不但影响硝化反应速率，而且影响其代谢产物。为满足正常的硝化反应，在活性污泥中，溶解氧的浓度至少为 2 mg/L，一般应在 2～3 mg/L，生物膜法则应大于 3 mg/L。当溶解氧的浓度低于 0.5 时，硝化反应过程将受到限制。

传统的反硝化过程需在较为严格的缺氧条件下进行，因为氧会同硝酸盐竞争电子供体，且会抑制微生物对硝酸盐还原酶的合成及其活性。但是，在一般情况下，活性污泥生物絮凝体内存在缺氧区，曝气池内即使存在一定的溶解氧，反硝化作用也能进行。研究表明，要获得较好的反硝化效果，对于活性污泥系统，反硝化过程中混合液的溶解氧

浓度应控制在 0.5 mg/L 以下；对于生物膜系统，溶解氧需保持在 1.5 mg/L 以下。

2．碳氮比（C/N）

在脱氮过程中，C/N 将影响活性污泥中硝化菌所占的比例。因为硝化菌为自养型微生物，代谢过程不需要有机物，所以污水中的 BOD_5/TKN 越小，即 BOD_5 的浓度越低硝化菌所占的比例越大，硝化反应越容易进行。硝化反应的一般要求是 BOD_5≤20 mg/L，BOD_5/TKN＜3。

反硝化过程需要有足够的有机碳源，但是碳源种类不同也会影响反硝化速率。反硝化碳源可以分为 3 类：第一类是易于生物降解的溶解性的有机物；第二类是可慢速降解的有机物；第三类是细胞物质，细菌利用细胞成分进行内源硝化。在 3 类物质中，第一类有机物作为碳源的反应速率最快，第三类最慢。有研究认为，废水中 BOD_5/TKN≥4～6 时，可以认为碳源充足，不必外加碳源，否则需另投加有机碳源，现多采用 CH_3OH，其分解产物为 CO_2 和 H_2O，不留任何难降解的中间产物，且反硝化速率高。

3．循环比（*R*）

内循环回流的作用是向反硝化反应器内提供硝态氮，使其作为反硝化作用的电子受体，从而达到脱氮的目的，循环比不但影响脱氮的效果，而且影响整个系统的动力消耗，是一项重要的参数。循环比的取值与要求达到的效果以及反应器类型有关。有数据表明，循环比在 50%以下，脱氮率很低；循环比在 200%以下，脱氮率随循环比的升高而显著上升；循环比高于 200%以后，脱氮效率提高较缓慢。一般情况下，对低氨氮浓度的废水，回流比在 200%～300%最为经济。

4．氧化还原电位（ORP）

在理论上，缺氧段和厌氧段的 DO 均为 0，因此很难用 DO 描述。据研究，厌氧段 ORP 值一般在−200～−160 mV，好氧段 ORP 值一般在 180 mV 左右，缺氧段的 ORP 值在−110～−50 mV，因此可以用 ORP 作为脱氮运行的控制参数。

四、A^2/O 工艺的运行控制措施

活性污泥工艺常用的控制措施有曝气系统的控制、污泥回流系统的控制和剩余污泥排放系统的控制。

1．曝气系统的控制

曝气系统的控制参数是曝气池污泥混合液的 DO 值，传统活性污泥工艺采用的是好氧过程，因而必须供给活性污泥充足的溶解氧。这些溶解氧应既能满足活性污泥在曝气池内分解有机污染物的需要，也能满足活性污泥在二沉池及回流系统内的需要。另外，曝气系统还应起到充分混合搅拌的作用，保证活性污泥絮体与污水中的有机污染物充分

混合接触，并保持悬浮状态。传统活性污泥法一般控制曝气池出口混合液的 DO 值为 2～3 mg/L，以防止污泥在二沉池内厌氧上浮。渐减曝气法是针对普通曝气法有机物浓度和需氧量沿池长减小的特点改进的。通过合理布置曝气器，使供气量沿池长逐渐减小，与底物浓度变化相对应，这种曝气方式比均匀的曝气方式更为经济。

2．污泥回流系统的控制

污泥回流系统的控制有 3 种方式：一是保持回流量 Q_r 恒定；二是保持回流比 R 恒定；三是定期或随时调节回流量 Q_r 及回流比 R，使系统状态处于最佳。每种方式适合于不同的情况。

（1）保持回流量 Q_r 恒定。保持回流量 Q_r 不变只适应于入流污水量 Q 相对恒定或波动不大的情况。因为 Q 的变化会导致活性污泥量在曝气池和二沉池内的重新分配。当 Q 增大时，部分曝气池的活性污泥会转移到二沉池，使曝气池内 MLSS 降低，而曝气池内实际需要的 MLSS 更多，才能充分处理增加的污水量，MLSS 的不足会严重影响污水处理效果。另外，Q 增加导致二沉池内水力表面负荷和污泥量均增加，泥位上升，进一步增大了污泥的流失。反之，当 Q 减小时，部分活性污泥会从二沉池转移到曝气池，使曝气池 MLSS 升高，但曝气池实际需要 MLSS 浓度减少，因为入流污水量减少，进入曝气池的有机物也减少。

（2）保持回流比 R 恒定。如果保持回流比 R 恒定，在剩余污泥排放量基本不变的情况下，可保持 MLSS、F/M 以及二沉池内泥位 LS 基本恒定，不随入流污水量 Q 的变化而变化，从而保证相对稳定的处理效果。

（3）定期或随时调节回流量 Q_r 及回流比 R。这种方式能保持系统稳定运行，但操作量较大，一些处理厂实施较困难。

3．剩余污泥排放系统的控制

剩余污泥排放是活性污泥工艺控制中最重要的一项操作，由于池内活性污泥在不断增殖，使系统内总的污泥量增多，MLSS 会逐渐升高，SV 会增加，所以，为保持一定 MLSS，增殖的活性污泥应以剩余污泥排除。通过排放剩余活性污泥，可以改变活性污泥中微生物种类的增长速度，改变需氧量，改善污泥的沉降性能，从而改变活性污泥系统的功能。

（1）用 MLSS 控制排泥。用 MLSS 控制排泥系统指在维持曝气池混合液污泥浓度恒定的情况下，确定排泥量。传统活性污泥工艺的 MLSS 一般在 1 500～3 000 mg/L。当实际 MLSS 比要控制的 MLSS 值要高时，应通过排泥降低 MLSS 值。用 MLSS 控制排泥仅适于进水水质与水量变化不大的情况。若当入流 BOD_5 增加 50%时，MLSS 必然上升，此时如果仍通过排泥保持恒定的 MLSS 值，则实际上泥污负荷增加一倍，会导致出水质量下降。

（2）用 SRT 控制排泥。用 SRT 控制排泥目前是一种最可靠、最准确的排泥方法。这种方法的关键是正确选择 SRT 和准确地计算系统内的污泥总量 MT。应根据处理要求、环境因素和运行实践综合比较分析，选择合适的 SRT 作为控制排泥的目标。一般来说，处理效率要求越高，出水水质要求越严格，SRT 应控制大一些，反之，可小一些。在满足要求的处理效果前提下，温度较高时，SRT 可小一些，反之则应大一些。

用 SRT 控制排泥的实际操作中，可以采用 1 周或 1 月内 SRT 的平均值。保持 1 周或 1 月内 SRT 的平均值基本等于 SRT 控制值的前提下，可在 1 周或 1 月内做些微调。当通过排泥改变 SRT 时，应逐渐缓慢地进行，一般每次不要超过总调节量的 10%。

（3）用 SV_{30} 控制排泥。SV_{30} 在一定程度上，既反映污泥的沉降浓缩性能，又反映污泥浓度的大小。当沉降浓缩性能较好时，SV_{30} 较小，反之较高。当污泥浓度较高时，SV_{30} 较大，反之较小。当测得污泥 SV_{30} 较高时，可能是污泥浓度增大，也可能是沉降性能恶化，无论是哪种原因，都应及时排泥，降低 SV_{30} 值。采用该法排泥时，也应缓慢地进行，一次排泥不能太多。如通过排泥要将 SV_{30} 从 50%降至 30%，可利用 1 周的时间逐渐实现，每天少排一部分泥，使 SV_{30} 下降，逐渐逼近 30%。

4. A^2/O 工艺的运行管理

（1）污泥回流点的改进与泥量的分配。

为了减少厌氧段的硝酸盐的含量，应控制加入厌氧段的回流污泥量，在保证回流比不变的前提下，回流污泥分两点加入，回流污泥部分加入厌氧段，其余回流到缺氧段以保证脱氮的正常进行。

（2）减少磷释放的措施。

A^2/O 工艺系统中剩余污泥含磷量较高，在其硝化过程中重新释放和溶出，还由于经硝化工艺系统排出的剩余污泥，沉淀性能良好，可直接脱水。如果采用污泥浓缩，运行过程中要保证脱水的连续性，减少剩余污泥在浓缩池的停留时间，否则造成磷释放至上清液，回流至系统。

（3）好氧段污泥负荷的确定。

在硝化的好氧段，污泥负荷应小于 0.18 kg BOD_5/（kg MLSS·d），而在除磷厌氧段，污泥的负荷应控制在 0.10 kg BOD_5/（kg MLSS·d）以上。

（4）溶解氧 DO 的控制。

在硝化的好氧段，DO 应控制在 2.0 mg/L 以上，在反硝化的缺氧段，DO 应控制在 0.5 mg/L 以下，在除磷厌氧段，DO 的控制应在 0.2 mg/L 以下。

（5）回流混合液系统的控制。

内回流比对除磷的影响不大，因此内回流比的调节主要影响脱氮效果。内回流比高，则脱氮效果好，但动力费用增大。A^2/O 工艺适宜的混合液回流比一般为 200%。

（6）剩余污泥排放的控制。

剩余污泥排放宜根据泥龄来控制，泥龄的大小决定系统是以脱氮为主还是以除磷为主。当泥龄控制在 8～15 d 时，脱氮效果较好，还有一定的除磷效果；如果泥龄小于 8 d，硝化效果较差，脱氮效果不明显，而除磷效果较好；当泥龄大于 15 d 时，脱氮效果良好，但除磷效果较差。

（7）BOD_5/TN 与 BOD_5/TP 的校核。

运行过程中应定期核算污水入流水质是否满足 BOD_5/TN 大于 4.0、BOD_5/TP 大于 20 的要求，否则补充碳源。

（8）pH 控制及碱度的核算。

污水的混合液的 pH 应控制在 7.0 以上，如果 pH 小于 6.5，应投加石灰，补充碱源的不足。

五、A^2/O 工艺系统存在问题及解决对策

1. 脱氮和除磷的泥龄矛盾问题及对策

A^2/O 工艺脱氮和除磷很难同时取得好的效果，当脱氮效果较好时，除磷效果则较差，反之亦然。为了使系统维持在较低的污泥负荷下运行，确保硝化过程的完成，要求采用较大的回流比（一般为 60%～80%，最低也应在 40%以上），系统硝化作用良好。该流程回流污泥全部进入厌氧段，由于回流污泥也将大量硝酸盐带回厌氧池，而磷必须在混合液中存在有快速生物降解溶解性有机物及在厌氧状态下，才能被聚磷菌释放出来。但当厌氧段存在大量硝酸盐时，反硝化菌会以有机物为碳源进行反硝化，等脱氮完全后才开始磷的厌氧释放，使厌氧段进行磷的厌氧释放的有效容积大为减少，从而使除磷效果较差，脱氮效果较好。如果好氧段硝化作用不好，则随回流污泥进入厌氧段的硝酸盐减少，改善了厌氧段的厌氧环境，使磷能充分地厌氧释放，除磷的效果较好，但由于硝化不完全，故脱氮效果不佳。所以，A^2/O 工艺在脱氮除磷方面不能同时取得较好的效果。

为解决这一问题，可以将厌氧池上清液排出，辅以化学除磷。根据聚磷菌的特性，可以在污水处理工艺中将磷酸盐富集在厌氧段的上清液中，通过排除富磷上清液达到除磷的目的，同时可以有效克服污泥龄对硝化效果的负面影响，而且富磷上清液可通过化学法处理而达到磷的回收。

这样做的优点：一是除磷效果不依赖于泥龄，剩余污泥减少，可以降低污泥处理费用；二是保证了硝化菌的生长条件，实现长泥龄下的同时除磷脱氮。

2．二沉池出水异常问题

（1）二沉池出水 SS 增高。

①活性污泥膨胀使污泥沉降性能变差，泥水界面接近水面。部分污泥碎片经出水堰溢出。可以通过分析污泥膨胀的原因，逐一排除。

②刮泥工作状况不好（如刮泥机停止），造成二沉池污泥或水流出现短流现象，局部污泥不能及时回流，部分污泥在二沉池停留时间过长，污泥缺氧腐化解体后随水溢出。应及时修理刮吸泥机，调节刮吸泥机各吸泥管吸泥的均衡，使其恢复正常工作状态。

③活性污泥在二沉池停留时间过长，污泥因缺氧腐化解体后随水流溢出。为解决这一问题，可以加大回流污泥量，在二沉池中的缩短停留时间。

（2）氨氮升高。

①进水中有机物浓度低，导致细菌有机营养不足，需要调整污泥浓度等参数。

②好氧池溶解氧不足，硝化反应不完全，应加大曝气风量，提高好氧段溶解氧。

③肉制品、食品等加工行业的含油类废水、高浓度氨氮废水进入生物池，隔绝氧气，超负荷运转，应投加溢油吸附剂或利用隔油池。

④工业废水中氨氮浓度过高，微生物的营养失去平衡，抑制微生物生长，需严格控制进入污水处理厂工业废水水质。

（3）总磷升高。

①低负荷运行，加之泥龄过长，导致出水 TP 升高，需加强排泥（少量多次有规律操作）缩短污泥龄。

②在进行水处理过程中，添加了含磷的药品或处理剂，容易导致出水总磷高于进水的情况。若生物除磷效果差，或进水 CP 比例失衡，应投加化学辅助除磷药剂，投加碳源补充微生物能量。

（4）总氮升高。

①好氧池溶解氧浓度过高，氨氮全被氧化成硝态氮回流进入缺氧池，使缺氧池 DO 浓度过高，影响反硝化效果，应控制好氧池 DO 浓度在 2～3 mg/L。

②进水的有机物浓度低，氮的量较高，C/N 小于 5∶1 时，反硝化碳源不足，不能将 NO_3-N 完全转化成 N_2，使出水的总氮升高。粪便水虽为营养液，但此时投加会造成氮含量更高，C/N 进一步失衡，此时应投加甲醛、乙醛等可作外部碳源的化合物。

③泥龄过短，大量硝化菌随剩余污泥排出，导致脱氮效率低。应减小排泥，增加泥龄。

任务实施

子任务 2.1　生化系统运行操作步骤

一、任务目的

通过本章节学习，了解生化系统相关设备及运行操作方法和步骤。生化系统设备包括混合搅拌系统、内外回流系统、剩余污泥排放系统、鼓风机曝气系统等，详见表 2.1-1。

设备运行操作分为两种操作方式：中控远程开停和现场手动开停。

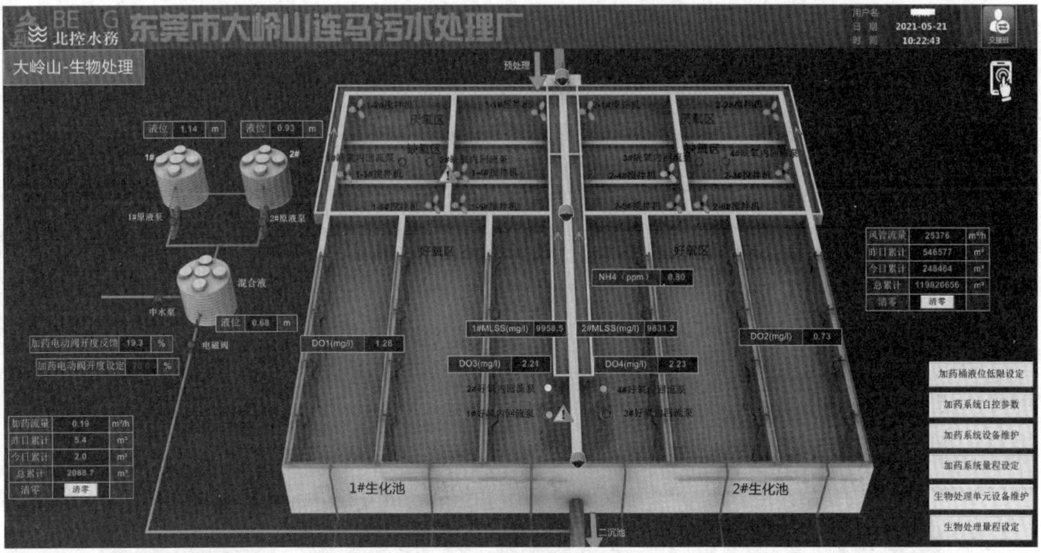

图 2.1-1　生化系统监控画面

表 2.1-1　生化系统主要设备清单

类别	设备名称	安装位置	用途	操作方式
混合搅拌系统	搅拌器	厌、缺氧池	充分搅拌混合、防止污泥下沉	手动、遥控
	推流器	好氧池		
内外回流系统	内回流泵	好氧池末端	补充 NO_3-N	
	外回流泵	污泥泵房	控制二沉池泥位和污泥浓度	
剩余污泥排放系统	剩余污泥泵	污泥泵房	控制污泥龄和污泥浓度	
鼓风曝气系统	鼓风机	鼓风机房	充氧、混合	手动、遥控
	阀门	空气管道	控制气量	手动、电动

二、准备工作

1. 知识准备

（1）潜水搅拌器结构。潜水搅拌器主要由设备主机、安装系统及电控设备组成。潜水搅拌器按其作用形式可分为混合型潜水搅拌器和低速推流型潜水搅拌器。混合型潜水搅拌器按其结构特点又分为直联冲压式潜水搅拌器和非直联式潜水搅拌器。低速推流型潜水搅拌器属于非直联式潜水搅拌器。混合型潜水搅拌器一般配置导流罩以增加轴向流动并减少径向流动，减少叶轮振动，增加运转的平稳性。而低速推流型潜水搅拌器不配置导流罩。潜水推进器实物图如图 2.1-2 所示，直联冲压式潜水搅拌器主要由叶轮、潜水电机两大部分组成，叶轮直接装在电机轴上。

图 2.1-2　潜水推进器实物图

（2）潜水搅拌器应用。潜水搅拌器适用于污水处理厂的工艺流程中推进搅拌含有悬浮物的污水、稀泥浆、工业过程液体等，创建水流，加强搅拌功能，防止污泥沉淀，是市政和工业污水处理工艺流程上的重要设备。

高速混合系列潜水搅拌器适用于污水处理厂和工业流程中搅拌含有悬浮物、固杂物的液体。

低速推流系列潜水搅拌器适用于工业和城市污水处理厂曝气池和厌氧池，其产生低切向开放式的强力水流，可用于池中水循环及硝化、脱氮和除磷阶段创建水流等。

（3）鼓风机。罗茨鼓风机是容积式气体压缩机械中的一种，其特点是在最高设计压力范围内，管道阻力变化时流量变化很小，工作适应性强，故在流量要求稳定、阻力变动幅度较大的工作场合，可以自动调节，且叶轮与机体之间具有一定间隙不直接接触，结构简单，制造维护方便。罗茨鼓风机是靠一对互相啮合的等直径齿轮，以保证两个转子等速反向转动，达到输送气体的目的，其结构可分为立式、卧式两种，现场采用的是卧式。罗茨鼓风机可用于输送气体和抽去系统内气体达到负压。

空气悬浮离心鼓风机采用一体化紧凑型设计，叶轮、高速电机、变频器、空气轴承及其控制系统配有 CPU 微处理器的控制面板集于一体，提高了安装、操作的便利性。为客户大幅节省能源和日常维护费用，提供清洁的作业环境。空气悬浮离心鼓风机具有技术先进、性能可靠、结构简单、体积小、节约能源、维护方便等特点，在污水处理厂鼓风曝气系统中得到广泛应用。

图 2.1-3　鼓风机实物图

2．实训场地

（1）远程控制：中控室。

（2）手动控制：设备安装现场。

3．实训设备

（1）中控室上位机系统。

（2）现场生化系统设备。

三、方法步骤

1．开启厌氧池设备

（1）开启推流器：现场点击推流器电控箱“运行”开关（图 2.1-4），待运行指示灯变成绿色，用手触摸链条确保正常运行，无异常抖动和卡顿，肉眼观察水流方向与推流器运行方向一致。

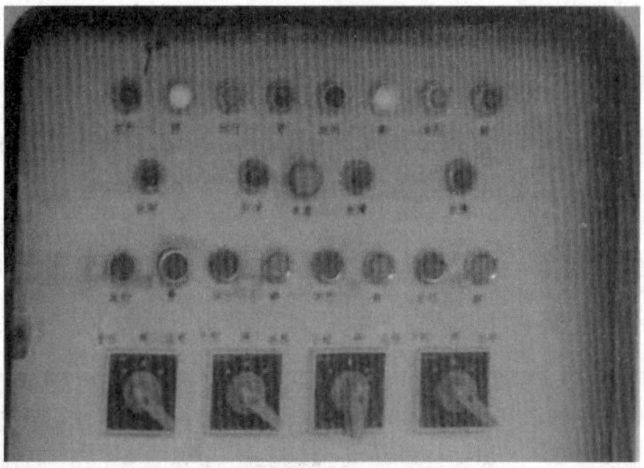

图 2.1-4　推流器电控箱

（2）开启外回流：

①根据二沉池泥层和生化池的污泥浓度控制外回流泵运行台数，一般外回流比控制在 30%～100%。

②现场点击回流泵“运行”开关，待运行指示灯变成绿色，再去观察回流流量计，确认是否为有效调整。

（3）推流器和外回流泵的远程操作：

①将现场转换开关置于“远程/自动”档。

②由中控室通过操作画面图 2.1-5 对设备进行启停。

③开机。鼠标点击画面“启动”按钮，画面运行指示灯变绿色。

④停机。鼠标点击画面“停止”按钮，画面运行指示灯变红色。

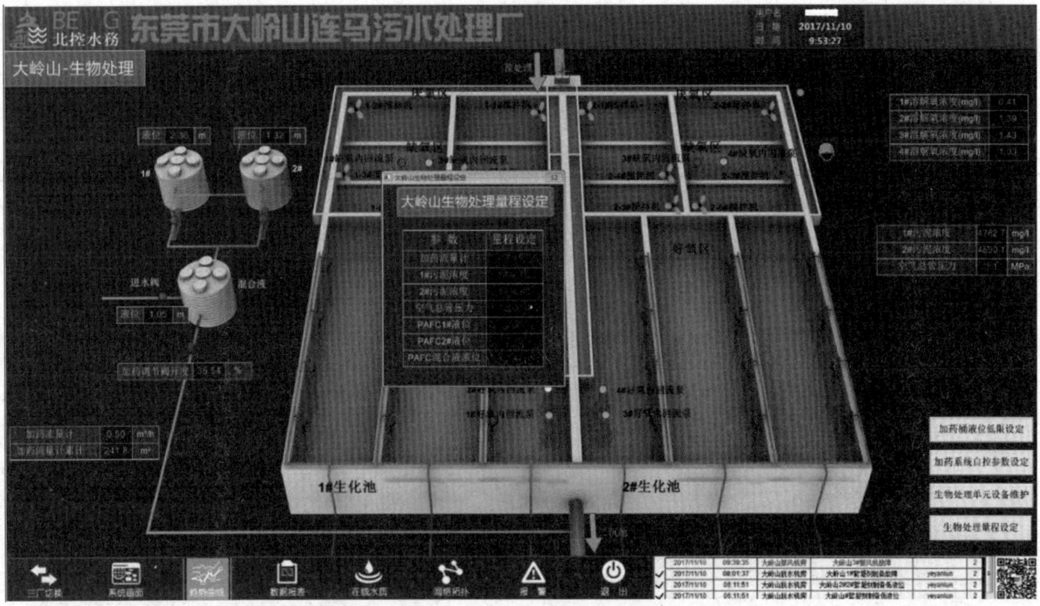

图 2.1-5　生化池监控画面

2．开启缺氧池设备

（1）依据好氧池末端的 NO_3-N 和 DO 合理控制内回流泵运行台数，一般内回流比大于 100%。

（2）现场点击图 2.1-6 内回流泵电控箱“运行”开关，待运行指示灯变成绿色，再去观察回流流量计，确认是否为有效调整。

图 2.1-6　内回流泵电控箱

（3）内回流泵远程操作：

①将现场转换开关置于“远程/自动”档。

②由中控室通过操作画面对设备进行启停。

③开机。鼠标点击画面“启动”按钮，画面运行指示灯变绿色。

④停机。鼠标点击画面“停止”按钮，画面运行指示灯变红色。

3. 开启好氧池设备

（1）开启鼓风机：

①按下控制器的启动（Run）按钮，鼓风机开始启动。

②达到已设定的转速，自动关闭排气阀同时启动（Run）按钮，绿色指示灯亮。这样就完成了开机。

③检查排气阀是否关闭状态和风机转速是否达到设定的转速。

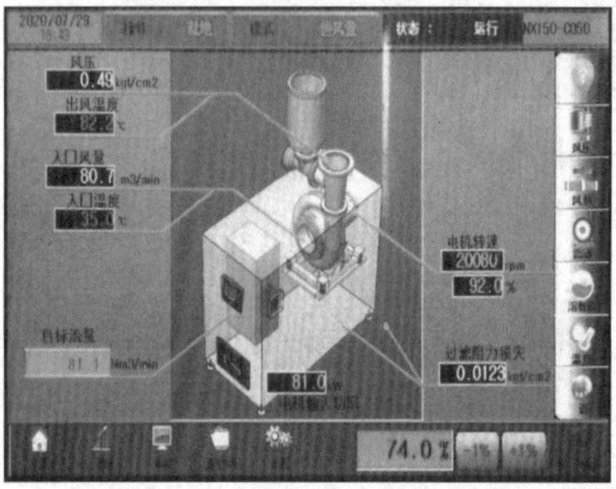

图 2.1-7　空气悬浮风机运行参数图

图 2.1-8　空气管路阀门调节

（2）开启推流器：按照推流器开启方法执行。

（3）开启剩余污泥泵：

①根据进水水质、水量、污泥浓度、污泥龄等指标计算排泥量，根据排泥量控制剩余污泥泵的运行时间。

②现场点击剩余污泥泵“运行”开关，待运行指示灯变成绿色，再观察剩余污泥流量计，确认是否为有效调整。

（4）剩余污泥泵远程操作：

①将现场转换开关置于“远程/自动”档。

②由中控室通过操作画面对设备进行启停。

③开机。鼠标点击画面“启动”按钮，画面运行指示灯变绿色。

④停机。鼠标点击画面“停止”按钮，画面运行指示灯变红色。

子任务 2.2 生化系统运行指标参数控制

一、任务目的

了解生化系统的常见指标参数，分别由哪些参数仪表测量，掌握基本调节方法。

二、准备工作

1. 知识准备

（1）各类曝气池正常运行参数应符合表 2.2-1 的规定。

表 2.2-1 各类曝气池正常运行参数

运行方式	溶解氧/（g/L）	污泥负荷/（kg BOD_5/kg MLSS·d）	混合液污泥浓度/（g/L）	污泥龄/d	回流比/%
厌氧区	＜0.2	0.05～0.15	2.5～5.0	10～20	30～100（外回流）
缺氧区	＜0.5				≥100（内回流比）
好氧区	2～3				

（2）A^2/O 工艺的影响因素。

①污水中可生物降解有机物。可生物降解有机物对脱氮除磷有十分重要的影响，其对 A^2/O 工艺中的 3 种生化过程的影响复杂、相互制约甚至相互矛盾。

在厌氧池中，聚磷菌本身是好氧菌，其运动能力很弱，增殖缓慢，只能利用低分子的有机物，是竞争能力很差的细菌。但聚磷菌能在细胞内贮存 PHB 和聚磷酸基，当它处于不利的厌氧环境下，能将贮藏的聚磷酸盐中的磷通过水解而释放出来，并利用其产生的能量吸收低分子有机物而合成 PHB，成为厌氧段的优势菌群。因此，污水中可生物降解有机物对聚磷菌厌氧释磷起着关键性的作用，如果污水中能快速生物降解的有机物很少，厌氧段中聚磷菌无法正常进行磷的释放，则会导致好氧段也不能更多地吸收磷。经试验研究，厌氧段进水溶解性磷与溶解性 BOD_5 之比应小于 0.06 才会有较好的除磷效果。

在缺氧段，当污水中的 BOD_5 浓度较高，有充分的可生物降解的溶解性有机物时，即污水中 C/N 较高，此时 NO_3^--N 的反硝化速率最大，缺氧段的水力停留时间为 0.5～1.0 h 即可；如果 C/N 低，则缺氧段水力停留时间需 2～3 h。对于低 BOD_5 浓度的城市污水，当 C/N 较低时，脱氮率不高。一般来说，COD/TN 大于 8 时，氮的总去除率可达 80%。

在好氧段，当有机物浓度高时污泥负荷也较大，降解有机物的异养型好氧菌超过自养型好氧硝化菌，使氨氮硝化不完全，出水中 NH_4^+浓度急剧上升，使氮的去除效率大幅降低。所以，要严格控制进入好氧池污水中的有机物浓度，在满足好氧池对有机物需要的情况下，使进入好氧池的有机物浓度较低，以保证硝化细菌在好氧池中占优势生长，使硝化作用完全。

由此可见，在厌氧池，要有较高的有机物浓度；在缺氧池，应有充足的有机物；在好氧池，有机物浓度应较小。

②泥龄。A^2/O 工艺污泥系统的污泥龄受两方面的影响。一方面是好氧池因自养型硝化菌比异养型好氧菌的增殖速度小得多，要使硝化菌存活并成为优势菌群，则污泥龄要长，一般为 20～30 d 为宜。另一方面，A^2/O 工艺中磷的去除主要是通过排出含磷高的剩余污泥而实现，如泥龄过长，则每天排出含磷高的剩余污泥量过少，达不到较高的除磷效率。同时过高的污泥龄会造成磷从污泥中重新释放，从而降低了除磷效率。

综合上述两方面的影响，A^2/O 工艺的污泥龄宜为 15～20 d。

③溶解氧。在好氧段，DO 升高，硝化速度增大，但当 DO＞2 mg/L 后其硝化速度增长减缓，高浓度的 DO 会抑制硝化菌的硝化反应。同时，好氧池过高的溶解氧会随污泥回流和混合液回流分别带至厌氧段和缺氧段，影响厌氧段聚磷菌的释放和缺氧 NO_3-N 的反硝化，对脱氮除磷均不利。相反，好氧池的 DO 浓度过低也会限制硝化菌的生长，其对 DO 的忍受极限为 0.5～0.7 mg/L，否则将导致硝化菌从污泥系统中淘汰，严重影响脱氮效果。因此，好氧池的 DO 浓度为 2 mg/L 左右为宜，过高过低都不利。

在缺氧池，DO 对反硝化脱氮有很大影响。由于溶解氧与硝酸盐竞争电子供体，同时抑制硝酸盐还原酶的合成和活性，影响反硝化脱氮。为此，缺氧段 DO＜0.5 mg/L。

在厌氧池严格的厌氧环境下，聚磷菌从体内大量释放出磷而处于饥饿状态，为好氧段大量吸收磷创造了前提。但由于回流污泥将溶解氧和 NO_3-N 带入厌氧段，很难保持严格的厌氧状态，所以一般要求 DO＜0.2 mg/L，对除磷效果影响不大。

④污泥负荷率。在好氧池，污泥负荷率应在 0.18 kg BOD_5/（kg MLSS·d）之下，否则异养菌数量会大幅超过硝化菌，使硝化反应受到抑制。而在厌氧池，污泥负荷率应大于 0.10 kg BOD_5/（kg MLSS·d），否则除磷效果将急剧下降。所以，在 A^2/O 工艺中，其污泥负荷率控制范围很小。

⑤污泥回流比和混合液回流比。脱氮效果与混合液回流比有很大关系，回流比高，则脱氮效果好，但动力费用增大，反之亦然。A^2/O 工艺适宜的混合液回流比一般为 200%。

污泥回流比为 25%～100%，若回流比过高，污泥将带入过多 DO 和硝态氧进厌氧池，影响其厌氧状态（DO＜0.2 mg/L），对释磷不利；若回流比过低，则维持不了正常的反应池污泥浓度（2 500～3 500 mg/L），影响生化反应速率。

⑥水力停留时间。试验和运行经验表明，A^2/O 工艺总的水力停留时间一般为 6～8 h，厌氧段水力停留时间一般为 1～2 h，缺氧段水力停留时间一般为 1.5～2.0 h，好氧段水力停留时间一般应为 6 h。

⑦温度。在好氧段，硝化反应可在 5～35℃进行，硝化反应速率随温度升高而加快，适宜的温度为 30～35℃。当低于 5℃时，硝化菌的生命活动几乎停止。缺氧段的反硝化反应可在 5～27℃进行，反硝化速率随温度升高而加快，适宜的温度为 15～25℃。在厌氧段，温度对厌氧释磷的影响不太明显，在 5～30℃除磷效果均很好。

⑧pH 值。在厌氧段，聚磷菌厌氧释磷的适宜 pH 是 6～8；在缺氧反硝化段，对反硝化菌脱氮适宜的 pH 为 6.5～7.5；在好氧硝化段，对硝化菌适宜的 pH 为 7.5～8.5。

2．实训场地

（1）远程控制：中控室。

（2）手动控制：设备安装现场。

3．实训设备

（1）中控室上位机系统。

（2）现场生化系统设备，见表 2.1-1。

三、方法步骤

生化池一般分为厌氧池、缺氧池和好氧池，生化池的主要指标参数包括 DO、ORP、MLSS，可分别通过对应的在线仪表测得具体数值。

1．厌氧池

通过中控室数据检查 DO 和 ORP，数值偏高时，可以检查进水前端是否存在跌水情况或控制曝气沉砂池的曝气量。

2．缺氧池

（1）通过中控室数据检查 DO 和 ORP，数值偏高时，应考虑是否存在跌水情况以及控制好氧池出水端的 DO。

（2）检查内回流液的硝酸盐浓度，硝酸盐浓度较高时，应适当减小内回流比。

3．好氧池

（1）通过中控室数据检查 DO，当 DO 过高或过低时，应增大或减小鼓风机的曝气量，控制好氧区的 DO。

（2）通过中控室数据检查 MLSS，当 MLSS 过高或过低时，应减小或增大排泥量，并合理控制内外回流比。

子任务 2.3　生化系统运行状态分析判断

一、任务目的

了解常见在线仪表指标的正常范围，对生化系统运行状态是否正常做出判断。

二、准备工作

1. 知识准备

生化池系统是保证污染物去除效率的关键步骤，其运行效果关系着出水水质是否达标。生化池系统的控制目标是正常运行，最大限度避免异常现象的发生，在异常现象发生时有一套完善的分析应对方法，以使系统恢复正常。生化池主要指标包括 DO、ORP、MLSS、内回流、外回流。

（1）厌氧池：主要控制的指标有 DO、ORP、外回流比。

①DO：需低于 0.2 mg/L，且越低越好。

②ORP：需小于等于−250 mV。影响厌氧区 ORP 的因素主要是硝酸盐浓度和碳源。当不在此控制范围时，需先检查硝酸盐浓度，若硝酸盐浓度小于 3 mg/L，则认为硝酸盐不对聚磷菌在厌氧区超量释磷造成影响，如果厌氧末硝酸盐浓度大于 3 mg/L，可在保证沉淀池排泥和泥水分离效果的基础上尝试降低污泥回流比。

③外回流：20%～100%。也可根据污泥沉降性确定外回流比。外回流过大，电耗较高；外回流带入太多的 NO_3-N，会使 ORP 升高，也不利于聚磷菌释磷。

（2）缺氧池：主要控制的指标有 DO、ORP、内回流比。

①DO：需低于 0.5 mg/L。

②ORP：需小于等于−150 mV。

③内回流：200%～300%。内回流控制的目的是将好氧池产生的 NO_3-N 回流到缺氧池进行反硝化反应，并稀释缺氧池的氨氮浓度，控制进入好氧池的氨氮浓度。内回流比宜根据缺氧池出水 NH_3^+-N 浓度和 NO_3-N 浓度进行控制，NO_3-N 浓度可控制在 1～3 mg/L

（不投加碳源，NO_3-N 浓度越低越好；投加碳源时，宜控制在 2 mg/L 左右，避免过量投加碳源），碳源投加量大的水厂，可在缺氧池出水口附近安装在线 NO_3-N 在线监测仪，对投加量进行精确控制。

（3）好氧池：主要控制的指标有 DO、MLSS。

①DO：保证至少 1 mg/L。

②MLSS：为保证污染物的生化去除效果，好氧池污泥浓度的设定值在 2 500～5 000 mg/L，不同时期污泥浓度的设定值需根据实际进水量和进水水质进行调整。冬季宜适当提高污泥浓度。每天白班和夜班分别测量各系列的污泥浓度，取全天平均值，并计算 7 日的移动平均值，如果 7 日移动平均值超过浓度设定值的±10%，需要分析污泥负荷和泥龄，判断是需要调整排泥量、调整回流比还是更新生化池污泥浓度设定值。

③排泥系统的控制目标是正常稳定运行，排除剩余污泥，维持生化系统的平衡。

2．实训场地

（1）远程控制：中控室。

（2）手动控制：设备安装现场。

3．实训设备

（1）中控室上位机系统。

（2）现场生化系统设备，见表 2.1-1。

三、方法步骤

1．厌氧池

在中控室检查 DO 和 ORP，判断是否处于正常范围，DO 的正常范围为小于 0.2 mg/L，ORP 的正常范围为小于−250 mV。

2．缺氧池

在中控室检查 DO 和 ORP，判断是否处于正常范围，DO 的正常范围为小于 0.5 mg/L，ORP 的正常范围为小于−150 mV。

3．好氧池

在中控室检查 DO 和 MLSS，判断是否处于正常范围，DO 的正常范围为 2～3.0 mg/L，MLSS 的正常范围一般为 2 500～5 000 mg/L，具体数值应参考水厂设计值。

4．污泥活性判断

（1）观察污泥颜色。良好的活性污泥，一般呈黄褐色，略带泥土味，当污泥出现发黑发臭时，代表厌氧微生物的代谢活动增加，生化供氧不足，应该增大鼓风机的曝气量；当污泥色泽转淡时，代表曝气池溶解氧过高或进水负荷过低，应该及时降低鼓风机曝气量或者增加进水量。

（2）观察液面泡沫情况。当泡沫数量较少，泡沫易碎、呈乳白色时，表示污泥正常；当泡沫不易破碎、发黏时，代表进水负荷高，有机物分解不全，应该考虑降低进水负荷；当泡沫呈茶色时，代表污泥老化，应该加大排泥。见图 2.3-1、图 2.3-2。

图 2.3-1　污泥泡沫

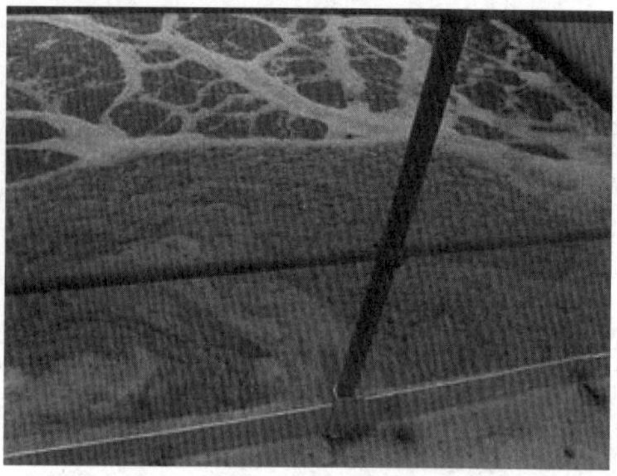

图 2.3-2　污泥上浮

子任务 2.4　生化系统配套设备的运行状态分析判断

一、任务目的

本章节介绍搅拌混合系统、鼓风曝气系统等生化系统配套设备的运行状态分析。

二、准备工作

1. 知识准备

（1）搅拌器、推流器的状态分析：搅拌器、推流器运行状态是通过现场巡检内容是否正常来分析判断设备运行状态的。

（2）内、外回流泵的状态分析：除设备表征状况外，还可以通过 DO、MLSS、回流污泥流量计等现场仪表和污泥沉降性等判断回流泵运行是否正常。

（3）曝气系统的状态分析：仔细观察曝气池内混合液的翻腾情况，检查空气曝气器是否堵塞或脱落并及时更换，确定鼓风曝气是否均匀，及时汇报并调整；观察鼓风机的运行参数，是否按照工艺调整单执行，设备有无报警；观察鼓风机过滤棉使用情况，灰尘较多或是设备报警及时更换。

（4）剩余污泥泵的运行状态分析：通过剩余污泥流量计和脱泥系统运行状态判断剩余污泥泵运行状态。

2．实训场地

（1）远程控制：中控室。

（2）手动控制：设备安装现场。

3．实训设备

（1）中控室上位机系统。

（2）现场生化系统设备，见表 2.1-1。

三、方法步骤

1．搅拌器（推流器）运行状态分析

表 2.4-1　搅拌器（推流器）的运行巡检内容及方法

巡检内容	巡检方法	安全保障措施
（1）运行指示是否正常	检查控制箱运行指示灯	（1）注意检查通道的障碍物；（2）注意围栏牢固程度，防止滑入池内；（3）发现电流异常、振动异常或异响，应停机并上报检查
（2）有无故障信号	检查控制箱故障指示灯和故障保护器	
（3）电流表指示是否正常	检查电流表	
（4）方形导轨及固定架是否异常晃动	目视	
（5）是否存在异常声音	听	
（6）配电系统是否有异常气味	闻	
（7）检查池面是否有干扰推流器工作的杂物	看	

2．回流泵、剩余污泥泵运行状态分析

表 2.4-2　回流泵、剩余污泥泵的运行巡检内容及方法

巡检内容	巡检方法	安全保障措施
（1）运行指示是否正常；运行有无报警指示	查看控制箱运行指示灯；查看现场控制箱，应该无过流、泄漏、超温报警指示	（1）进入泵房前应通风，防止有害气体；（2）检查潜污泵注意围栏牢固程度，防止滑入泵坑；（3）定期清理集水井垃圾；（4）电流、流量、压力异常时，停机并上报检查；（5）振动或异响，停机并上报检查
（2）是否有电气设备烧坏或连线接触不良而发出来的异常气味	闻	
（3）运行电流是否正常（是否在额定电流范围内）	查看现场控制柜电流表，电流在允许范围内，无波动	

巡检内容	巡检方法	安全保障措施
（4）运行有无振动、异响	仔细听运行声音平稳、无异响是否有明显的手感振动或间歇的共振或抖动，主要与平时的手感积累或以往的手感进行比较	
（5）泵房液位是否正常；泵房中的浮渣情况，若有大量浮渣，及时上报	查看并估算液位计显示是否准确	
（6）检查泵流量是否正常	查看流量计	

3．鼓风机运行状态分析

表 2.4-3　鼓风机的运行巡检内容及方法

巡检内容	巡检方法	安全保障措施
（1）运行指示是否正常	检查控制箱运行指示灯	（1）注意检查通道的障碍物；（2）注意围栏牢固程度，防止滑入池内；（3）发现电流异常、振动异常或异响，应停机并上报检查
（2）有无故障信号	检查控制箱故障指示灯和故障保护器	
（3）电流表指示是否正常	检查电流表	
（4）运行点位距离喘振线位置	目视	
（5）风压是否在正常范围内	目视，观察过滤棉的清洁度	—

任务小结

本章节了解了 A^2/O 的工艺流程、工艺特点、基本原理和常见的性能指标，学会初步判断生化系统和配套设备的运行状态，调控生化系统的运行指标参数，掌握了生化系统设备的操作步骤。

任务练习

（1）A^2/O 工艺脱氮除磷原理是什么？

（2）曝气系统该如何控制？

任务 3　沉淀工艺运行操作

任务目的

（1）会高密度沉淀池的开停车操作。

（2）能够分析判断生化系统沉淀池运行状态。

（3）能够操作混凝加药系统开停车。

（4）能够控制混凝加药系统药剂投加。

专业知识

一、混凝法

混凝法是工业废水经常采用的一种处理方法，近年来随着城镇生活污水处理要求的提高，混凝法也越来越多地被用于生活污水深度处理工艺。通过混凝法可以去除污水中细分散固体颗粒、乳状油及胶体物质等，降低污水的浊度和色度。通过这种方法，可以去除多种高分子物质、有机物、某些重金属毒物（汞、镉、铅）和放射性物质等，也可以去除能够导致水体富营养化的氮、磷等可溶性无机物。因此，混凝法在污水处理中使用得非常广泛，既可以作为独立的处理法，也可以和其他处理法配合，作为预处理、中间处理或最终处理。

（一）混凝剂

为了使胶体颗粒脱稳而聚集所投加的药剂，统称混凝剂。混凝剂具有破坏胶体稳定性和促进胶体絮凝的功能。习惯上把低分子电解质称为凝聚剂，这类药剂主要通过压缩双电层和电性中和机理起作用；把主要通过吸附架桥机理起作用的高分子药剂称为絮凝剂。

混凝剂的基本要求是混凝效果好，对人体健康无害，适应性强，使用方便，货源可靠，价格低廉。

1. 无机类混凝剂

（1）无机盐类。无机低分子混凝剂即普通无机盐，包括硫酸铝、氯化铝、硫酸铁、氯化铁等。在水处理混凝过程中，投加铝盐或铁盐后，发生金属离子水解和聚合反应过程，其产物兼有凝聚和絮凝作用的特性。无机电解质在水中发生电离水解生成带电离子，其电性与水中颗粒所带电性相反，水解离子的价态越高，凝聚作用越强。但用于水处理时，无机低分子混凝剂成本高，腐蚀性大，在某些场合净水效果还不理想。

①硫酸铝。硫酸铝使用方便，混凝效果较好，是使用历史最久、目前仍广泛应用的一种无机盐混凝剂。净水用的明矾就是硫酸铝和硫酸钾的复盐 $Al_2(SO_4)_3 \cdot K_2SO_4 \cdot 24H_2O$，其作用与硫酸铝相同。硫酸铝的分子式是 $Al_2(SO_4)_3 \cdot 18H_2O$，其产品有精制和粗制两种。精制硫酸铝是白色结晶体。粗制硫酸铝质量不稳定，价格较低，其中 Al_2O_3 量为 10.5%～16.5%，不溶杂质含量 20%～30%，增加了药液配制和排除废渣等方面的困难。硫酸铝易溶于水，pH 为 5.5～6.5，水溶液呈酸性反应，室温时溶解度约 50%。

硫酸铝使用时水的有效 pH 范围较窄，与原水硬度有关。对于软水，pH 为 5.7～6.6；中等硬度的水，pH 为 6.6～7.2；较高硬度的水，pH 为 7.2～7.8。

除固体硫酸铝外，还有液体硫酸铝。液体硫酸铝制造工艺简单，Al_2O_3 含量约为 6%，一般用坛装或灌装，通过车、船运输。液体硫酸铝使用范围与固体硫酸铝相似，但配制和使用均比固体硫酸铝方便得多，近年来在南方地区使用得较为广泛。

②硫酸亚铁。硫酸亚铁分子式为 $Fe_2SO_4 \cdot 7H_2O$，半透明绿色晶体，又称为绿矾，易于溶水，水温 20℃时溶解度为 21%，硫酸亚铁离解出的 Fe^{2+} 只能生成最简单的单核络合物，所以没有三价铁盐那样良好的混凝效果。残留在水中的 Fe^{2+} 会使处理后的水带有颜色，Fe^{2+} 与水中的某些有色物质作用后，会生成颜色更深的溶解物。因此在使用硫酸亚铁时，应将二价铁先氧化为三价铁再混凝。

处理饮用水时，硫酸亚铁的重金属含量应极低，在最高投药量处理后，水中的重金属含量应在国家饮用水水质标准的限度内。

铁盐使用时，水的 pH 的适用范围较宽，为 5.0～11。

③三氯化铁。三氯化铁分子式为 $FeCl_3 \cdot 6H_2O$，是黑褐色晶体，也是一种常用的混凝剂，有强烈吸水性，极易溶于水，其溶解度随着温度的上升而增加，形成的矾花沉淀性能好，絮体结得大，沉淀速度快。处理低温水或低浊水时效果要比铝盐好。我国供应的三氯化铁有无水物、结晶水物和液体。液体、晶体物或受潮的无水物具有强腐蚀性，尤其是对铁的腐蚀性最强，对混凝土也有腐蚀，塑料管也会因发热而引起变形。因此调制和加药设备必须考虑使用耐腐蚀器材，如采用不锈钢的泵轴运转几周就会被腐蚀，一般采用有较好耐腐蚀性能的钛制泵轴。三氯化铁的 pH 适用范围较宽，但用其处理后的水的色度比用铝盐的高。

（2）无机高分子类。无机高分子絮凝剂是 20 世纪 60 年代在传统的铝盐、铁盐的基础上发展起来的一类新型的水处理剂。药剂加入水中后，在一定时间内吸附在颗粒物表面，以其较高的电荷及较大的分子量发挥电中和及黏结架桥作用。它比传统低分子絮凝剂的处理效能高数倍，且价格相对较低，因而有逐步成为主流药剂的趋势。近年来，研制和应用聚合铝、铁、硅及各种复合型絮凝剂成为热点。

①聚合氯化铝。聚合氯化铝（PAC）是目前生产和应用技术成熟、市场销量最大的无机高分子絮凝剂。在实际应用中，聚合氯化铝具有比传统絮凝剂用量省、净化效能高、适应性强等优点，比传统低分子絮凝剂用量少 1/3～1/2，成本低 40%以上，因此在国内外已迅速发展。如 20 世纪 80 年代日本聚合氯化铝产量为 400 kt 以上，比 60 年代末增长了 30 倍，20 世纪 90 年代产量已达 600 kt 以上，占日本絮凝剂生产总量的 80%，并有逐渐取代传统絮凝剂的趋势。

聚合氯化铝也称碱式氯化铝。聚合氯化铝化学式表示为 $[Al_2(OH)_n \cdot Cl_{6-n}]_m$，其中 n 为可取 1～5 的任何整数，m 为小于等于 10 的整数。这个化学式实际指 m 个 $Al_2(OH)_n \cdot Cl_{6-n}$（羟基氯化铝）单体的聚合物。

聚合氯化铝的外观状态与盐基度、制造方法、原料、杂质成分及含量有关。盐基度小于 30%时为晶状固体；盐基度为 30%～60%时为胶状固体；盐基度为 40%～60%时为淡黄色透明液体；盐基度大于 60%时为无色透明液体，玻璃状或树脂状固体；盐基度大于 70%时为固体状不易潮解，易保存。

②聚合硫酸铝。除聚合氯化铝外，聚合硫酸铝在处理天然河水时，剩余浊度的质量分数低于 4 μg/g，COD_{Cr} 低于 6 mg/L，脱色效果明显；在处理含氟污水时，F^-含量低于 104 μg/g 时，聚合硫酸铝除浊效果显著，并且有较宽的温度和 pH 适用范围。

③聚合硫酸铁。聚合硫酸铁（PFS），它是一种红褐色的黏性液体，是碱式硫酸铁的聚合物。其化学式为 $[Fe_2(OH)_n \cdot (SO_4)_{3-n/2}]_m$，其中 n 为小于 2，m 为大于 10 的整数。聚合硫酸铁具有絮凝体形成速度快、絮团密实、沉降速度快、对低温高浊度原水处理效果好、适用水体的 pH 范围广等特性，同时能去除水中的有机物、悬浮物、重金属、硫化物及致癌物，无铁离子的水相转移，脱色、脱油、除臭、除菌功能显著，它的腐蚀性远比三氯化铁小。与其他混凝剂相比，有很强的市场竞争力，其经济效益也十分明显，值得大力推广应用。

④活化硅酸。活化硅酸（AS），又称活化水玻璃、泡花碱，其分子式为 $Na_2O \cdot xSiO_2 \cdot yH_2O$。活化硅酸是粒状高分子物质，属阴离子型絮凝剂，其作用机理是靠分子链上的阴离子活性基团与胶体微粒表面间的范德华力、氢键作用而引起的吸附架桥作用，不具有电中和作用。活化硅酸是在 20 世纪 30 年代后期作为混凝剂开始在水处理中应用的。活化硅酸呈真溶液状态，在通常的 pH 条件下其组分带有负电荷，对胶体的混凝是通过吸附架桥机理使胶体颗粒粘连，因此常称为絮凝剂或助凝剂。

活化硅酸一般在水处理现场制备，无商品出售。因为活化硅酸在储存时易析出硅胶而失去絮凝功能。实质上活化硅酸是硅酸钠在加酸条件下水解了聚合反应进行到一定程度的中间产物，其电荷、大小、结构等组分特征，主要取决于水解反应起始的硅浓度、反应时间和反应时的 pH。活化硅酸适用于硫酸亚铁与铝盐混凝剂，可缩短混凝沉淀时间，节省混凝剂用量。在使用时宜先投入活化硅酸。在原水浑浊度低，悬浮物含量少及水温较低（14℃以下）时使用，效果更为显著。在使用时要注意加注点，要有适宜的酸化度和活化时间。

2．有机类混凝剂

有机类混凝剂，指线型高分子有机聚合物，即我们通常所说的絮凝剂。其种类按来源可分为天然高分子絮凝剂和人工合成的高分子絮凝剂；按反应类型可分为缩合型和聚合型；按官能团的性质和所带电性可分为阴离子型、阳离子型、非离子型和两性型。凡基团离解后带正电荷者为阳离子型，带负电荷者为阴离子型，分子中既含有正电荷基团又含有负电荷基团者为两性型，若分子中不含可离解基团者为非离子型。常用的有机类混凝剂，主要是人工合成的有机高分子混凝剂。

有机混凝剂品种很多，以聚丙烯酰胺为代表。其优点是投加量少、存放设施小、净化效果好。但对其毒性，各国学者看法不一，有待深入研究。聚丙烯酰胺（PAM）是非离子型聚合物的主要品种，另外还有聚氧化乙烯（PEO）。

聚丙烯酰胺是使用最为广泛的人工合成有机高分子絮凝剂，它是由丙烯酰胺聚合而成的有机高分子聚合物，无色、无味、无臭、易溶于水，没有腐蚀性。聚丙烯酰胺在常温下稳定，高温、冰冻时易降解，并降低絮凝效果。故在贮存和配制投加时，注意温度控制在 2～55℃。

聚丙烯酰胺的聚合度可高达 20 000～90 000，相应的分子量高达 150 万～600 万。它的混凝效果在于对胶体表面具有强烈的吸附作用，在胶粒之间形成桥联。聚丙烯酰胺每一链节中均含有一个酰胺基（$—CONH_2$）。由于酰胺基之间的氢键作用，线性分子往往不能充分伸展开来，致使桥联作用削弱。

3．复合类混凝剂

（1）复合型无机高分子混凝剂。

复合型无机高分子混凝剂是在普通无机高分子絮凝剂中引入其他活性离子，以提高药剂的电中和能力，诸如聚铝、聚铁、聚活性硅胶及其改性产品。王德英等研制的聚硅酸硫酸铝活性较好，聚合度适宜，不易形成凝胶，絮凝效果显著。用于处理低浊度水时，其效果优于聚合氯化铝（PAC）和聚合硫酸铁（PFS）。此外，为了改善低温、低浊度水的净化效果，人们又研制出一种聚硅酸铁（PSF），这种药剂处理低温、低浊水，比硫酸铁的絮凝效果有明显的优越性，如用量少，投料范围宽，絮团形成时间短，絮团颗粒大而密实，可缩短水样在处理系统中的停留时间，对处理水的 pH 基本无影响。东北电力学院的袁斌等以 $AlCl_3$ 和 Na_2SiO_3 为原料，采用向聚合硅酸溶液直接加入 $AlCl_3$ 的共聚工艺，制备了聚硅氯化铝絮凝剂（PASC），PASC 比 PAC 具有更好的除浊、脱色作用，且残留铝含量低。

（2）无机—有机高分子混凝剂复合使用。

无机高分子混凝剂对含各种复杂成分的水处理适应性强，可有效除去细微悬浮颗粒。无机高分子混凝剂生成的絮体不如有机高分子生成的絮体大。单独使用无机混凝剂投药量大，目前已很少这样使用。

与无机药剂相比，有机高分子絮凝剂用量小，絮凝速度快，受共存盐类、介质 pH 及环境温度的影响小，生成污泥量也少；而且有机高分子絮凝剂分子可带—COO^-、—NH、—SO_3、—OH 等亲水基团，可具链状、环状等多种结构，有利于污染物进入絮体，脱色性好。许多无机絮凝剂只能除去 60%～70%的色度，而有些有机絮凝剂可除去 90%的色度。

由于某些有机高分子絮凝剂因其水解或降解产物有毒，合成产物价格较高，现多以无机高分子絮凝剂与有机高分子絮凝剂复合使用，或以无机盐的形式与污染物电荷中和，促进有机高分子絮凝剂的作用。

4．微生物絮凝剂

随着全球性人口老龄化的加剧，人们对传统絮凝剂的使用安全性提出了质疑。有关研究表明，常饮用以铝盐为絮凝剂的水，能引起老年性痴呆症。目前广泛使用的聚丙烯酰胺，已被指出存在安全及环境方面的问题：完全聚合的聚丙烯酰胺危险性不大，但聚合用的单体——丙烯酰胺对神经有强烈的毒性，且残留性极大。现有混凝剂存在的问题，使研究开发具有高絮凝活性、安全、无毒和不造成二次污染的絮凝剂成为迫切而有意义的课题，因此人们开始将研究目光转向微生物絮凝剂。

微生物絮凝剂是利用现代生物技术，经过微生物的发酵、提取、精制等工艺通过微生物或其分泌物制备具有凝聚性的代谢产物，如 DNA、蛋白质、糖蛋白、多糖、纤维素等。这些物质能使悬浮物微粒连接在一起，并使胶体失稳，形成絮凝物。微生物絮凝剂广泛应用于医药、食品、化学和环保等领域。微生物絮凝剂克服了无机混凝剂和合成有机高分子混凝剂的缺点。不仅不易产生二次污染，降解安全可靠，还能快速絮凝各种颗粒物质，目前对其的研究还主要停留在高效微生物絮凝剂的产生菌种的分离、筛选和培养上，所以微生物絮凝剂还未能大规模应用于污水处理中。微生物絮凝剂是当今最具希望的絮凝剂，有广阔的研究和发展前景。

5. 助凝剂

当单独使用某种絮凝剂不能取得良好效果时，还需要投加助凝剂。助凝剂是指与混凝剂一起使用，以促进水的混凝过程的辅助药剂。助凝剂通常是高分子物质。其作用是改善絮凝体结构，促使细小而松软的絮粒变得粗而密实，调节和改善混凝条件。

水处理常用的助凝剂有骨胶、聚丙烯酰胺及其水解产物、活化硅酸、海藻酸钠等。

在水处理过程中还会用到一些其他种类的助凝剂。助凝剂按功能的不同，可以分为调整剂、絮体结构改良剂和氧化剂 3 种类型。

（1）调整剂。在污水 pH 不符合工艺要求时，或在投加混凝剂后 pH 变化较大时，需要投加 pH 调整剂。常用的 pH 调整剂包括石灰、硫酸和氢氧化钠等。

（2）絮体结构改良剂。当生成的絮体较小且松散易碎时，可投加絮体结构改良剂以改善絮体的结构，增加其粒径、密度和强度，如活化硅酸、黏土等。

（3）氧化剂。当污水中有机物含量高时易起泡沫，使絮凝体不易沉降。这时可以通入氯气或投加次氯酸钠、臭氧等氧化剂来破坏有机物，从而提高混凝果。

（二）混凝的过程与设备

水处理过程中，向水中投加药剂，水与药剂充分混合，从而使水中的胶体物质产生凝聚或絮凝，这一综合过程称为混凝过程。混凝的工艺操作包括药剂的配制与投加、混合和反应 4 个步骤，每一步骤采用相应功能的设备（构筑物）。混凝过程之后，需要采用分离絮体和污水的措施。

二、沉淀工艺

1. 作用

沉淀池是分离水中悬浮颗粒的一种主要处理构筑物，应用十分广泛，比如，混凝系统产生的絮体，就可以用沉淀工艺进行固液分离。

2. 平流式沉淀池

平流式沉淀池池型呈长方形，水在池内按水平方向流动，从池一端流入，从另一端流出（图 3-1）。按功能区分，沉淀池可分为流入区、流出区、沉降区、污泥区以及缓冲层 5 个部分。流入区的任务是使水流均匀地流过沉降区，流入装置常用潜孔，在潜孔后（沿水流方向）设有挡板，其作用一方面是消除入流污水能量，另一方面可使入流污水在池内均匀分布。为使入流污水均匀、稳定地进入沉淀池，进水区应有流入装置。流入装置由设有侧向或槽底潜孔的配水槽挡流板组成，起均匀布水作用。挡流板入水深不小于 0.25 m，水面以上部分为 0.15～0.2 m，距流入槽 0.5 m。常见的几种平流式沉淀池流入装置见图 3-2。

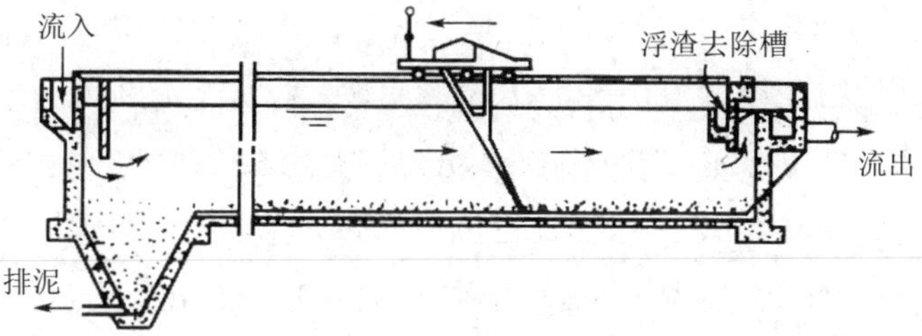

图 3-1 平流式沉淀池

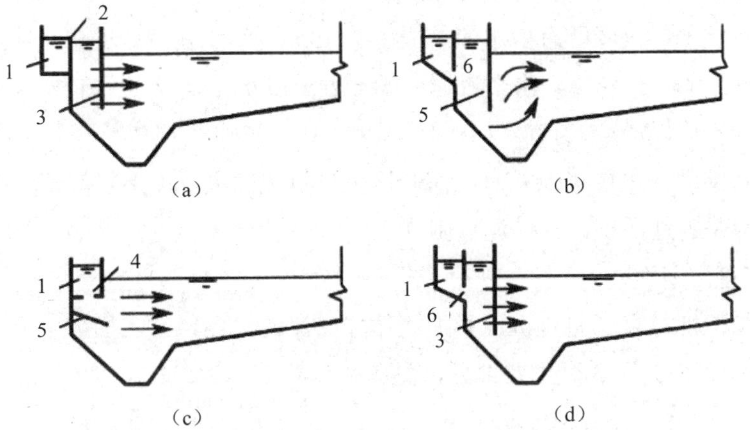

1—进水槽；2—溢流堰；3—穿孔整流墙；4—底孔；5—挡流板；6—潜孔

图 3-2 平流式沉淀池流入装置

流出区设有流出装置（多采用自由堰型式），出水堰可用来控制沉淀池内的水面高度，且对池内水流的均匀分布有直接影响，安置要求是沿整个出流堰的单位长度溢流量相等。溢流堰最大负荷不宜大于 2.9 L/（m·s）（初次沉淀池），1.7 L/（m·s）（二次沉淀池）。为了减少负荷，改善出水水质，溢流堰可采用多槽沿程布置。为此锯齿形三角堰水面宜位于齿高的 1/2 处，见图 3-3（a）。为适应水流的变化，在堰口处设有能使堰板上下移动的调节装置，使出口堰口尽可能水平。为防止浮渣随出水流走，距溢流堰 0.25～0.5 m 堰前也应设挡板或浮渣槽。挡板应高出池内水面 0.1～0.15 m，并浸没在水面下 0.3～0.4 m。锯齿堰及沿程布置流出槽见图 3-3（b）。

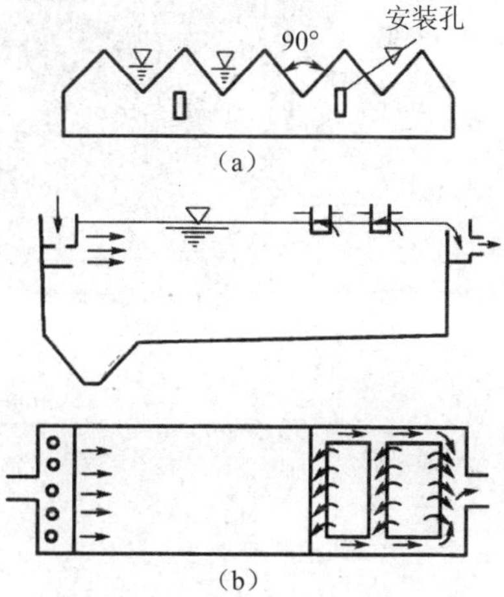

图 3-3 溢流堰及多槽流出装置

沉降区是可沉颗粒与水进行分离的区域。污泥区用于贮放和排出污泥，在沉淀池前端设有污泥斗，其他池底设有 0.01～0.02 m 的底坡。收集在泥斗内的污泥通过排泥管排出池外，排泥方法分重力排泥与机械排泥，重力排泥的水静压力应大于等于 1.5 m，排泥管的直径通常不小于 200 mm。为了保证已沉入池底与泥斗中的污泥不再浮起，有一层分隔沉降区与污泥区的水层，称为缓冲层，其厚度为 0.3～0.5 m。

为了不设置机械刮泥设备，可采用多斗式沉淀池，在每个贮泥斗单独设置排泥管，各自独立排泥，互不干扰，以保证污泥的浓度。

平流式沉淀池的沉降区有效水深一般为 2～3 m，污水在池中的停留时间为 1～2 h，表面负荷 1～3 $m^3/(m^2 \cdot h)$，水平流速一般不大于 5 mm/s。为了保证污水在池内分布均匀，池长与池宽比以 4～5 为宜。

平流式沉淀池的主要优点是有效沉降区大，沉淀效果好，造价较低，对污水流量适应性强；缺点是占地面积大，排泥较困难。

3．高密度澄清池

高密度澄清池综合了斜管沉淀和泥渣循环回流的优点，工艺构成可分为反应区、预沉-浓缩区、斜管分离区 3 个主要部分，见图 3-4。

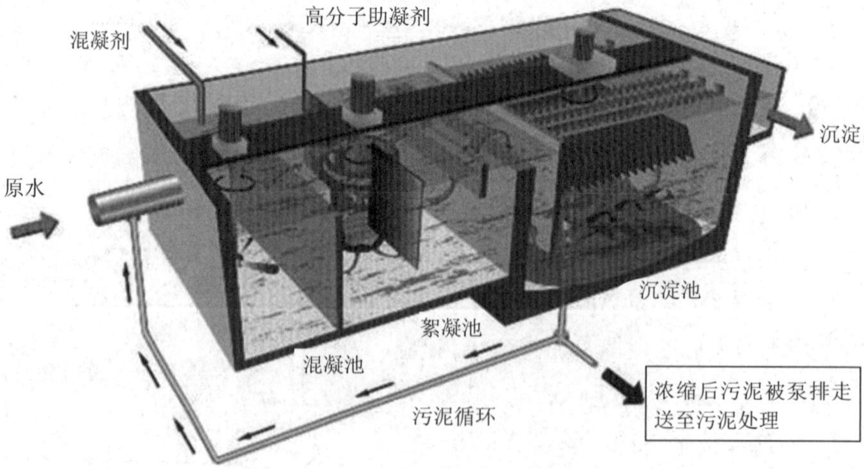

图 3-4　高密度澄清池

（1）反应区。

在该区进行物理-化学反应。反应区分为两个部分，具有不同的絮凝能量，中心区域配有一个轴流叶轮，使流景在反应区内快速絮凝和循环；在周边区域，主要是柱塞流使絮凝以较慢速度进行，并分散低能量以确保絮状物增大致密。

加注混凝剂的原水经高密度澄清池前部的快速混合池混合后进入反应区，与浓缩区的部分沉淀泥渣混合，在絮凝区内投加高分子助凝剂并完成絮凝反应。经搅拌反应后的出水以推流形式进入沉淀区域，反应池中悬浮固体（絮状物或沉淀物）的浓度保持在最佳状态，泥渣浓度通过来自泥渣浓缩区的浓缩泥渣的外部循环得以维持。

因此，反应区可获得大量高密度、均质的矾花，以满足接触絮凝的要求。这些絮状物以较高的速度进入预沉区域。

（2）预沉-浓缩区。

矾花慢速地从一个大的预沉区进入澄清区，这样可避免损坏矾花或产生旋涡，使大量的悬浮固体颗粒在该区均匀沉积。

矾花在澄清池下部汇集成污泥并浓缩。浓缩区分为两层，一层位于排泥斗上部，另一层位于其下部。上层是再循环污泥的浓缩，污泥在这层的停留时间为几小时，然后排到排泥斗内。排泥斗上部的污泥入口处较大，无须开槽。部分浓缩污泥自浓缩区用污泥泵排出，循环至反应池入口。下层是产生大量浓缩污泥的地方，浓缩污泥的浓度不小于20 g/L。污泥浓缩区设有超声波泥位控制开关，用来控制污泥泵的运行，保证浓缩污泥层在所控制的范围内，并保证浓缩池的正常工作。

采用污泥泵从预沉池浓缩池的底部抽出剩余污泥，送至污泥脱水间直接进行脱水处理。

（3）斜管分离区。

在逆流式斜管沉淀区可将剩余的矾花沉淀，通过固定在清水收集槽下侧的纵向板进行水力分布，这些板有效地将斜管分为独立的几组以提高水流均匀分配。澄清水由一个集水槽系统回收。絮凝物堆积在澄清池的下部，形成的污泥也在这部分区域浓缩。通过刮泥机栅条的慢速搅动，将污泥间空隙水排挤，浓缩污泥在刮泥机轴心较小范围内处聚集，部分循环至反应池入口处，剩余污泥排放。

任务实施

子任务 3.1　高密度沉淀池的开停车操作步骤

一、任务目的

本节介绍高密度沉淀池的开停车操作步骤，能完成高密度沉淀池的开停车操作。

二、准备工作

1. 知识准备

（1）高密度沉淀池的结构图见图 3.1-1。

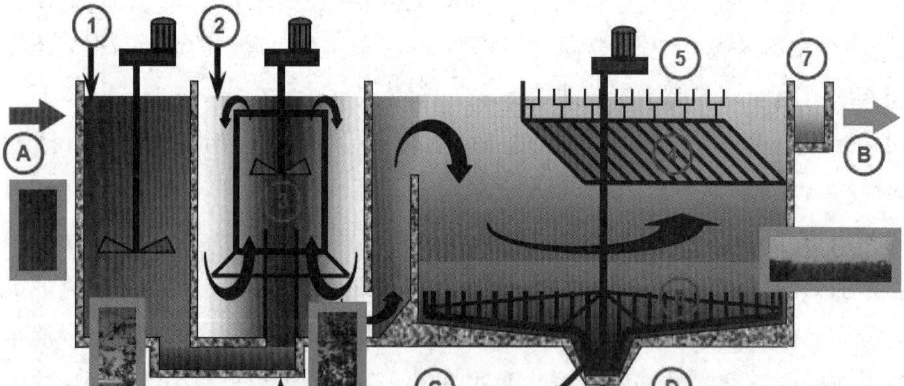

1—混凝剂投加；2—絮凝剂投加；3—反应池；4—斜管；5—出水堰；6—栅形刮泥机；7—出水渠；

A—进水；B—出水；C—污泥回流；D—剩余污泥排放

图 3.1-1　高密度沉淀池结构图

（2）停车指导。停车之前应先对反应区的污泥进行稀释以减少在反应区的沉积。停车应先停止回流污泥泵 5～30 min（时间可调）。

短时间停车：搅拌器和刮泥机保持运行。

长时间停车：停止搅拌器；如停车期间污泥可能变质，则放空污泥。污泥排空后停止刮泥机（污泥排空之前刮泥机必须保持运行），暴露在日光下时斜管容易老化，因此池内必须充满水进行防护。

2. 实训场地

（1）远程控制：中控室。

（2）手动控制：设备安装现场。

3. 实训设备

（1）中控室上位机系统。

（2）混凝沉淀系统控制设备。见表 3.1-1。

表 3.1-1 混凝沉淀系统的主要设备

设备名称	安装位置	用途
混凝搅拌机	混凝区	帮助进水与混凝剂混合并避免矾花沉淀
絮凝搅拌机	絮凝区	确保絮凝剂搅拌充足和絮凝良好
回流污泥泵	污泥泵房	回流污泥至絮凝区，加速矾花的生长以及增加矾花的密度
剩余污泥泵	污泥泵房	排放剩余污泥
刮泥机	沉淀区	将沉淀区的污泥刮至底部
泥位计	沉淀区	观察污泥泥床的泥位
PAC 加药计量泵	加药间	调节 PAC 的加药量
PAM 加药计量泵	加药间	调节 PAM 的加药量

三、方法步骤

1. 高效沉淀池的开车操作步骤

（1）开启高效沉淀池总进水阀，用进水灌满效沉淀池。

（2）启动混凝区搅拌器及刮泥机，观察絮凝池水位，水位高于导流筒和高泥位开关时，启动絮凝反应池的搅拌器。

（3）开启回流泵。回流量控制在 2%左右。

（4）开启化学药剂 PAC 混凝剂和 PAM 絮凝剂加药投加泵。依据絮体情况调控投加量。

（5）观察污泥泥位，判断泥位是否在 0.5～1 m，高于 1 m，开启排泥泵进行排泥。

（6）当整个高效沉淀池的水位达到有效水深时，开启高效沉淀池的总出水阀。

（7）监测：水量、进出水水质指标（至少 SS 和 TP）、泥层厚度、回流污泥浓度、反应池内污泥浓度和回流比。

2．高效沉淀池的停车操作步骤

（1）关闭污泥回流泵。

（2）在关闭污泥回流泵 15 min 之后，关闭高效沉淀池进、出水阀门。

（3）关闭化学药剂 PAC 混凝剂和 PAM 絮凝剂投加泵。

（4）关闭混凝区、絮凝区搅拌器。

（5）关闭排泥泵。

（6）关闭刮泥机。

子任务 3.2　絮凝沉淀运行状态分析判断

一、任务目的

通过运行参数判断高效沉淀池絮凝沉淀效果，分析其影响因素。

二、准备工作

1．知识准备

（1）沉淀系统介绍。

沉淀池是高密度沉淀池系统中重要的部分，大部分矾花在这里沉淀和浓缩。连续刮扫促进了沉淀污泥的浓缩。部分污泥回流到反应池中，这种精确控制的外部污泥回流用来维持均匀絮凝所要求的高污泥浓度。斜板放置在沉淀池的顶部，用于去除剩余的矾花和产出最终合格的水。

高效沉淀池要结合沉淀污泥的回流测定最佳投药品种、组合、投加量和污泥回流量。观测矾花形成的速度、大小、沉降性能、出水 SS 等参数，结合成本分析对投药效果进行评价分析。如搅拌器转速可调，应确定最佳转速范围。

絮凝区矾花应个体大，易沉降，沉淀池出水堰没有细小漂浮物随水流出。检测出水 TP、SS 等指标，观测矾花形成的速度、大小、沉降性能等，及时调整投药量和污泥回流量。

如果出现矾花细小或不易沉淀状况时，应及时分析原因；如果是絮凝效果不好，按需调整投药；如果是水中杂质原因导致不易沉淀，应从生物处理段开始分析，如果是污泥老化的原因（二沉池出水 SS 过高）则应增大剩余污泥排放量。

（2）影响出水浊度的影响因素。

①反应池污泥回流比的控制。确定污泥的沉降性能：污泥在 1 L 量筒中沉淀 10 min 后的泥层的高度即污泥的沉降比（以%表示）。刻度量筒中的沉淀污泥的量应该是 30～150 mL，也就是说，性能良好的泥层的沉降比一般在 3%～15%。

如果没有足够的污泥，所取得的处理效果就不会好。如果泥量过多，就会超出固体负荷的限制，泥床有上升的危险。好的污泥回流能达到 3%～5%的污泥沉降比，甚至更高。

污泥回流调节。改变回流泵的流量，可以调节污泥的沉降比。最佳的调节是在流量最大的情况下完成的。请注意下列数据：污泥比率超过 15%，减小回流泵的流量；如果泥床升高了，那么就降低预设的沉降比值（回流泵流量）；当回流污泥的沉降比值得到满足时，那么不管进水流量如何，回流泵的调整值均可以保持不变。

如果流量徒增或泥位升高，可以采取以下手段：降低污泥回流流量；逐步提高进水流量，每一步大约为最大流量的 10%，每一步所需的时间是 20～30 min。

当系统内没有污泥时启动，应从底部进行污泥回流以便反应池尽快达到正确的污泥浓度。当泥床位置升至约 0.5～1 m 时（或泥位超过低位探头时），恢复从池锥部位回流污泥。

②泥位。泥床的作用在于为回流积攒足够的污泥并提高污泥的浓度。泥位的稳定性是判断高密度沉淀池运行状况的一个指标。通过一系列的仪表监测污泥界面，以此为依据对排泥进行控制和调节。

③混凝剂的投加量。

④絮凝剂的投加量。

⑤回流污泥浓度≥8 000 mg/L。

2．实训场地

（1）远程控制：中控室。

（2）手动控制：设备安装现场。

3．实训设备

（1）中控室上位机系统。

（2）高效沉淀池系统控制设备。如图 3.2-1 所示。

图 3.2-1　高效沉淀池中控室控制界面

三、方法步骤

（1）絮凝状态分析判断。絮凝区矾花个体大，易沉降，沉淀池出水堰没有细小漂浮物随水流出。检测出水 TP、SS 等指标，观测矾花形成的速度、大小、沉降性能等外观现象，及时调整投药量和污泥回流量。

（2）沉淀效果分析判断。出水在线数据 TP 和 SS 在出水标准范围内，执行《城镇污水处理厂污染物排放标准》（GB 18918—2002）一级 A 类排放标准时，TP≤0.5 mg/L，SS≤10 mg/L，出水清澈，则判定沉淀效果好。

（3）絮凝沉淀效果不佳的影响因素分析。如出水在线数据 TP 和 SS 不在出水标准范围内，矾花细小不易沉淀，伴随出水浑浊，则判定为沉淀效果不佳，则按以下影响因素进行分析：

①分析计算絮凝剂及混凝剂的药剂投加量是否合理；

②在中控室观察高效沉淀池的泥位，判断泥位是否在 0.5～1 m；

③分析测算污泥回流比是否控制在 3%～5%；

④分析判断回流污泥浓度是否大于等于 8 000 mg/L。

子任务 3.3　混凝加药系统开停车操作

一、任务目的

本节主要介绍混凝加药系统开停车操作方法，能对混凝加药系统进行开停车操作。

二、准备工作

1. 知识准备

略。

2. 实训场地

手动控制：设备安装现场。

3. 实训设备

高效沉淀加药系统控制设备。见表 3.3-1。

表 3.3-1　高效沉淀池加药系统的主要设备、设施

设备、设施名称	安装位置	用途
储药池	加药间	储存 PAC 原液
稀释池	加药间	稀释 PAC 药剂
PAC 加药泵（隔膜计量泵）	加药间	调节 PAC 加药量
搅拌器	稀释池	使稀释药剂搅拌充分混合均匀

三、方法步骤

1. 高效沉淀池混凝加药系统开车操作步骤

（1）开车前的检查：

①为加药泵加注润滑油，一般加至油线（油窗中心线）位置。

②检查加药泵基础螺栓有无松动。

③检查加药泵进出管道上的阀门是否打开。

④检查稀释池内是否有药剂。

（2）按加药泵启动按钮，打开 PAC 加药计量泵。

（3）确认药剂是否正常投加。

（4）装置在运行过程中出现异常现象，应及时检查消除。

2．高效沉淀池混凝加药系统停车操作步骤

（1）按加药泵关闭按钮，关闭 PAC 加药计量泵。

（2）关闭 PAC 加药计量泵的入药阀门。

（3）关闭计量泵后的阀门。

（4）当设备长期停运时，应放出泵及管路内的药液，并用清水冲洗干净。

子任务 3.4　混凝加药系统药剂配比及投加方式

一、任务目的

本节主要介绍高效沉淀池混凝加药系统，能控制混凝加药系统药剂配比和投加。

二、准备工作

1．知识准备

略。

2．实训场地

（1）远程控制：中控室。

（2）手动控制：设备安装现场。

3．实训设备

（1）中控室上位机系统。

（2）高效沉淀池加药系统控制设备。高效沉淀池加药系统中控室控制界面见图 3.4-1。

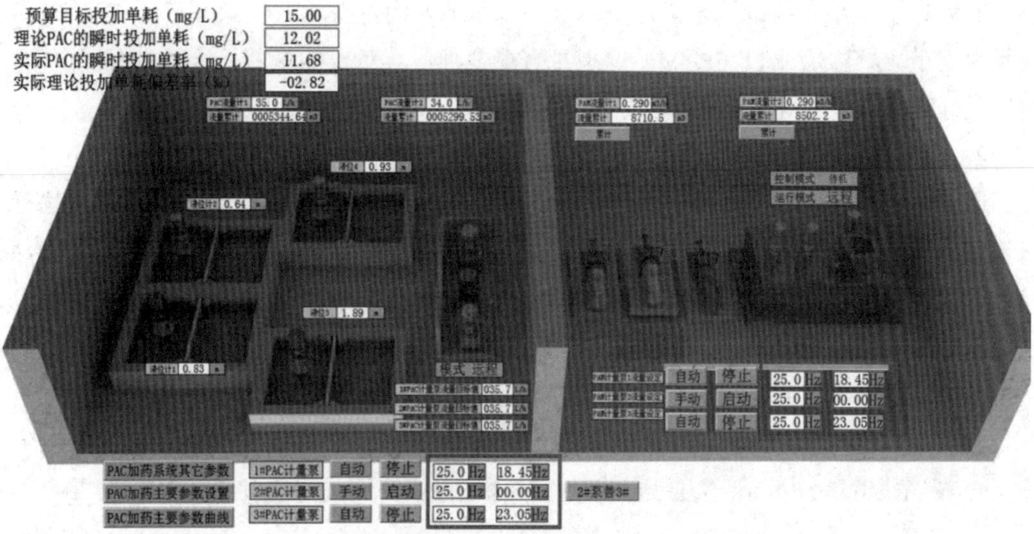

图 3.4-1　高效沉淀池加药系统中控室控制界面

三、方法步骤

1. 混凝剂药剂配比

固体聚合氯化铝 PAC 稀释成液体时，浓度配比的方法如下：

第一步，根据原水情况，使用前先做小试求得最佳药量。小试溶液配置按质量比（*W*/*W*），一般以 2%～5%配为好。如配置 3%的溶液：称聚合氯化铝 PAC 固体 3g，盛入的 200 mL 量筒中，加清水约 50 mL，待溶解后再加水稀释至 100 mL，摇匀即可。

第二步，生产用聚合氯化铝 PAC 配比时，按聚合氯化铝 PAC 固体：清水=1：9 至 1：15 的质量比混合溶解即可。氧化铝含量低于 1%的溶液易水解，会降低使用效果，浓度过高不易投加均匀。

第三步，加药按小试求得的最佳投加量投加。如见沉淀池矾花少，沉淀后浊度偏高，则投加量过少；如见沉淀池矾大且上翻，浊度高，则加药量过大，应适当调整。

使用聚丙烯酰胺（PAM）及聚合氯化铝（PAC），PAM 作用主要是辅助 PAC 起到絮凝的处理效果。污水处理投加絮凝剂一般都是使用这两种药剂配合进行处理的，那么药剂的配比浓度及投加应该为多少比较好呢？综合水处理经验，一般污水处理使用聚丙烯酰胺及聚合氯化铝搭配处理，应将 PAC 配置为 10%的浓度，PAM 配置为 0.1%的浓度进行使用。固体 PAC 投加用量为 1～2 kg/t 污水，固体 PAM 用量约为 2 g/t 污水。因为各个行业污水处理的性质不同，以上只是简要的说明关于 PAM 与 PAC 的配比浓度及投加量。

具体的投加用量要通过试验来确定，结合污水水质及出水要求，以及经济条件来考虑。并且由于市场聚丙烯酰胺（PAM）的型号有很多种，其对投加量及处理效果有很大的影响，最好通过试验来确定配比和投加量。

2．混凝剂药剂投加操作

进水首先流入快速搅拌池，与混凝剂如 PAC 接触后进行混凝。快速搅拌器连续运行，以避免矾花沉淀并帮助混凝。投加泵将混凝剂投入快速搅拌池，投加泵通过变频器按照流量计来控制。在高密度沉淀池系统中，反应池单元是非常重要的部分，因为该模块决定污泥处理的效果，所以反应池必须合理地调整。

中控室操作步骤：

（1）进入中控室高效沉淀池加药系统控制界面。

（2）点击混凝剂 PAC 计量泵频率调整控制框，根据需要加大或者减少频率，如图 3.4-2 所示。

（3）确认药剂流量是否到达控制值。

现场手动操作步骤：

现场手动操作可以通过调整隔膜计量泵冲程和隔膜计量泵电机频率方式进行调整。

（1）冲程调整方式：

①调整手动冲程调节旋钮，根据需要调大或调小，如图 3.4-3 所示。

②确认药剂流量是否达到控制值。

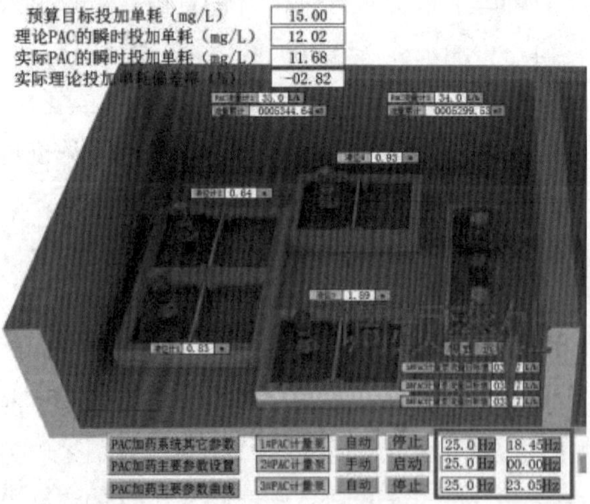

图 3.4-2　计量泵调频界面

图 3.4-3　隔膜计量泵冲程

（2）电机频率调整方式：

①在 PAC 加药泵的控制柜内调节 PAC 加药泵的频率旋钮，根据需要调大或者调小频率。

②确认药剂流量是否达到控制值。

任务小结

本章节学习了混凝剂配比方法和混凝沉淀系统及加药系统开停车知识、影响混凝沉淀池运行状态的因素，掌握了混凝沉淀系统、混凝加药系统开停车操作步骤，会开停机混凝加药系统及药剂投加控制。

任务练习

（1）如何调整混凝加药系统的药剂投加量？

（2）高效沉淀池的开停车操作步骤是什么？

任务 4　过滤工艺运行操作

任务目的

（1）能识记滤池过滤系统、反冲洗系统和运行指标。

（2）能按规程操作过滤系统并识记操作顺序。

（3）能通过现场仪表和现场运行状况识别过滤系统工艺运行异常。

（4）能按规程操作滤池反冲洗。

专业知识

一、过滤的作用

将污水均匀而缓慢地通过一层或几层滤料，去除其中污染物的工艺，称为过滤。

二级出水经混凝沉淀工艺之后，仍含有部分颗粒物质及磷等污染物，若进一步将其去除，应采用过滤工艺。在污水深度处理系统中，过滤工艺可去除前级生物处理及混凝沉淀工艺都不能去除的一些细小悬浮颗粒及胶体颗粒，因而使水污染中的 SS、浊度、BOD_5、COD、磷、重金属、细菌及病毒的浓度进一步降低。

二、过滤的机理

1. 筛滤作用

滤料是由大小不同的砂粒组成的，砂粒之间的空隙就像一个筛子。污水中比空隙大的杂质很自然地会被滤料筛除，从而与污水分离。筛滤作用又被称为阻力截留。

2. 沉淀作用

如果把滤料抽象成一个层层叠起来的沉淀池，则该沉淀池的表面积是非常巨大的，污水中的部分颗粒会沉淀到滤料颗粒的表面上而被去除。沉淀作用又被称为重力沉降。

3. 接触吸附作用

由于滤料的表面积是非常大的，如此大的表面积必然存在较强的吸附能力，因此可以将滤料颗粒看作吸附介质。污水在滤层孔隙中曲折流动时，杂质颗粒与滤料有着非常多的接触机会，因而会被吸附到滤料颗粒表面，从污水中去除。被吸附的杂质颗粒一部分可能会由于水流而被剥离，但马上又会被下层的滤料所吸附截留。

除以上 3 种作用外，还有扩散作用等多种结果，因而过滤工艺去除污染物颗粒的过程，不单是“滤”，实际上是多种物理化学作用的综合结果。对粒径较大的悬浮颗粒，以阻力截留为主；对于细微悬浮物，以发生在滤料深层的重力沉降和接触絮凝为主。

三、常见滤池的结构和组成

滤池有很多种类，按照滤速的大小可分为快滤池和慢滤池。慢滤池的过滤速度低于 10 m/h，而快滤池的滤速则一般在 10 m/h 以上。这里的滤速，不是指污水在滤料间的流速，而是单位时间内污水通过的滤料深度。慢滤池虽然出水水质好，但其处理能力过小，并且设备占地面积大，目前各国很少采用，基本上被快滤池取代。

1. 滤池的构成和工作原理

快滤池包括池体、滤料、配水系统与承托层、反冲洗装置等几部分，工作过程为过滤、冲洗两个阶段交替进行，其组成如图 4-1 所示。

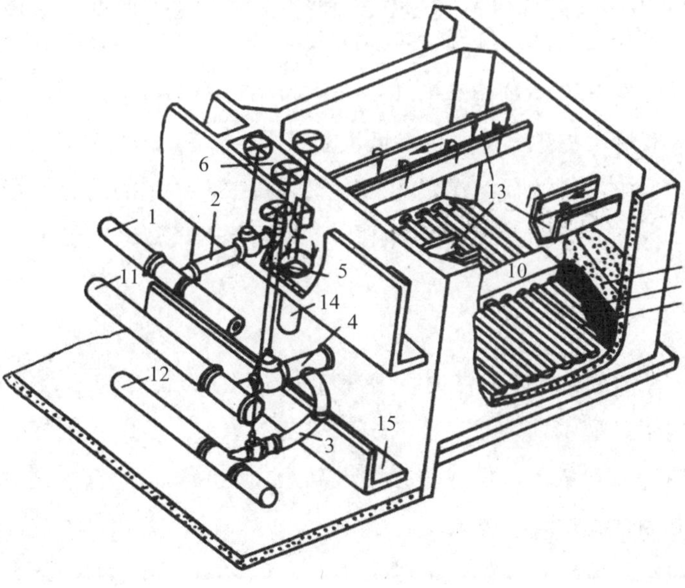

1—进水总管；2—进水支管；3—清水支管；4—冲洗水支管；5—排水阀；6—浑水渠；7—滤料层；8—承托层；9—配水支管；10—配水干管；11—冲洗水总渠；12—清水总管；13—冲洗排水槽；14—排水管；15—废水渠

图 4-1　普通快滤池构造剖视图

过滤时，开启进水阀门，关闭冲洗阀门，浑水依次经过进水总管、支管、浑水渠进入滤池，进入的滤池水经过滤料层、承托层过滤后，由配水支管汇集起来，再经配水干管、清水支管、清水总管流往清水池。

由于水中杂质被截留在滤料层中，滤料层中截留杂质量越来越多，滤料颗粒间孔隙越来越小，滤层中的水头损失越来越大。当水头损失增至一定程度（普通快滤池一般为2.0～2.5 m），滤池出水流量下降，甚至滤出水的浊度有上升，不符合出水水质要求时，滤池就要停止过滤，进行反冲洗。

反冲洗时，关闭进水阀门，开启排水与冲洗水支管阀门。冲洗水依次经过冲洗总管、支管、配水干管进入配水支管，冲洗水通过支管及其上面的许多孔眼流出，由下而上穿过承托层及滤料层，均匀地分布在滤池平面上。滤料在由下而上的水流中处于悬浮状态，由于水流剪力及颗粒间相互碰撞作用，滤料颗粒表面杂质被剥离下来，从而得到清洗。

冲洗污水经冲洗排水槽、浑水渠、排水管、污水渠进入下水道。冲洗一直进行到滤料基本洗干净为止。冲洗结束后，重新开启过滤流程。

2. 过滤池的组成

（1）滤料。

滤料的主要作用是作为载体提供黏附水中细小悬浮物所需的面积。根据其用途，对滤料的要求如下：具有足够的机械强度，以防冲洗时滤料产生磨损和破碎现象；具有足够的化学稳定性；具有一定的颗粒级配和适当空隙率，外形接近球型，表面比较粗糙而有棱角；可以就地取材，货源充足，价格低廉。

石英砂是使用最广泛的滤料；在双层和多层滤料中，常用的还有无烟煤、磁铁矿、石榴石、金刚砂、磁铁矿等；在轻质滤料中，可采用聚苯乙烯及陶粒等。滤料粒径一般为 2 mm。

（2）配水系统。

配水系统位于滤池底部，反冲洗时，使冲洗水在整个滤池平面上均匀分布；过滤时，能均匀地收集滤后水。配水均匀性对反冲洗效果至关重要。若配水不均匀，水量小，滤料得不到足够的清洗；水量大，反冲洗强度过高，会造成滤料流失，甚至还会使局部承托层发生移动，造成过滤时漏砂现象。

根据反冲洗时配水系统对冲洗水的阻力大小，配水系统可分为大阻力、中阻力和小阻力 3 种配水系统。

①大阻力配水系统。

常用的大阻力配水系统是穿孔管大阻力配水系统，如图 4-2 所示。中间是一根配水干管（或渠），在其两侧接出若干根间距相等、彼此平行的支管。在支管下部开有两排与管中心线成 45°角且交错排列的配水小孔。反冲洗时，水流从干管起端进入后，流入各支管，由各支管孔口流出，再经承托层自下而上对滤料层进行冲洗，最后流入排水槽。

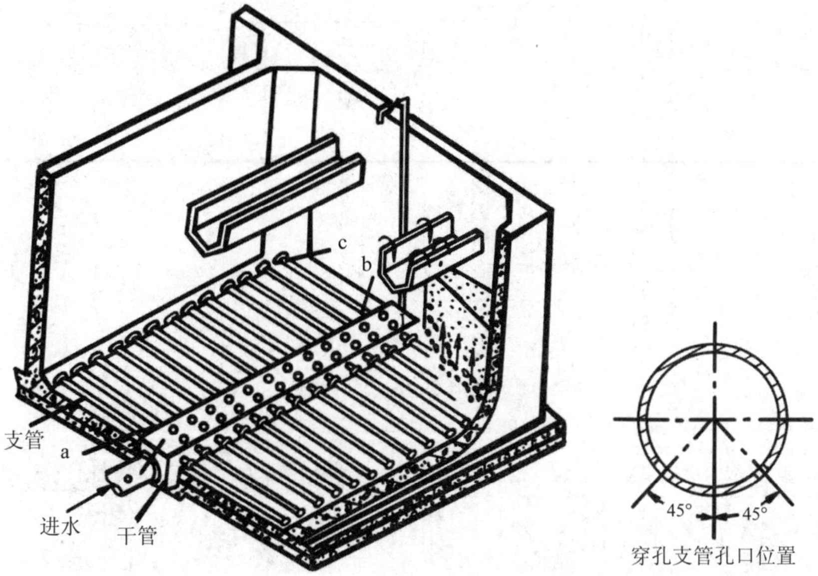

图 4-2 穿孔管大阻力配水系统

图 4-2 中 a 点和 c 点处的孔口分别是距进水口最近和最远的两孔，其孔口内压力水头相差最大。大阻力配水系统的优点是配水均匀性较好，但系统结构较复杂，检修困难，而且水头损失很大（通常在 3.0 m 以上），冲洗时需要专用设备（如冲洗水泵），动力耗能多。

②中、小阻力配水系统。

水处理生产过程中，最常用的小阻力配水系统是在滤池底部留有较大的配水空间，在配水空间上铺设钢筋混凝土穿孔滤板，板上铺设一层或两层尼龙网后，直接铺放滤料（尼龙网上也可适当铺设一些卵石），如图 4-3（a）、图 4-3（b）所示。另外，滤池采用气、水反冲洗时，还可以采用长柄滤头作配水系统，如图 4-3（c）所示。

小阻力配水系统的开孔比通常都大于 1.0%，水头损失一般小于 0.5 m。开孔比越大，则孔口阻力越小，配水均匀性越差。由于小阻力配水系统的配水均匀性比大阻力配水系统差，一般多用于单格面积不大于 20 m^2 的无阀滤池、虹吸滤池等。

中阻力配水系统，是指开孔比介于大、小阻力配水系统之间的配水系统，其开孔比一般为 0.4%～1.0%，水头损失一般为 0.5～3.0 m。中阻力配水系统的配水均匀性优于小阻力配水系统。最常见的中阻力配水系统是穿孔滤砖，如图 4-4 所示。

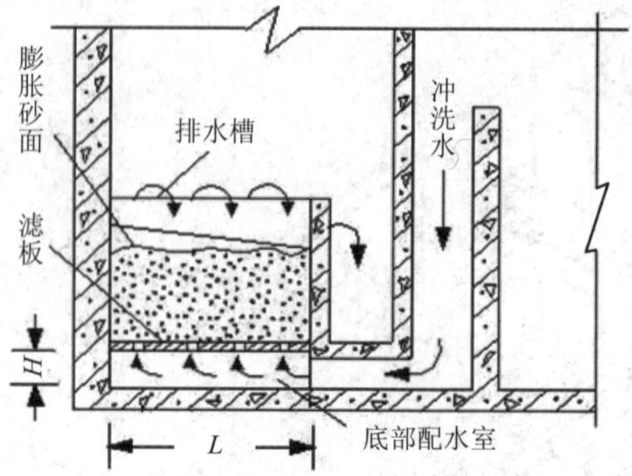

（a）小阻力配水系统底部配水空间

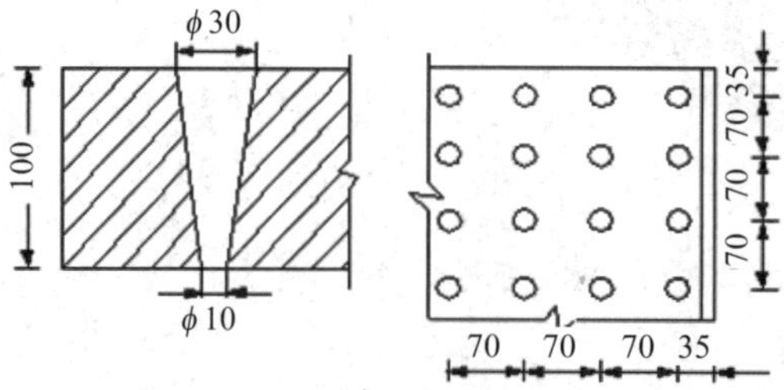

（b）钢筋混凝土穿孔滤板

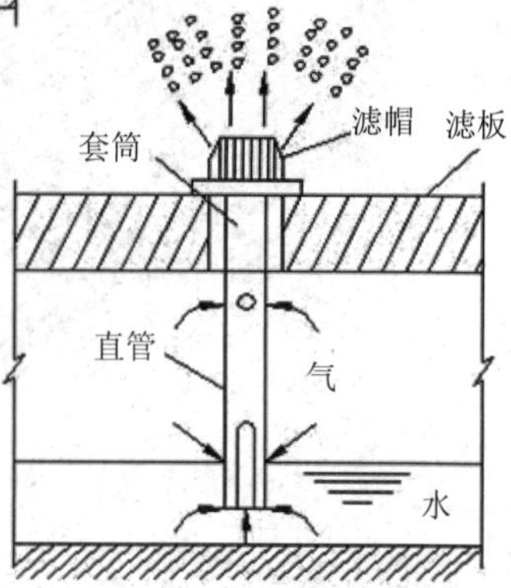

（c）长柄滤头

图 4-3　小阻力配水系统

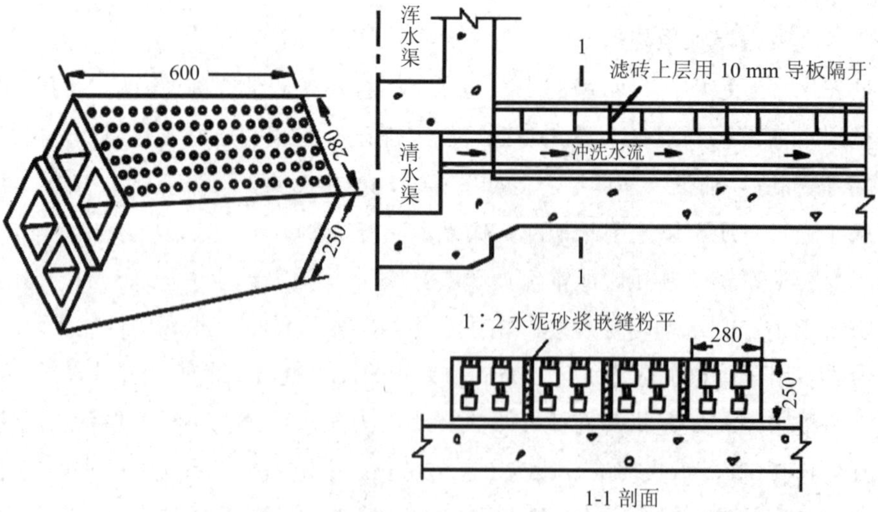

图 4-4　穿孔滤砖

穿孔滤砖的构造分上、下两层连成整体。铺设时，各砖的下层相互连通，起到配水渠的作用；上层各砖之间用导板隔开，互不相通，单独配水。其实际效果就是将滤池分成滤砖大小的许多小格，保证配水均匀。

由于中阻力和小阻力配水系统的结构相似，划分界限也不是很明确，有时也将它们统称为小阻力配水系统。

（3）承托层。

承托层一般是配合管式大阻力配水系统使用，承托层设于滤料层和底部配水系统之间。其作用一方面支承滤料，防止过滤时滤料通过配水系统的孔眼流失，另一方面在反冲洗时均匀地向滤料层分配反冲洗水。

滤池的承托层一般由一定厚度的天然卵石或砾石组成，其粒径和级配应根据冲洗时所产生的最大冲击力而确定的，保证反冲洗时承托层不能发生移动。单层或双层滤料的快滤池大阻力配水系统承托层粒径和厚度，见表 4-1。

表 4-1　快滤池大阻力配水系统承托层粒径和厚度

层次（自上而下）	粒径/mm	厚度/mm	层次（自上而下）	粒径/mm	厚度/mm
1	2～4	100	3	8～16	100
2	4～8	100	4	16～32	本层顶面高度至少应高出配水系统孔眼 100 mm

三层滤料滤池的承托层宜按表 4-2 采用。

表 4-2　三层滤料滤池承托层材料、粒径与厚度

层次（自上而下）	材料	粒径/mm	厚度/mm
1	重质矿石（如石榴石、磁铁矿等）	0.5～1.0	50
2	重质矿石（如石榴石、磁铁矿等）	1～2	50
3	重质矿石（如石榴石、磁铁矿等）	2～4	50
4	重质矿石（如石榴石、磁铁矿等）	4～8	50
5	砾石	8～16	100
6	砾石	16～32	本层顶面高度至少应高出配水系统孔眼 100 mm

注：配水系统如用滤砖且孔径为 4 mm 时，第 6 层可不设。

如果采用中、小阻力配水系统，承托层可以完全省去，或者适当减小，或者适当铺设一些粗砂或细砾石，根据配水系统具体情况而定。

（4）滤池冲洗系统。

滤池冲洗的目的是清除截留在滤料层中的杂质，使滤池在短时间内恢复过滤能力。

①滤池冲洗方法。

快滤池的冲洗方法有 3 种：高速水流反冲洗、气—水反冲洗、表面辅助冲洗加高速水流反冲洗。应根据滤料层组成、配水配器系统形式，或参照相似条件下已有滤池的经验选取冲洗方式。如表 4-3 所示。

表 4-3 冲洗方式和程序

滤料组成	冲洗方式、程序
单层细砂级配滤料	水冲、气冲—水冲
单层粗砂均匀级配滤料	气冲—气水同时冲—水冲
双层煤、砂级配滤料	水冲、气冲—水冲
三层煤、砂、重质矿石级配滤料	水冲

a. 高速水流反冲洗。

高速水流反冲洗是利用高速水流反向通过滤料层，使滤层膨胀呈流态化，在水流剪切力和滤料颗粒间碰撞摩擦的双重作用，把截留在滤料层中的杂质从滤料表面剥落下来，然后被冲洗水带出滤池。这是应用最早的冲洗方法，滤池结构和设备简单，操作简便。

为了保证冲洗效果，要求必须有一定的冲洗强度、适宜的滤层膨胀度和足够的冲洗时间。3 项指标的推荐值如表 4-4 所示。

表 4-4 冲洗强度、膨胀度和冲洗时间（水温 20℃）

滤层	冲洗强度/［L/（s·m^2）］	膨胀度/%	冲洗时间/min
单层细砂级配滤料	12～15	45	7～5
双层煤、砂级配滤料	13～16	50	8～6
三层煤、砂、重质矿石级配滤料	16～17	55	7～5

注：当采用表面冲洗设备时，冲洗强度可取低值；
由于全年水温、水质有变化，应考虑有适当调整冲洗强度的可能；
选择冲洗强度应考虑所用混凝剂品种；
膨胀度数值仅作设计计算用。

b. 气—水反冲洗。

将压缩空气压入滤池，利用上升空气气泡产生的振动和擦洗作用，将附着于滤料表面的杂质清除下来并使之悬浮于水中，然后再用水反冲把杂质排出池外。气—水反冲洗所需的空气由鼓风机或空气压缩机和储气罐组成的供气系统供给，冲洗水由冲洗水泵或冲洗水箱供应，配气、配水系统多采用长柄滤头。气水冲洗强度及冲洗时间如表 4-5 所示。

表 4-5　气水冲洗强度及冲洗时间

滤料种类	先气冲洗		气水同时冲洗			后水冲洗		表面扫洗	
	强度/［L/（m^2·s）］	时间/min	气强度/［L/（m^2·s）］	水强度/［L/（m^2·s）］	时间/min	强度/［L/（m^2·s）］	时间/min	强度/［L/（m^2·s）］	时间/min
单层细砂级配滤料	15～20	3～1	—	—	—	8～10	7～5	—	—
双层煤、砂级配滤料	15～20	3～1	—	—	—	6.5～10	7～5	—	—
单层粗砂均匀级配滤料	13～17	2～1	13～17	3～4	4～3	4～8	8～5	—	—
	13～17	2～1	13～17	2.5～3	5～4	4～6	8～5	1.4～2.3	全程

c. 表面冲洗。

表面冲洗是在滤料砂面以上 50～70 mm 处放置穿孔管。反冲洗前先用穿孔管孔眼或喷嘴喷出的高速水流，冲洗去除表层 10 cm 厚度滤料中的污泥，然后再进行水反冲洗。表面冲洗可提高冲洗效果，节省冲洗水量。

根据穿孔管的安置方式，表面冲洗可分为固定式（较多的穿孔管均匀地固定布置在砂面上方）和旋转式（较少的穿孔管布置在砂面上方，冲洗臂绕固定轴旋转，使冲洗水均匀地布洒在整个滤池）的两种。其表面冲洗强度分别为 2～3 L/（m^2·s）和 0.50～0.75 L/（m^2·s），冲洗时间均为 4～6 min。

②冲洗污水的排除。

滤池冲洗污水的排除设施包括反冲洗排水槽和污水渠。反冲洗时，冲洗污水先溢流入反冲洗排水槽，再汇集到污水渠，然后排入下水道（或回收水池），如图 4-5 所示。

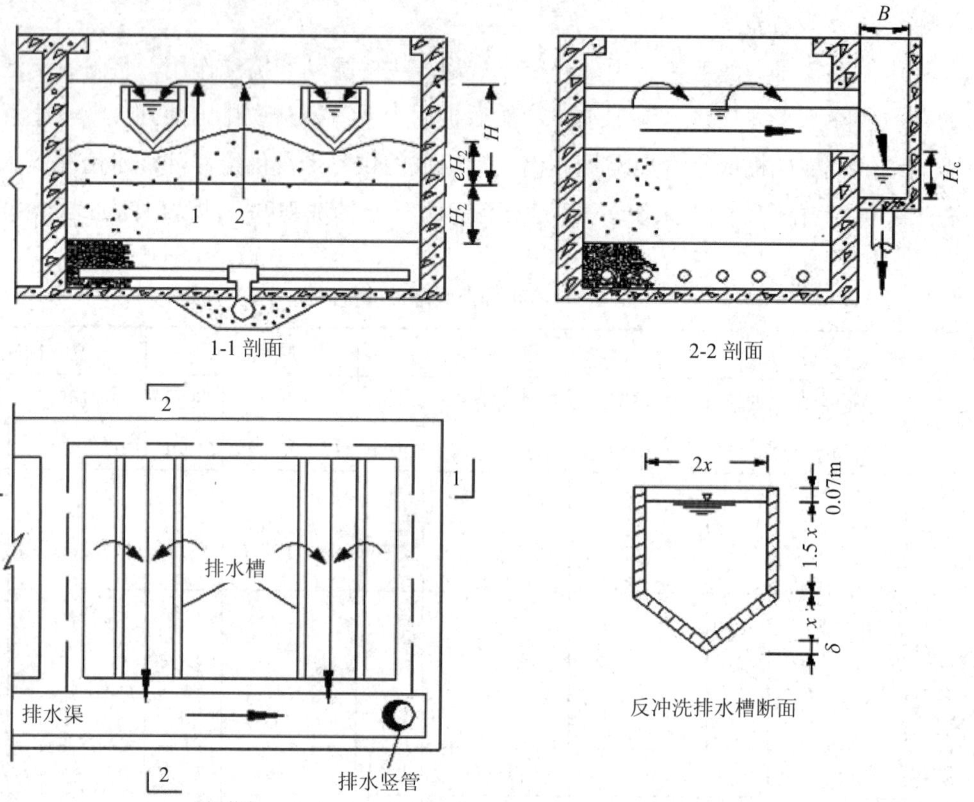

图 4-5　反冲洗水排除示意图

四、过滤的运行指标

1. 滤速与处理量

滤速是指滤池单位面积在单位时间内的滤水量，也即滤池液面的下降速度。可用式（4-1）计算：

$$V=Q/A \tag{4-1}$$

式中，Q —— 滤水量，m^3/h；

A —— 滤池的过滤面积，m^2。

对某一确定条件下的滤池来说，滤速 V 存在最佳值。当滤速过大时，一方面滤池出水的水质会降低，另一方面还会使工作周期缩短，冲洗频率增大，导致总冲洗水量的增加；当滤速过小时，一方面会使过滤污水量降低，影响总的处理能力，另一方面由于杂质穿透深度变浅，主要集中在表层，使下层滤料起不到过滤作用。当入流污水水质、滤料粒径级配及滤料深度一定时，其最佳滤速为保证出水要求前提下的最大滤速。

在二级出水的深度处理中，滤速一般控制在 10 m/h 以上。因不同滤料而各异，当采用大粒径过滤式，最高可高达 20 m/h。

2．工作周期

滤池的工作周期是指开始过滤至需要反冲洗所持续的时间。在运行控制中，需要对滤池是否需要冲洗做出判断，此即确定滤池的工作周期。一般有 3 种办法，当水头损失增至最高允许值时，应开始反冲洗；当出水水质降至最低允许值时，应开始反冲洗；根据经验，定时反冲洗。

在实际运行控制中，一般综合运用以上 3 种方法。滤池经一定时间的运行后，基本已经摸索出了其合适的工作周期。一般情况下，只要确定的工作周期一到，即应开始反冲洗，但如果水头损失增至最高允许值或出水水质降低至最低允许值，即使工作周期没到，也应该提前进行反冲洗。

污水深度处理中，滤池的工作周期一般在 10～30 h，具体因过滤工艺、滤料级配及水质、季节等因素而各异。一般来说，夏季的工作周期会很长，有时高达 50 h 之上，此时应注意适当提高滤速，缩短工作周期，防止滤料上截留的有机物产生厌氧分解。

3．冲洗强度及冲洗历时

按最佳冲洗强度进行冲洗，自冲洗开始至冲洗水的浊度不再降低时的时长，即合理的冲洗时间。合理冲洗时间为 8 min。

在污水深度处理的过滤工艺中，一般进行气水反冲洗。常用的强度范围及历时根据反冲洗的方式分别见表 4-4～表 4-5 及相关章节。

除以上运行指标外，滤池还应对进出水浊度、SS、BOD_5、TP、入流污水的温度、滤池水位进行记录，并记录每次冲洗的强度及历时；计算冲洗水量占滤池处理污水量的比例。

五、日常维护管理

（1）定期放空滤池进行全面检查。例如，检查过滤及反冲洗后滤层表面是否平坦、是否有裂缝、滤层四周是否有脱离池壁现象，并设法检查承托层是否松动。

（2）表层滤料应定期大强度表面冲洗或更换。

（3）各种闸、阀门应经常维护，保证开启正常。喷头应经常检查是否被堵塞。

（4）应时刻保持滤池池壁及排水槽清洁，并及时清除生长的藻类。

（5）出现以下情况时，应停池大修：

①滤池含泥量显著增多，泥球过多并且靠改善冲洗已无法解决；

②砂面裂缝太多，甚至已脱离池壁；

③冲洗后砂面凹凸不平，砂层逐渐降低，出水中挟带大量砂粒；

④配水系统堵塞或管道损坏，造成严重冲洗不匀；

⑤滤池已连续运行 10 年以上。

任务实施

子任务 4.1 滤池过滤系统、反冲洗系统构成和运行指标

一、任务目的

掌握滤池过滤系统、反冲洗系统的构成和运行指标。

二、准备工作

1. 知识准备

2. 实训场地

（1）远程控制：中控室。

（2）手动控制：设备安装现场。

3. 实训设备

中控室系统。

三、方法步骤

1. 滤池的过滤系统

滤池结构图见图 4.1-1，滤池的过滤系统设备见表 4.1-1，反洗系统的设备见表 4.1-2。

表 4.1-1 滤池的过滤系统设备

类别	设备设施名称	用途	操作方式
过滤系统	滤池	过滤水质	手动、程控
	进、出水阀门	保持恒水位和滤速	手动、遥控
	控制系统	对设备进行调控和管理	电脑或操作屏
	反洗系统	反冲洗	手动、程控

2. 反洗系统

表 4.1-2　反洗系统的设备

设备仪表名称	用途	操作方式
反冲洗风机	阀门控制风量	手动、遥控
反冲洗水泵	水洗泵	手动、遥控
液位计	反洗控制参数之一	—
阻塞计	反洗控制参数之一	—
浊度仪	反洗控制参数之一	—

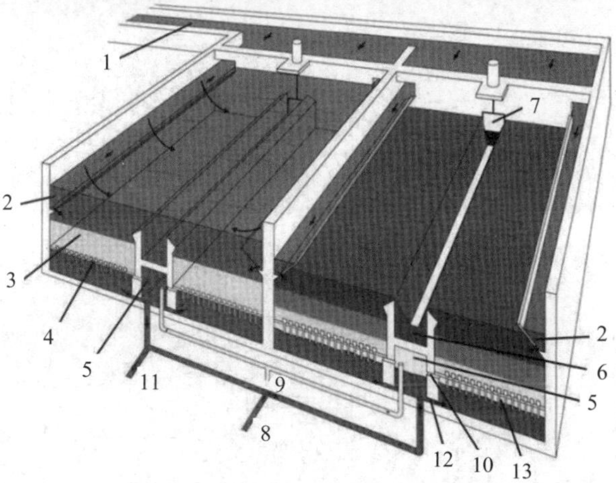

1—原水进水；
2—V 形进水槽；
3—滤料层；
4—滤头支撑板；
5—过滤水渠道及
　反冲洗气水渠道；
6—冲洗水出水；
7—冲洗水出水阀；
8—冲洗水；
9—反冲洗空气管；
10—反冲洗空气进口；
11—过滤水出水；
12—冲洗水分配；
13—滤头

图 4.1-1　滤池结构图

3．滤池运行指标

（1）通过每一格的流量控制滤速，一般滤池工作时设计滤速为 6～9 m/h。

（2）一般运行滤池过滤水位应控制在 1.15～1.25 m。

（3）一般滤池进水混浊度控制在 2 NTU 以下，出水混浊度控制在 0.08 NTU 以下。

（4）一般阻塞计控制在 2 m 以下。

4．反冲洗指标

（1）气冲强度控制在 15 L/（m^2·s）左右，历时 2～4 min。

（2）气水混冲时气冲强度控制在 15 L/（m^2·s）左右。

（3）水冲强度 2.1 L/（m^2·s）左右，历时 3～4 min。

（4）单独水冲时，冲洗强度控制在 4.2 L/（m^2·s）左右，历时 3～5 min。

（5）表扫强度为 5～7.2 m^3/（m^2·h）。

子任务 4.2 过滤系统运行状态分析

一、任务目的

能通过现场仪表（滤速、水位、浊度）和现场运行状况识别过滤系统工艺运行状态。

二、准备工作

1．知识准备

略。

2．实训场地

（1）远程控制：中控室。

（2）手动控制：设备安装现场。

3．实训设备

（1）中控室系统。

（2）现场过滤系统设备。

三、方法步骤

1．根据出水浊度仪判断出水水质情况

（1）当出水浊度高于 0.08 NTU 时，需先检查滤池液位计、阻塞计数据是否在正常范围内。

（2）根据液位计和水头损失仪监测数据执行操作。

2．保持恒水位的监测，判断水位是否在 1.15～1.25 m

（1）观察中控室滤池界面或者现场的液位计，判断液位是否在设定的恒水位范围。

（2）如不在恒水位，则“手动/遥控”增加/减少出水阀门开度，直至液位在设定水位范围。

3．根据水头损失仪控制反洗频次

（1）当水头损失高于 2 m 时，首先进行手动反洗，按照手动反洗步骤执行（见子任务 4.4）。

（2）打开中控室或者现场操作台反洗参数设置界面，将反洗频次缩短，点击数字框，修改反洗时间间隔，再点击确认，即设置成功，直到水头损失低于 2 m 以下。

4．观察滤速是否在 6～9 m/h

（1）观察中控室滤池界面或者现场的滤速参数，判断滤速是否在设计值范围内。

（2）当滤速高于 9 m/h 时减少进水量，“手动/遥控”控制进水阀门，在恒水位之内适当减少进水量。

（3）当滤速低于 6 m/h 时增加进水量，“手动/遥控”控制进水阀门，在恒水位之内适当增加进水量。

子任务 4.3　滤池投入和退出运行控制

一、任务目的

掌握反冲洗设备运行操作方法和步骤。

二、准备工作

1. 知识准备

略。

2. 实训场地

（1）远程控制：中控室。

（2）手动控制：设备安装现场。

3. 实训设备

（1）中控室系统。

（2）现场查看滤池设备。

三、方法步骤

1. 运行前的准备工作

（1）检查电气设备通电状况。

（2）检查冲洗水泵灌水排气情况并且进行盘车，检查出水阀是否关闭。

（3）检查鼓风机进口网罩及出口阀是否关闭，安全排气阀是否正常。

（4）先执行点动开启空压机将空气贮罐灌满待用（在安全压力下）。

（5）检查滤池进出水阀门是否在关闭状态。

（6）检查冲洗水箱阀门是否在全开状态，冲洗水箱排气阀是否常开。

（7）开启需运行的滤池清水出水阀。

（8）对回水泵房进行电气机泵检查，并盘车，检查液位是否正常。

2. 滤池投入运行操作

（1）接通现场控制台电源。

（2）将现场“自动/手动”转换开关打到“手动”位置。

（3）打开进水阀控制开关，关闭排水阀控制开关。

（4）待水位上到进水槽以上约 1.15 m 时，开启清水出水阀约 30%。

3. 滤格正常过滤的手动操作

（1）当滤格水位超过 1.2 m 时，开大清水出水阀，当滤格水位低于 1.1 m 时，关小清水出水阀。

（2）查看现场仪表确保滤池运行正常，如浊度仪、液位计、阻塞计等；

4. 滤池退出运行操作

（1）退出依据：当总进水量减少或者停产时需要退出运行一格或者全部滤池。

（2）关阀进水阀，关闭清水阀。

（3）关闭滤池风机等设备。

子任务 4.4　滤池反冲洗操作控制

一、任务目的

能够按照反冲洗操作步骤手动操控滤池反冲洗。

二、准备工作

1．反冲洗控制

（1）反冲洗周期确定：应根据水头损失、滤后水浊度和运行时间确定。反冲洗的条件为水头损失达到 1.7 m（压差为 13 kPa）或滤后浊度超过 0.1 NTU 或运行时间超过 48 h。

（2）反冲洗强度控制：应将水位降至排水槽顶后进行。滤池采用气冲、气水混冲、水冲方式进行反冲洗，同时用滤水进行表面扫洗。

①气冲强度控制在 15 L/（$m^2 \cdot s$）左右，历时 2～4 min。

②气水混冲时气冲强度控制在 15 L/（$m^2 \cdot s$）左右。

③水冲强度 2.1 L/（$m^2 \cdot s$）左右，历时 3～4 min。

④单独水冲时，冲洗强度控制在 4.2 L/（$m^2 \cdot s$）左右，历时 3～5 min。

⑤表扫强度为 5～7.2 m^3/（$m^2 \cdot h$）。

2．实训场地

（1）远程控制：中控室。

（2）手动控制：设备安装现场。

3．实训设备

（1）中控室系统。

（2）现场反冲洗设备，反冲洗仪表的构成见本任务子任务 4.1。

三、方法步骤

（1）开大清水阀，待液位下降到离排水槽顶约 10 cm 处，关闭清水阀，打开排水阀。

（2）开启第 1 台风机，得到总管压力后，开滤池气冲阀门，再开启第 2 台风机，气冲开始。

（3）气冲 3 min 后，关闭第 1 台风机，开启第 1 台水泵，然后打开泵出口气动阀门，得到压力后，开启滤池水冲洗阀门。

（4）气水同冲 3 min 后，关闭滤池气冲阀门，关闭风机。

（5）风机关闭后，开排气阀约 1 min 后关闭。

（6）开启第 2 台水泵，水冲洗开始并附以表面冲洗。

（7）约 3 min 后关闭滤池水冲洗阀，关闭水泵出口阀，关闭水泵，关闭排水阀。

（8）全开进水阀，滤池水位上升至 1.15 m 时，打开清水阀约有 30%。

任务小结

本章节学习了滤池的基本结构、基本控制参数和运行操作方法，能够在日常运行中控制滤池参数，保证出水水质达标排放；同时应对异常情况会做简单的处理。

任务练习

1. 单项选择题

（1）快滤池的设计滤速一般为（　）。

A. 2 m/h　　B. 5 m/h　　C. 10 m/h　　D. 20 m/h

（2）过滤的机理不包括（　）。

A. 筛滤作用　　B. 沉淀作用　　C. 氧化作用　　D. 接触吸附作用

（3）出现以下哪些情况时，开始反冲洗？（　）

①出水浊度增加　②水头损失　③定时反冲洗　④滤料不均匀

A. ①②　　B. ②③④　　C. ①②③　　D. ①②③④

（4）根据经验，反冲洗的时间一般控制在（　）以内。

A. 4 min　　B. 8 min　　C. 12 min　　D. 20 min

2. 简答题

（1）简述提升泵系统远程操作模式。

（2）旋流沉砂池提砂系统包括哪些设备？

项目三

中控系统运行监控

学习目标

一、知识目标

学会初步使用中控系统上位机，登录上位机监控系统，会调用各工艺流程监控画面，掌握计算机常规操作知识。

二、技能目标

（1）掌握中控系统上位机画面识别。

（2）掌握工艺设备运行数据监测。

（3）掌握中控系统异常信号识别。

项目综述

本项目包括 3 个工作任务，分别是中控系统上位机画面识别、工艺设备运行数据监测、中控系统异常信号识别与处理。

任务 1　中控系统上位机画面识别

任务目的

（1）能登录上位机监控系统，会调用各工艺流程监控画面。

（2）能识记系统画面构成、画面类型和用途，以及画面图标和信号的含义。

（3）能识别画面中设备、设施、仪表、工艺流程，并与现场实物对应。

（4）能识别画面异常报警类别，熟悉异常情况的简单排查和报告程序。

任务综述

通过本任务学习，了解和学会中控系统上位机的画面组成、设备运行状态，掌握上位机的常规操作，能读取上位机仪表数据，判别仪表状态。

实训设备

运行中控程序的电脑 1 台。

任务实施

子任务 1.1　上位机登录及交接班操作

一、任务目的

通过本节学习熟练掌握集控系统水厂上位机登录、交接班的基本操作，为中控运行值班奠定基础。

二、方法步骤

1. 启动监控系统

（1）开机：轻按本系统计算机主机的电源键，开启计算机。

（2）待计算机完全启动后，鼠标双击桌面运行图标“

”。

（3）软件运行成功后，进入监控系统的登录界面。

2. 监控系统登录

进入监控系统后，系统会自动进入登录界面，操作人员进入监控系统，必须以自己的用户名和密码进行登录。登录界面如图 1.1-1 所示。

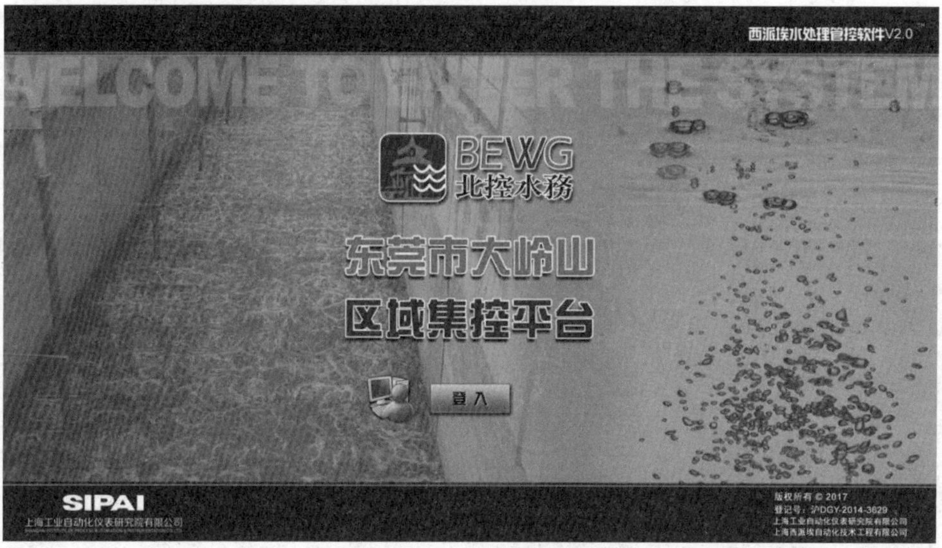

图 1.1-1 登录界面

操作人员点击“登入”按钮，点击后会出现如图 1.1-2 所示的登录界面，操作人员下拉选择自己的用户名和密码，点击“确定”，即可进入控制系统总图。如果用户名和密码输入错误将无法进入监控画面。

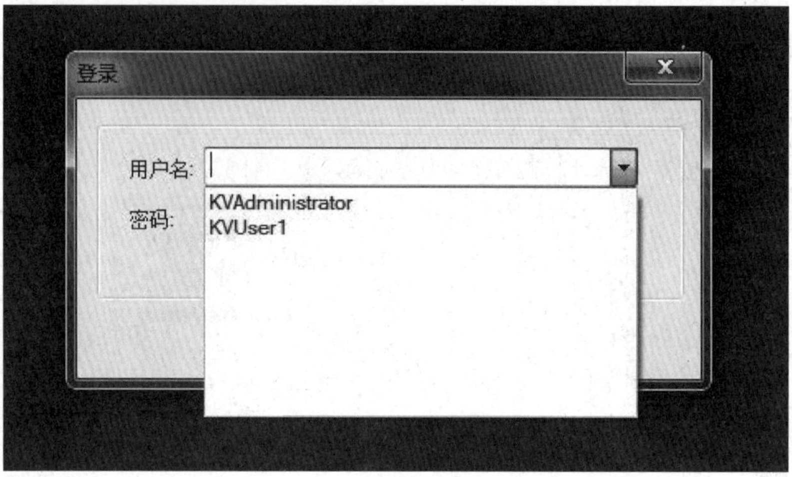

图 1.1-2　用户录入

在运行系统登录成功后，双屏显示如图 1.1-3 所示，左侧屏幕显示 3 个厂的集控画面，右侧屏幕显示 3 个厂分布的地图，集控页面和地图上的厂名均可以切换右侧屏幕的单厂画面。

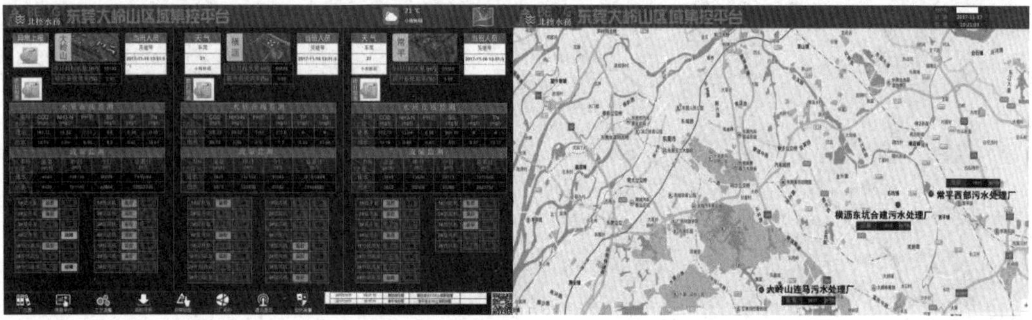

图 1.1-3　登录后界面

3．交接班操作——交班

交接班与监控系统登录不同的是，当前有值班人员即将下班，需要交接双方对接值班运行的事项。系统会在交班前 15 min 自动触发交班提醒信息，当班人点击“确认”按钮，点击“交接班”图标，进入交班记录填写窗口，填写交班日志表。交班日志内容见图 1.1-4。

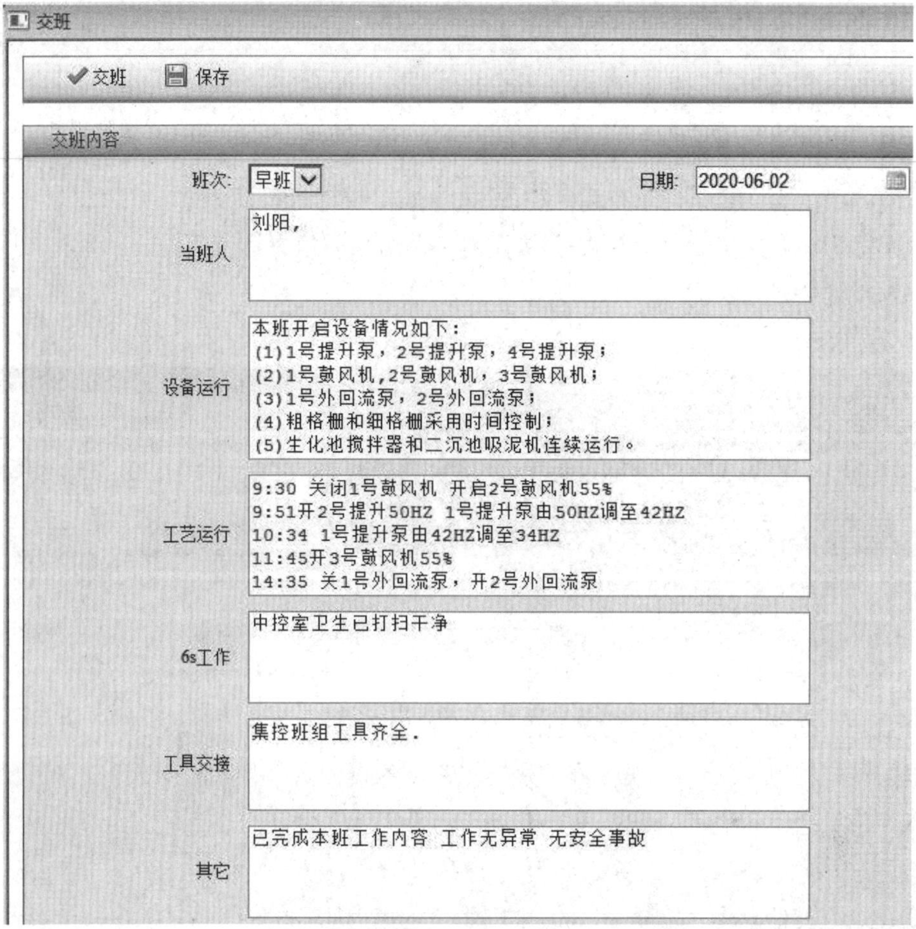

图 1.1-4　交班日志

该窗口分为两部分：第一部分是功能区，包括“交班”“保存”2 个按钮；第二部分是交班内容区，包括自动生成和人工填写两类内容。

需要交班人进行的操作：

①当前当班人、班次自动生成；日期默认为当日，可进行修改。

②当班人手动填写设备运行情况、工艺运行情况、6S 工作情况、工具交接情况等，查看报表数据、曲线完整性，异常数据拐点分析（趋势曲线），设备报警、异常事件、临时任务处理进展等事项需要进行填报清楚；工具交接主要查看集控软硬件是否稳定运行（系统改进后可以自动生成、人工选择）。

③值班记录可以多次填写，当班人可随时进行交班内容填写，每次填写完成点击“保存”即可。

④当交班时，当班人核实填写内容无误后点击“交班”按钮，即完成交班。交接班时间±30 min为正常，超出时段需要进行原因说明。

4．交接班操作——接班

集控系统右下角“退出”键用于交接班和退出运行系统使用。

①点击“退出”按钮，系统弹出如图1.1-5（a）退出选择窗口，其中“交接班”按钮用于接班人登录使用；“退出系统”按钮用于退出当前组态运行系统；“取消”按钮指取消当前页面。

（a）　　（b）

图1.1-5　交接班选择

②点击“交接班”按钮，系统弹出登录窗口如图1.1-5（b）登录窗口，包括用户名、密码以及网络用户3个填写框，在“用户名”下拉框内选择集控班组人员，在“密码”项输入相应的登录密码；“网络用户”复选框为区域平台和组态工程师选择使用，值班人员不用选择。

③登录人员信息录入完毕后，点击“确定”按钮进入接班信息录入窗口，如图1.1-6所示。接班信息窗口分为三部分：第一部分是功能区，包含“接班”“退回”按钮；第二部分是交班内容区，接班人不可修改；第三部分是接班内容区，接班人填报。

④接班人在系统左上角点击“交接班”图标，查看交班人提交的交班日志。

⑤按照交班日志内容对集控系统、工具实物、6S工作等进行检查，当交班日志无问题，接班人填写意见后“接班”，完成交接班工作。当核对与交班日志不符时，接班人填写意见后“退回”交班人。登录区控平台，在左侧菜单栏依次点击“工艺运行—交接班管理—交接班记录”，进入交接班日志查询入口。

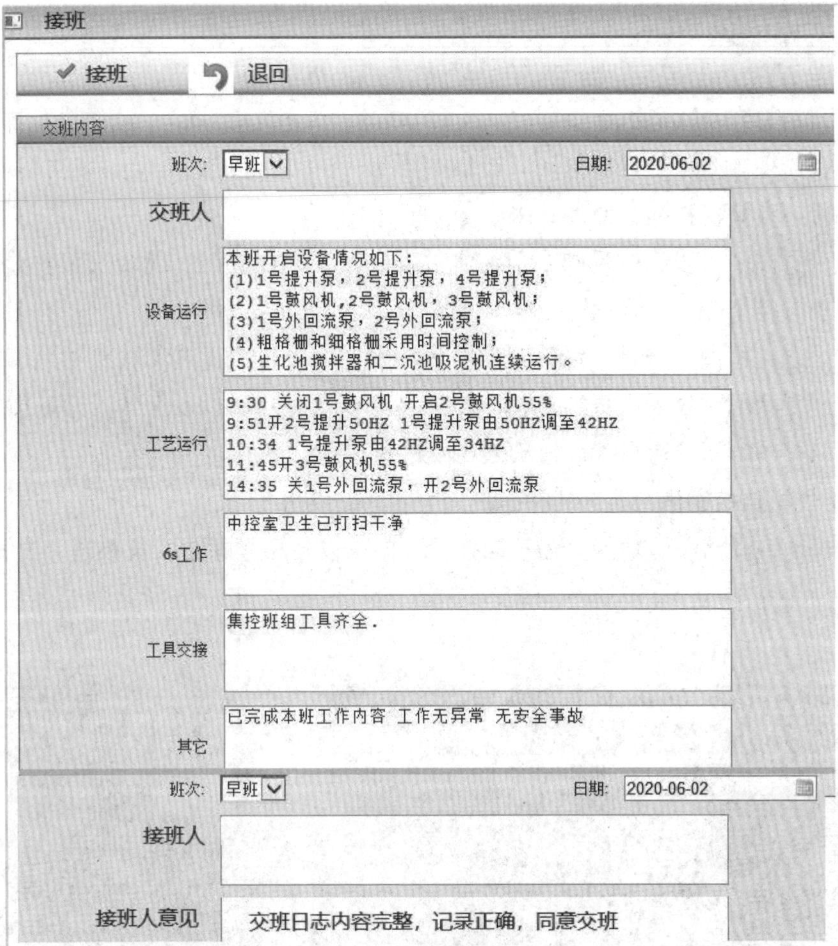

图 1.1-6 接班信息录入窗

子任务 1.2 上位机监控画面构成、类别和用途

一、任务目的

通过本节学习熟练掌握集控系统上位机监控画面构成、类别和用途,为集控运行值班奠定基础。

二、方法步骤

1. 上位机监控画面功能

上位机监控画面用于运行值班人员集中监视与控制各工艺段运行，并实现参数采集、设置、报警、存储、查询、曲线、报表等功能。

从监控页面中可以实时反映当前污水处理厂设备运行状况，现场仪表数据传输情况及污水处理厂整个的工艺流程图。

通过工艺流程图，一是可以直观地看到污水厂的整个的工艺流程；二是可以反映当前设备的运行状况，仪表数据监测情况；三是可以实时发现设备运转异常，如发生跳闸等事件可以第一时间进行报警，值班人员及时发现异常情况。

2. 上位机监控画面分类

上位机监控画面按照功能分为工艺监控画面、设备操作画面以及报警、曲线、报表、参数设置画面等。

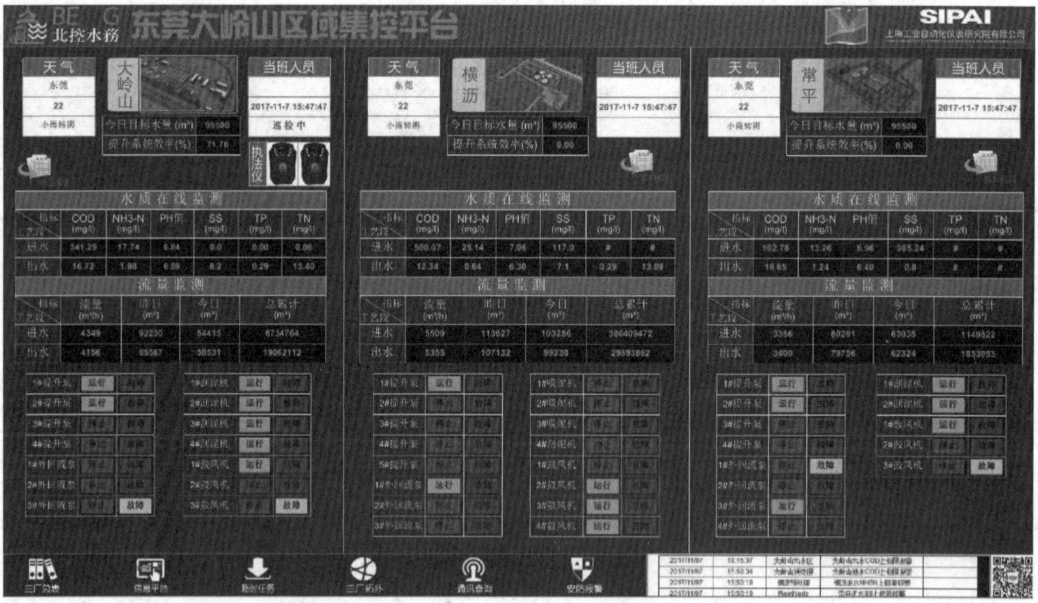

图 1.2-1　上位机监控画面

（1）工艺流程画面。通过工艺流程画面，直观监视污水处理流程的走向、工艺运行参数、水质数据及设备运转状况。如图 1.2-2 所示。

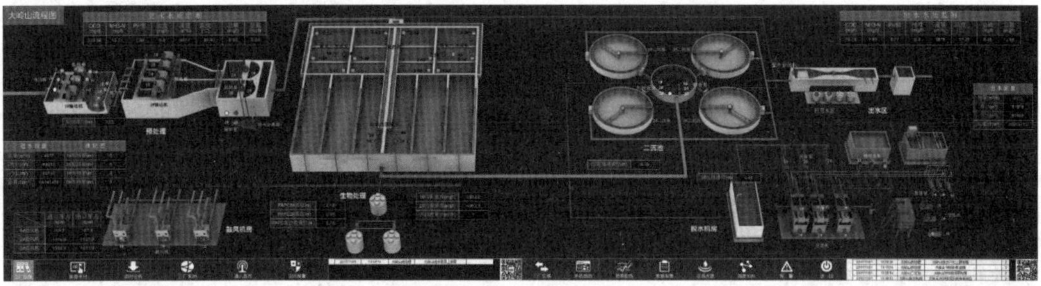

图 1.2-2　工艺流程画面

（2）操作画面，如图 1.2-3 所示。通过设备操作画面的开关按钮可远程启动或停止设备；通过设备运行参数、故障报警指示等监视设备运行状态；通过调整设备频率可控制设备运行转速；通过操作记录和启停记录可查询设备历史操作情况。

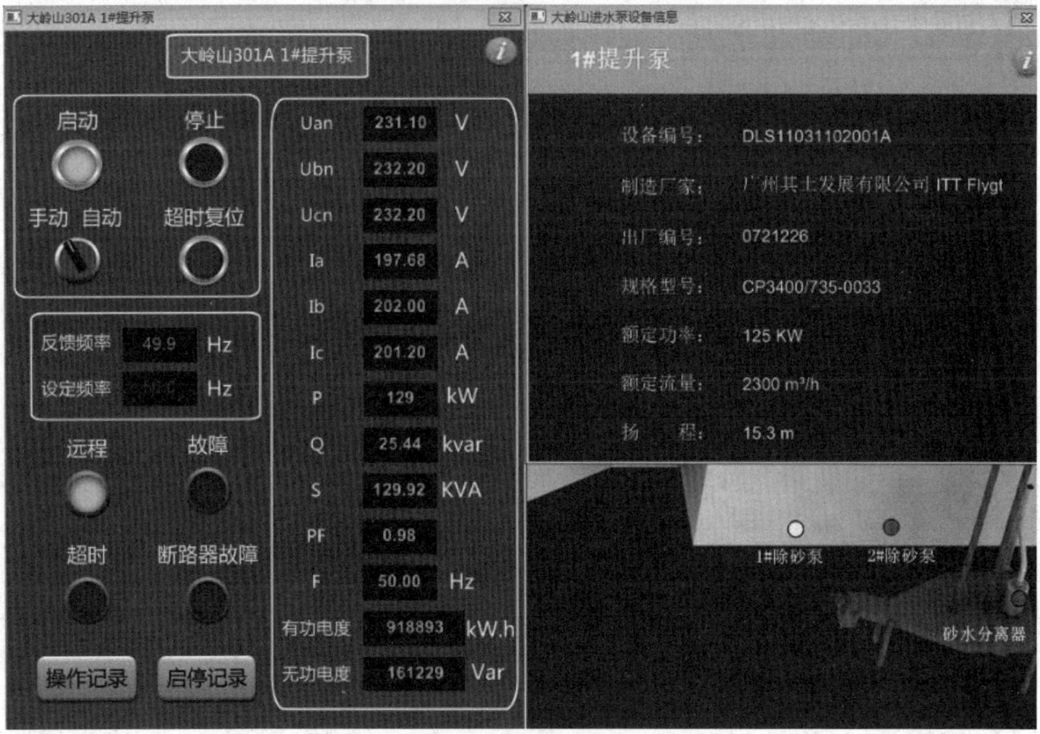

图 1.2-3　设备操作画面

（3）报警画面，如图 1.2-4 所示。通过报警画面，可以实时地看到所有故障设备发生的时间和故障消除的时间，这为中控管理规范化奠定了基础，同时通过报警画面，能够在最短的时间内发现故障设备，减少设备故障的扩大。

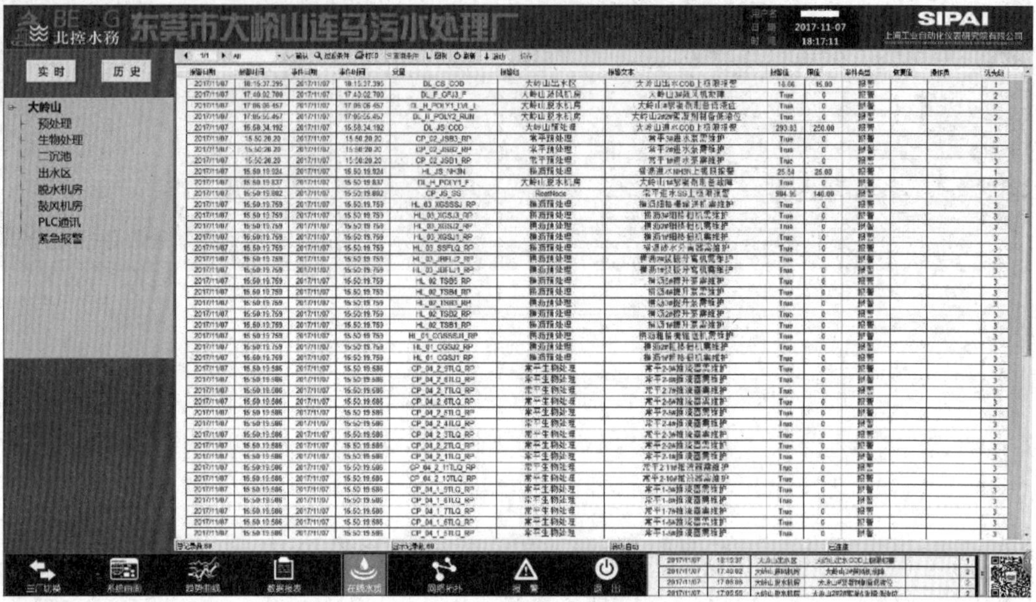

图 1.2-4　报警画面

（4）曲线画面，如图 1.2-5 所示。通过曲线查询，可以查看所有监控参数的曲线，通过调整下端日期开始时间与结束时间，可以查询一段时间内的参数变化曲线。

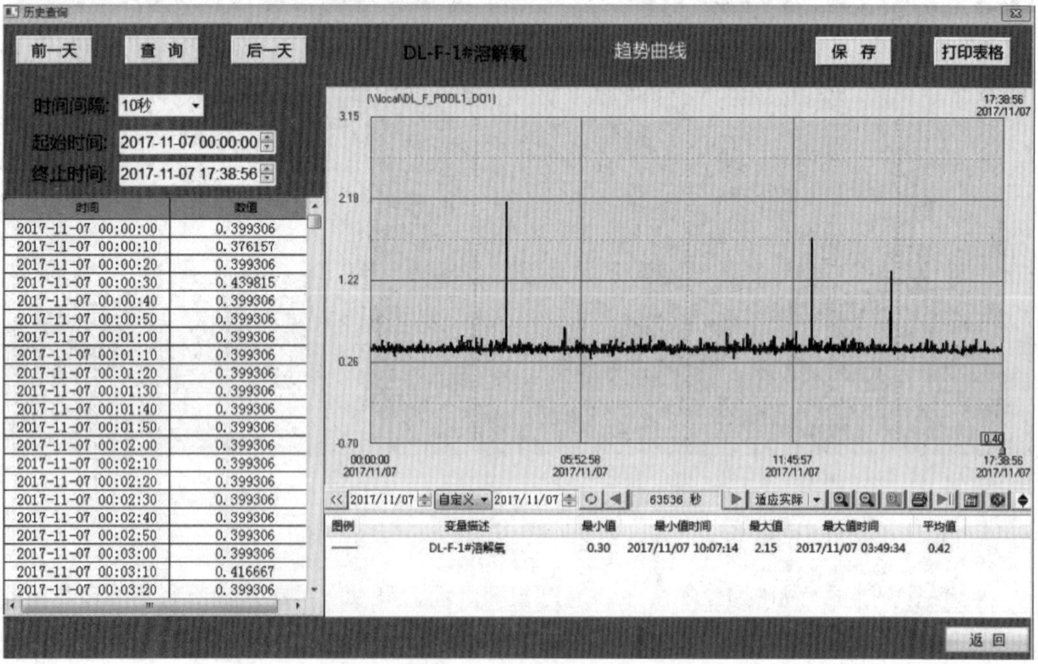

图 1.2-5　曲线画面

（5）报表画面，如图 1.2-6 所示。通过报表画面，可以直观地看到目前所使用仪表的数据传输状况，报表画面，通过调整最上端的日期，可以进行数据的有效查询。

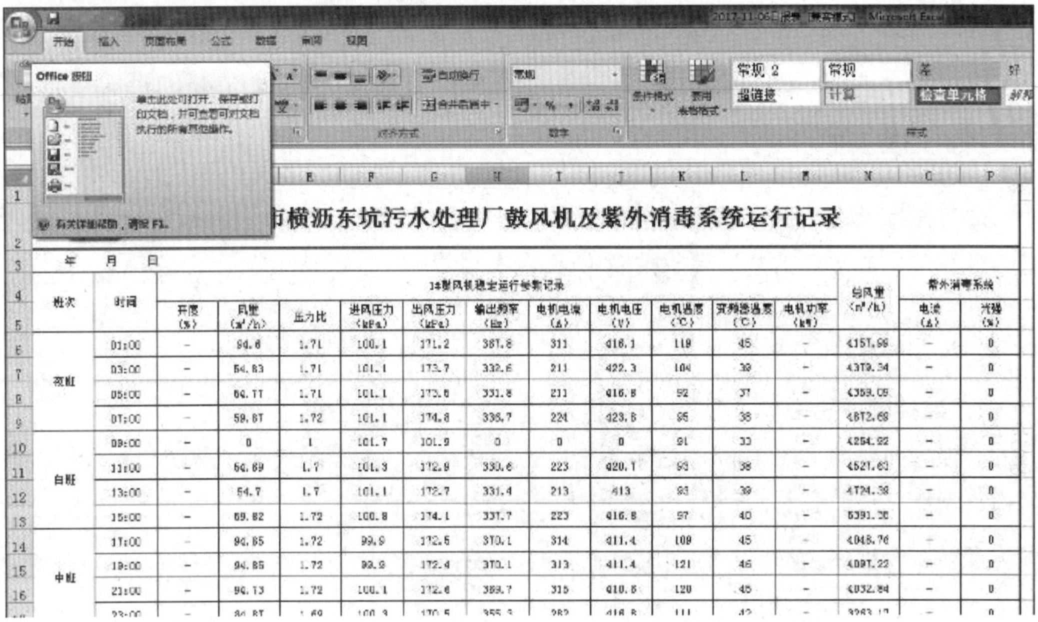

市横沥东坑污水处理厂鼓风机及紫外消毒系统运行记录

年 月 日

班次	时间	1#鼓风机稳定运行参数记录											总风量 (m³/h)	紫外消毒系统	
		开度 (%)	风量 (m³/h)	压力比	进风压力 (kPa)	出风压力 (kPa)	输出频率 (Hz)	电机电流 (A)	电机电压 (V)	电机温度 (℃)	变频器温度 (℃)	电机功率 (kW)		电流 (A)	光强 (%)
夜班	01:00	–	94.6	1.71	100.1	171.2	387.8	311	416.1	119	45	–	4157.98	–	0
	03:00	–	54.83	1.71	101.1	173.7	332.6	211	422.3	104	39	–	4379.34	–	0
	05:00	–	64.77	1.71	101.1	173.6	331.8	211	416.8	92	37	–	4359.09	–	0
	07:00	–	59.87	1.72	101.1	174.8	336.7	224	423.6	95	38	–	4872.69	–	0
白班	09:00	–	0	1	101.7	101.9	0	0	0	91	33	–	4254.92	–	0
	11:00	–	64.69	1.7	101.3	172.9	330.6	223	420.1	93	38	–	4521.63	–	0
	13:00	–	54.7	1.7	101.1	172.7	331.4	213	413	93	39	–	4724.38	–	0
	15:00	–	69.82	1.72	100.8	174.1	331.7	223	416.8	97	40	–	5391.28	–	0
中班	17:00	–	94.85	1.72	99.9	172.5	370.1	314	411.4	109	45	–	4048.76	–	0
	19:00	–	94.85	1.72	99.9	172.4	370.1	313	411.4	121	46	–	4097.22	–	0
	21:00	–	94.73	1.72	100.1	172.6	369.7	315	410.6	120	45	–	4032.84	–	0
	23:00	–	84.87	1.69	100.3	170.5	355.3	282	418.8	111	42	–	3263.17	–	0

图 1.2-6 报表画面

（6）参数设置画面，如图 1.2-7 所示。

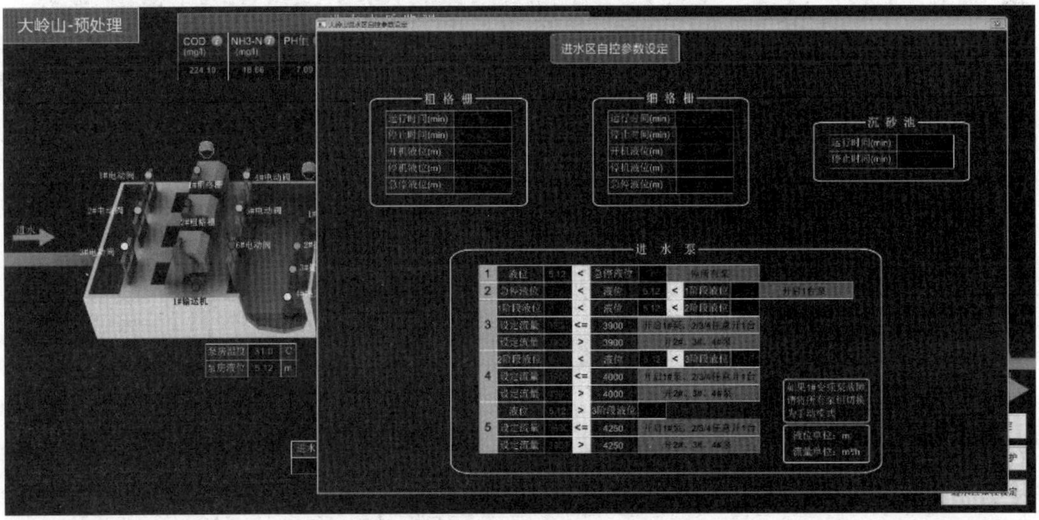

图 1.2-7 参数设置画面

子任务 1.3　上位机监控画面操作和信号识别

一、任务目的

通过本节学习，熟练掌握集控系统上位机工艺流程监控画面的构成以及设备仪表信号，进一步了解水厂工艺流程监控操作过程。

二、方法步骤

1．监控画面总图

监控画面总图（图 1.3-1）显示整个厂区的鸟瞰图，清楚地展示了每个工艺段以及其他构筑物在厂区的分布，鼠标移动落到某一构筑物，会显示出该工艺段的名称（图 1.3-2），单击可以切换进该工艺段。总图中右下角的“PLC 柜”按钮和“巡检位置”按钮，将鼠标移入按钮时，会显示 PLC 柜和巡检点的位置。

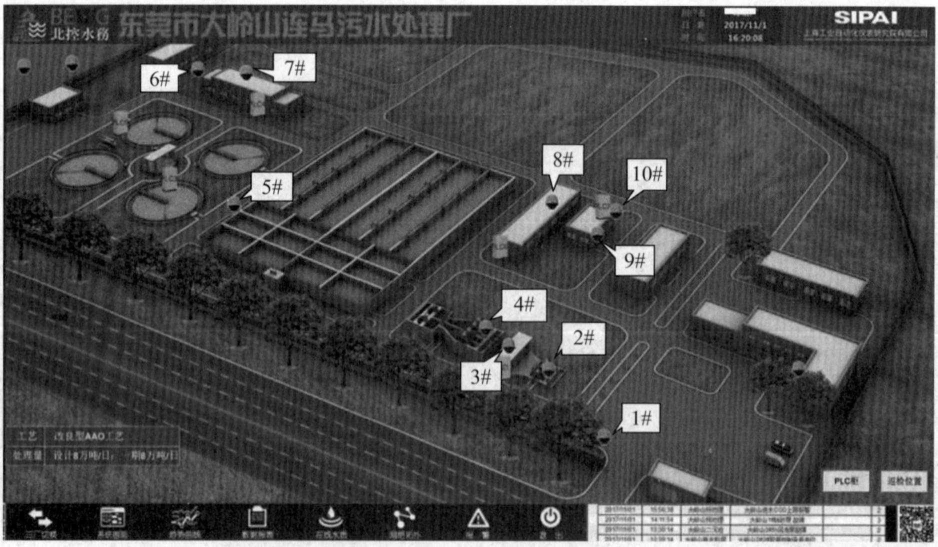

图 1.3-1　监控画面总图

图 1.3-2　进水区

总图中的摄像头图标可以单击打开，显示它们所在工艺段的摄像头视频。各个摄像头的位置分别是：1#门卫室；2#粗格栅；3#进水泵房；4#细格栅；5#生物池；6#脱水机房外；7#脱水机房内；8#鼓风机房；9#低压配电间；10#高压配电间。

当重要设备如提升泵和鼓风机等运行或者停止时，离设备最近的摄像头的画面会自动弹出，中控室值班人员可以通过摄像头及时了解现场设备的现状。

2．预处理监控画面

以大岭山厂为例，预处理主要包括进水阀门、提升泵、粗格栅、细格栅等设备，如图 1.3-3 所示。

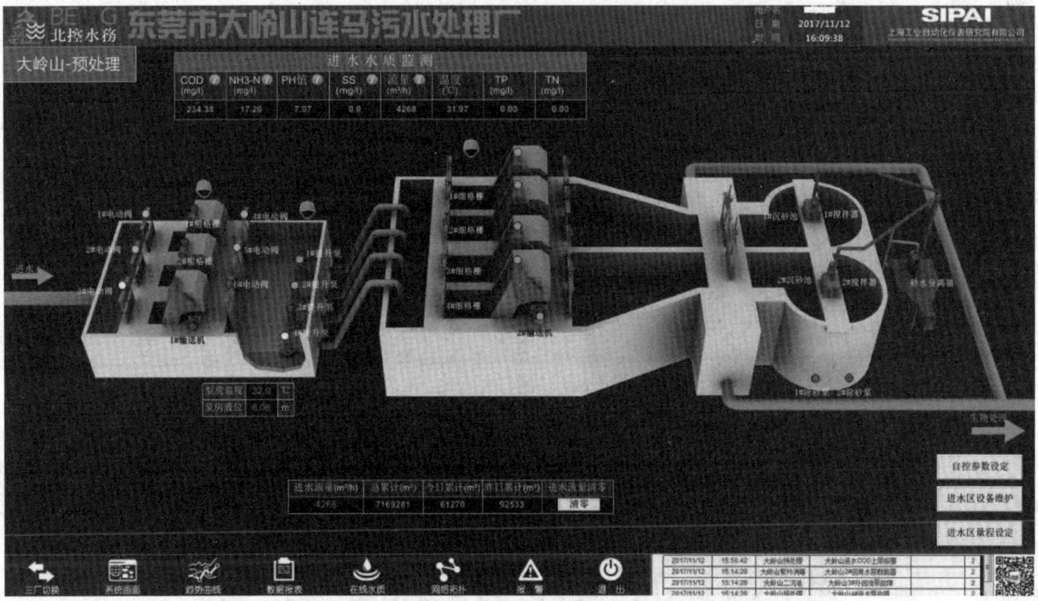

图 1.3-3　预处理

画面显示进水水质的相关参数、进水流量，与现场实际吻合的3D底图以及设备的分布和状态显示。进水水质参数名称旁边的信息按钮“”点击弹出仪表信息页面。相关联工艺段之间可以点击带有工艺段名称的箭头“”来切换工艺段。

右下角3个按钮分别为“自控参数设定”“进水区设备维护”“进水区量程设定”，点击“自控参数设定”后，显示窗口如图1.3-4所示。

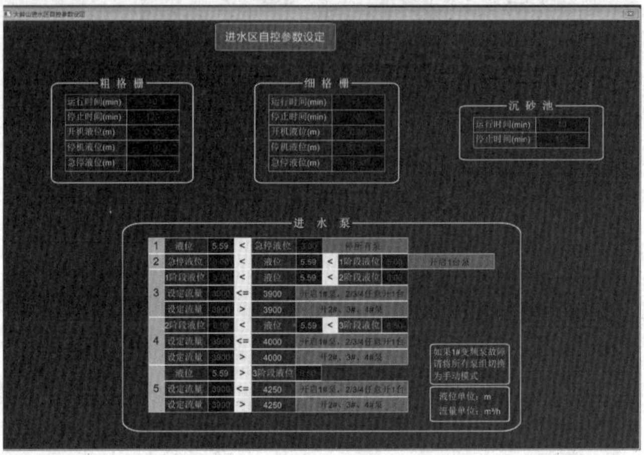

图1.3-4　设备运行参数设定

该部分参数设定主要为该区域内相关设备自动程序的参数设定。

点击“进水区设备维护”后，显示如图1.3-5所示。

大岭山设备维护 进水区

设备名称	需维护	启动次数	运行时间(h)	维修设定(h)	维修清零
1#进水泵		28	203.0	100.0	清零
2#进水泵		80	1129.0	0.0	清零
3#进水泵		60	776.0	0.0	清零
4#进水泵		23	503.0	0.0	清零
1#粗格栅		211	96.0	100.0	清零
2#粗格栅		193	98.0	0.0	清零
1#输送机		245	45.0	0.0	清零
1#细格栅		89	826.0	0.0	清零
2#细格栅		38	282.0	0.0	清零
3#细格栅		87	821.0	0.0	清零
4#细格栅		86	827.0	0.0	清零
2#输送机		92	775.0	0.0	清零
砂水分离器		4	0.0	0.0	清零
1#搅拌机		4	0.0	0.0	清零
2#搅拌机		5	0.0	0.0	清零
1#除砂泵		4	0.0	0.0	清零
2#除砂泵		5	0.0	0.0	清零

图1.3-5　设备维护参数设定

维护设定是该设备需要维护的总运行时间，它是可以设置的。一旦某一设备实际运行时间超过维护设定的时间后，“需维护”指示灯亮，工艺段的图上该设备旁会出现维护图示“⚠”，提醒工作人员需要对该设备进行维护保养。当设备正在维修时，设备旁也会出现该图示。点击“清零”按钮可以将该设备当前的运行时间和启动次数清零，重新开始计时。

点击“进水区量程设定”后，显示如图 1.3-6 所示。在更换仪表后，如果更换后的仪表量程与之前仪表量程不同，需要在此窗口进行重新标定仪表量程，否则，读取数据不准确。

图 1.3-6　仪表量程设定

3．生物处理监控画面

生物处理单元主要包括厌氧区、缺氧区和好氧区。主要设备包括潜水搅拌器、推流器、内回流泵、加药装置等，如图 1.3-7 所示。

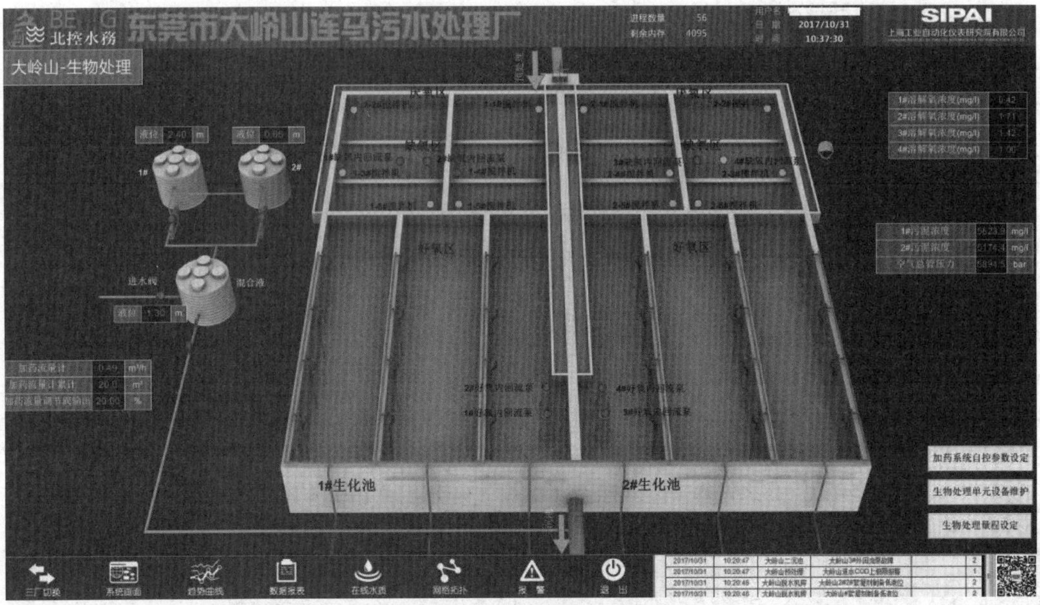

图 1.3-7　生物处理

4．二沉池监控画面

以大岭山为例，该区域主要包括刮吸泥机、外回流泵等设备，如图 1.3-8 所示。

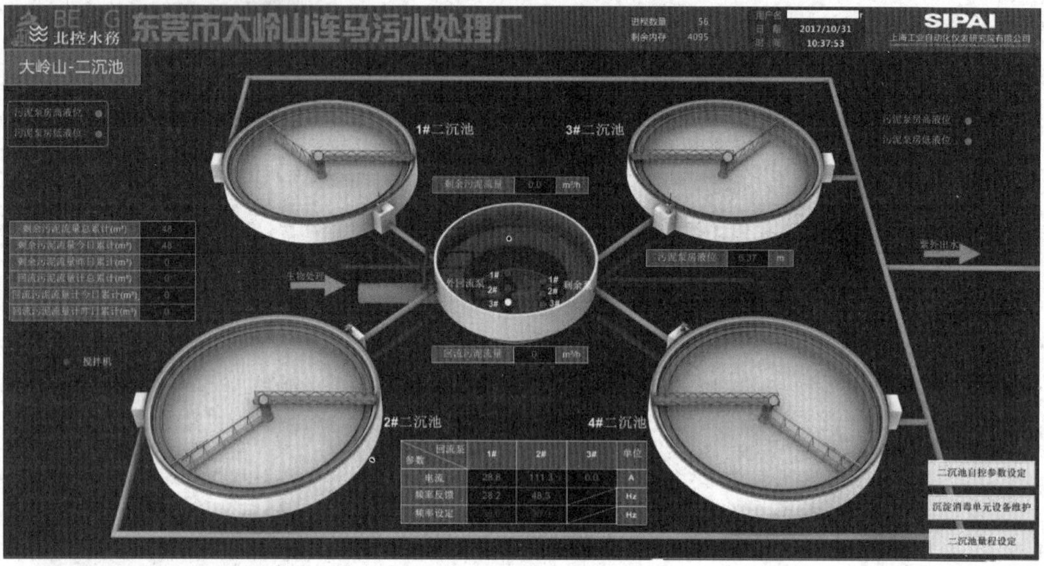

图 1.3-8　二沉池

5．出水渠区域监控画面

出水渠主要包括出水参数显示和紫外消毒池、回用水泵等设备，如图 1.3-9 所示。

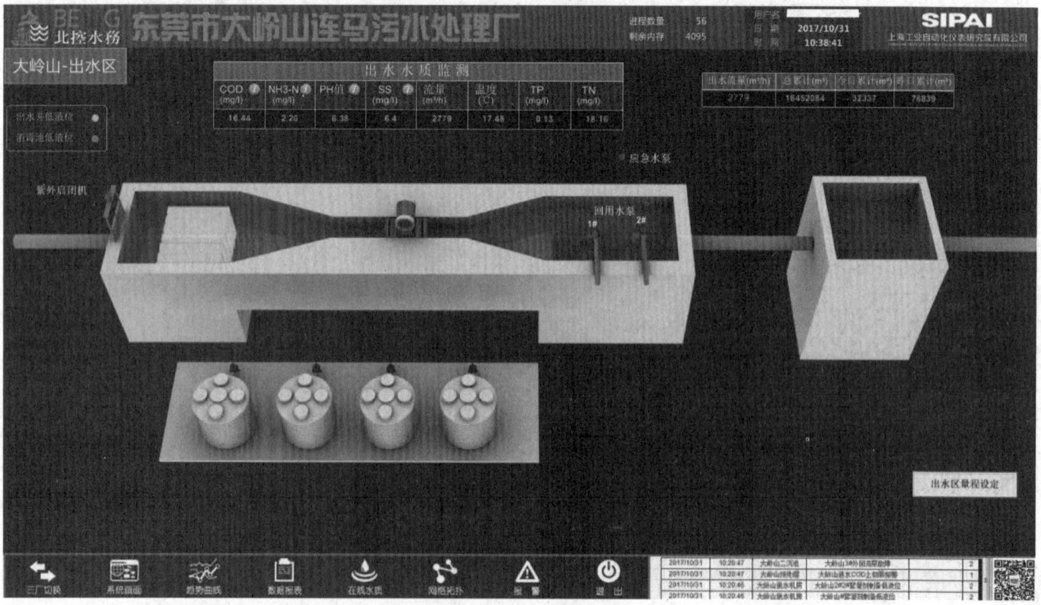

图 1.3-9　出水渠

6. 脱水机房监控画面

脱水机房主要包括 3 套脱水系统，如图 1.3-10 所示。

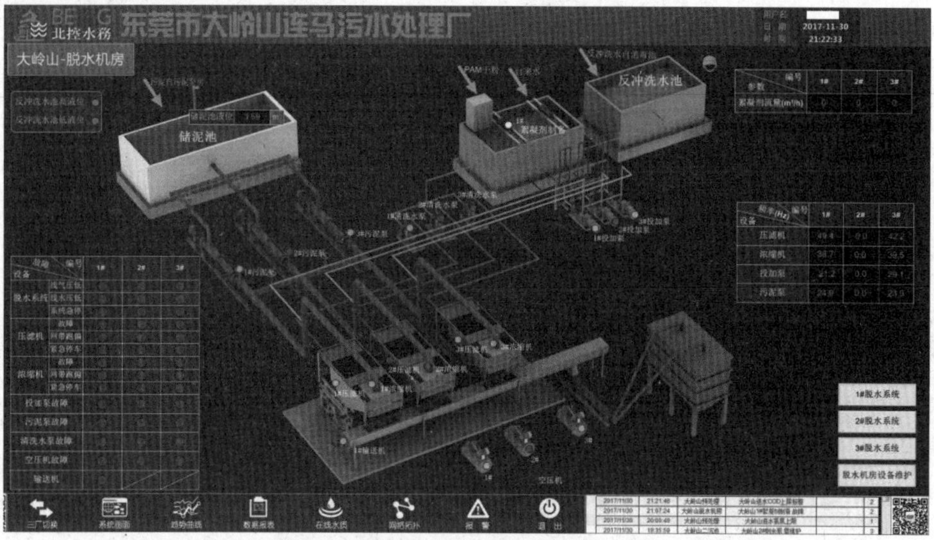

图 1.3-10 脱水机房

点击“1#脱水系统”按钮会弹出 1#脱水系统的控制弹窗，不仅可以监视脱水系统中所有设备的运行状态，还可以控制这些设备。

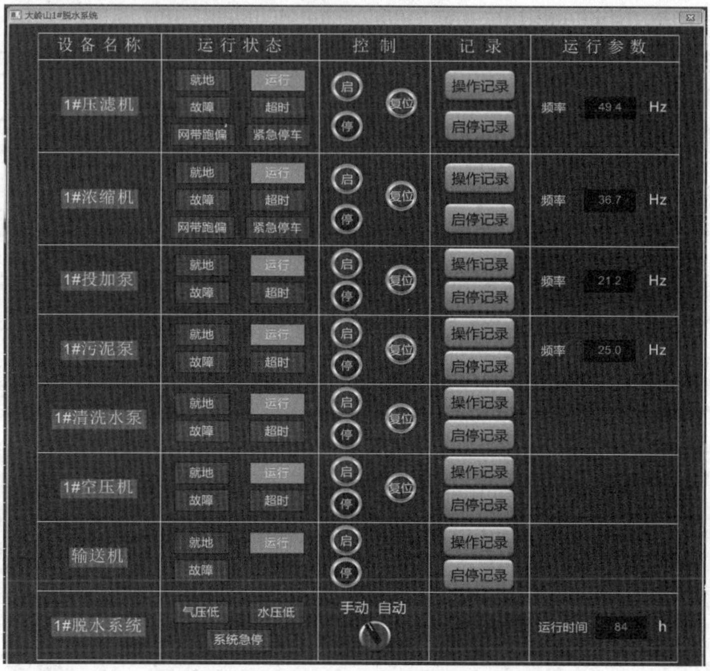

图 1.3-11 脱水系统控制窗

7．信号与图标

（1）常用图标。

图 1.3-12　常用图标

（2）设备状态符号。

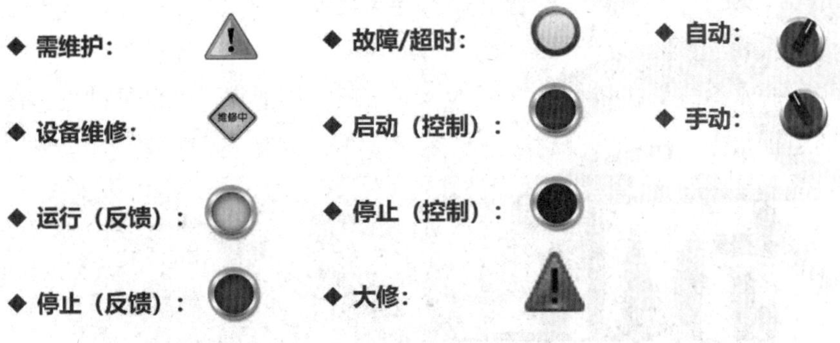

图 1.3-13　设备状态符号

8．网络拓扑图

水厂网络拓扑图（图 1.3-14），直观地展示了该厂区的 PLC 站的数量、PLC 站控制的工艺段、IP 地址分配和通讯状态。通讯状态显示绿色表示通讯正常，红色表示暂停采集，黄色表示通讯故障。点击“PLC时间同步”后，可以将 PLC 的时间与上位机显示的时间同步。PLC 站同时掉线时，会弹出如图 1.3-15“通讯异常”的提示框。

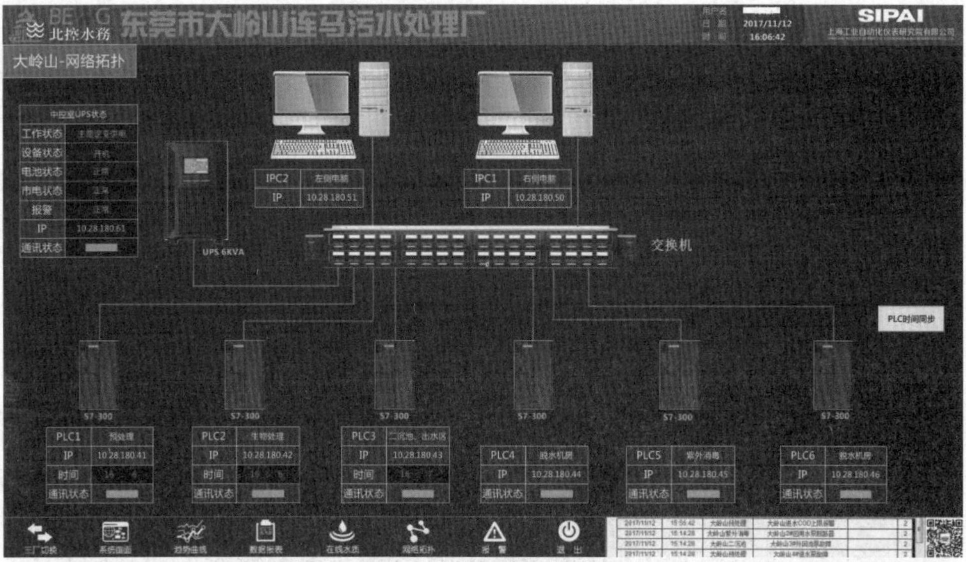

图 1.3-14　网络拓扑图

图 1.3-15　通讯异常警告

网络拓扑图中画面左上方显示的是中控室 UPS 的状态，点击后显示 UPS 详细的参数信息。UPS 的市电状态异常时，会弹出“市电异常”的提醒窗口，见图 1.3-16。

图 1.3-16　市电异常报警

9．在线水质监测画面

水质监测画面（图 1.3-17）显示水厂相应进出水水质参数，点击参数可以查看该参数的历史记录和历史曲线，参数的报警分为下极限报警、下限报警、上限报警和上极限报警，当有报警出现时，该参数的变为，报警恢复后，自动恢复。根据生产实际，拥有修改权限的人员可以点击按钮“报警值设定”，修改报警的限值，见图1.3-18。

图 1.3-17　水质监测画面

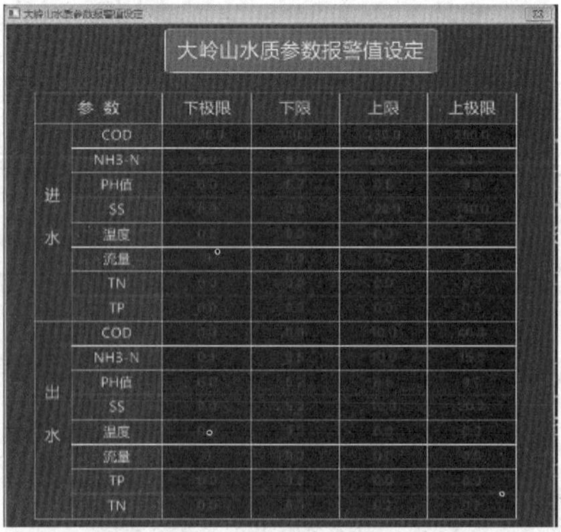

图 1.3-18　水质参数报警值设定界面

设定时应遵循下极限值＜下限值＜上限值＜上极限值，否则设置无效。当操作人员输入的值违反此规定时，无法输入设定值。

10．配电间监控画面

从监控画面（图 1.3-19）中可以看到高、低压配电图和电力仪表数据，点击“下一页”可切换至低压柜未显示部分，点击“高压配电系统”可切换至高压配电图。同样，高压配电图也可以切换回低压配电图。

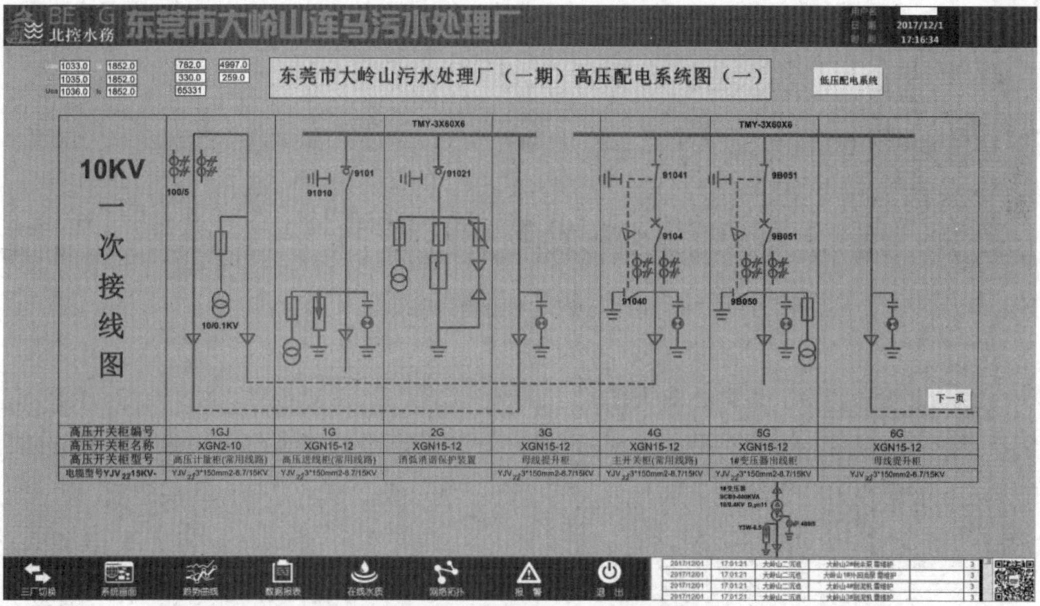

图 1.3-19　高压配电系统一次接线图

11．报警画面

点开报警界面，显示的是当前厂区的实时报警。报警记录查询分为实时报警记录和历史报警记录，双击工艺段名称显示本工艺段的报警记录。双击报警信息可以确认该条报警。

实时报警显示的是上位机自运行以来产生的实时报警，当报警恢复时，报警记录自动删除。

历史报警记录显示所有出现过的报警和解除报警信息。点击“历史”按钮，屏幕左下方会出现时间选择框，操作人员可以选择时间查询该时间段内的报警记录，也可以选择该时间段内不同工艺段的报警记录。见图 1.3-20。

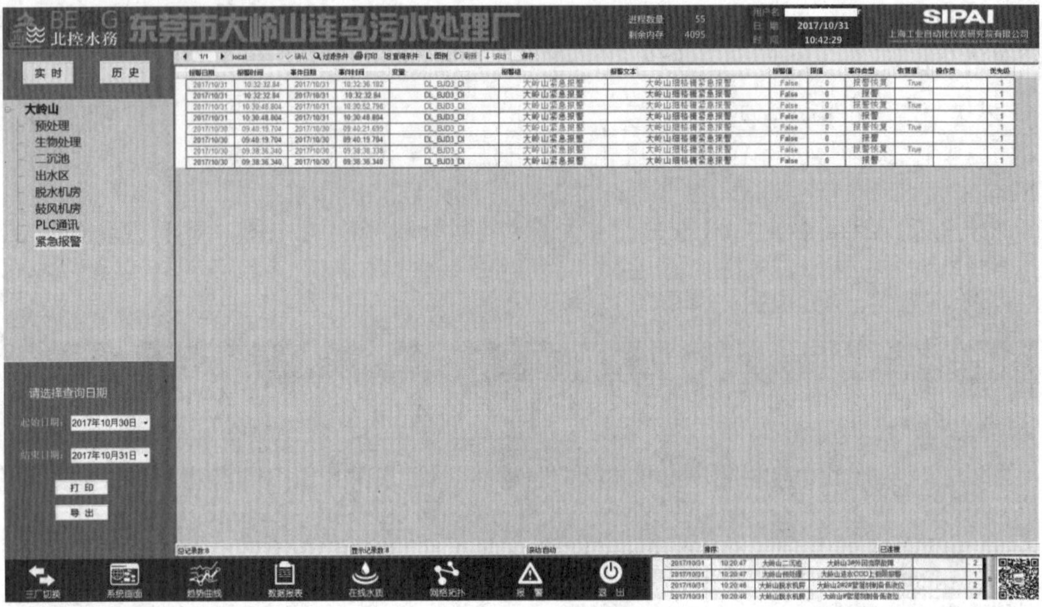

图 1.3-20 报警信号列表

进出水水质参数的报警不仅会出现在页脚的报警窗口和此报警画面，还会体现为进出水参数本身的颜色变化，数据正常时为绿色，数据异常时变为红色。进出水参数长时间不发生变化时，仪表可能出现异常，此时会产生一级报警，并且弹出提醒窗口，点击“确认”关闭窗口。见图 1.3-21。

图 1.3-21 进水 COD 数据异常报警

12. 设备弹窗画面

在各工艺段 3D 图和总流程图上，每个设备都有表示其当前运行状态的显示灯“”，“运行/停止/故障”各状态分别显示为“绿/红/黄”；在点击单台设备显示灯时，弹出该设备的控制操作窗口，如图 1.3-22 所示。

在设备弹出窗口中，左侧分为操作的按钮、仪表参数显示、状态显示部分的显示灯和两个历史查询按钮。右边显示界面为该设备电力信息。

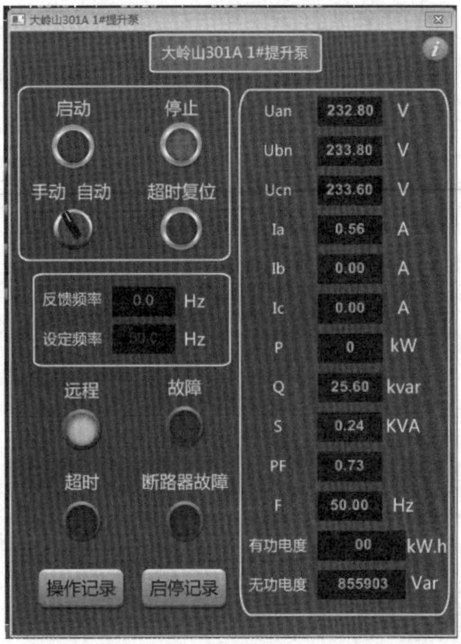

图 1.3-22 设备操作窗

如果设备无故障报警，在“远程+手动”条件下，点击“启动”后，相应设备动作，如果长时间没有“运行”信号反馈，将会提示“超时”报警，在点击“超时复位”后，重新启动该设备，设备仍然没有“运行”信号反馈，建议操作人员现场检查设备是否存在问题。如果设备存在“故障”，将无法启停该设备，建议操作人员现场检查该设备。如果该设备有自动控制功能，在“远程”模式下将手自动切换开关切换到“自动”状态后，在各个条件满足后，该设备根据预先设计的自动程序运行。

设备弹窗下方有查询该设备的操作记录按钮“
”和启停记录按钮“
”。操作记录：点击操作记录后，打开默认今天的操作记录。如图 1.3-23 所示。

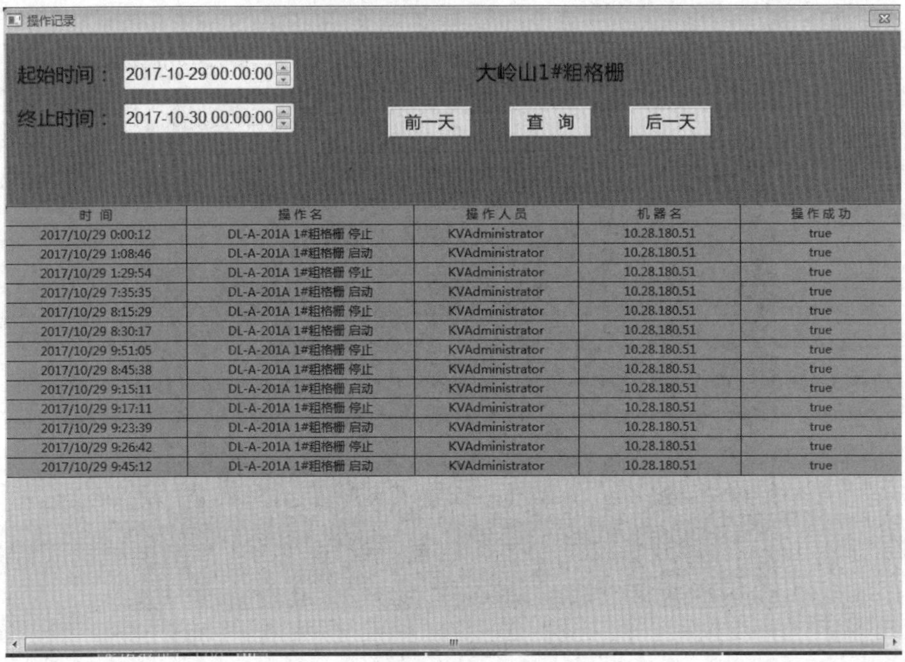

时 间	操作名	操作人员	机器名	操作成功
2017/10/29 0:00:12	DL-A-201A 1#粗格栅 停止	KVAdministrator	10.28.180.51	true
2017/10/29 1:08:46	DL-A-201A 1#粗格栅 启动	KVAdministrator	10.28.180.51	true
2017/10/29 1:29:54	DL-A-201A 1#粗格栅 停止	KVAdministrator	10.28.180.51	true
2017/10/29 7:35:35	DL-A-201A 1#粗格栅 启动	KVAdministrator	10.28.180.51	true
2017/10/29 8:15:29	DL-A-201A 1#粗格栅 停止	KVAdministrator	10.28.180.51	true
2017/10/29 8:30:17	DL-A-201A 1#粗格栅 启动	KVAdministrator	10.28.180.51	true
2017/10/29 9:51:05	DL-A-201A 1#粗格栅 停止	KVAdministrator	10.28.180.51	true
2017/10/29 8:45:38	DL-A-201A 1#粗格栅 停止	KVAdministrator	10.28.180.51	true
2017/10/29 9:15:11	DL-A-201A 1#粗格栅 启动	KVAdministrator	10.28.180.51	true
2017/10/29 9:17:11	DL-A-201A 1#粗格栅 停止	KVAdministrator	10.28.180.51	true
2017/10/29 9:23:39	DL-A-201A 1#粗格栅 启动	KVAdministrator	10.28.180.51	true
2017/10/29 9:26:42	DL-A-201A 1#粗格栅 停止	KVAdministrator	10.28.180.51	true
2017/10/29 9:45:12	DL-A-201A 1#粗格栅 启动	KVAdministrator	10.28.180.51	true

图 1.3-23 操作记录

操作记录的显示包括本次操做的时间、操作名称、操作人员（上位机登录用户）、操作电脑。点击“前一天”“后一天”按钮将会查询相应的日期 0—24 点该设备在中控室操作系统的操作记录，也可以根据自定义的时间段查询记录。

启停记录：点击“启停记录”后，打开默认今天的启停记录，如图 1.3-24 所示。

启停记录显示设备的启动/停止，以及启停的时间，“1”表示设备启动，“0”表示设备停止。操作人员可以自定义时间段查询该设备的启停记录，选中要修改的时间参数，如“日”“时”等，可以直接输入设定值，也可以点击时间后面的上下箭头来增减这些参数。

设备弹窗的右上方有一个信息图标“”，点击图标出现该设备的信息卡片，信息卡片显示设备的名称、设备编号、制造厂家、出厂编号、规格型号以及该设备的重要参数信息，如图 1.3-25 所示。

图 1.3-24 启停记录

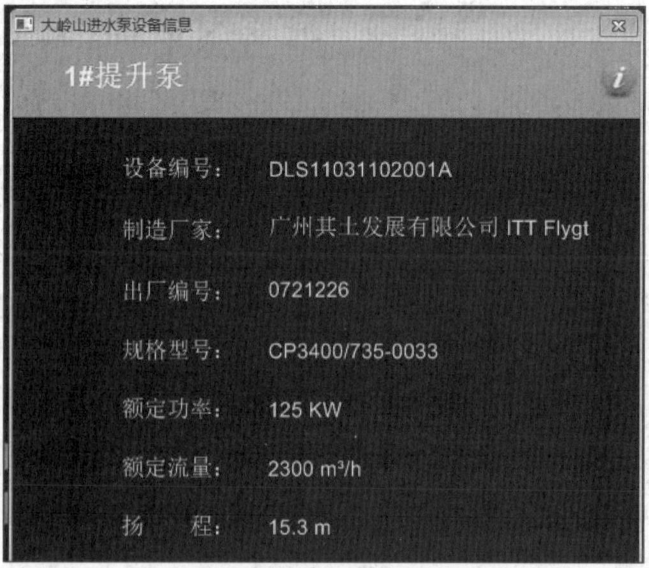

图 1.3-25 设备信息

点击信息卡片右上方的“”图标可以打开该设备的运行、维护情况的弹窗，如图 1.3-26 所示。

图 1.3-26　设备总览信息

点击“”展开该设备所有的详细信息，如图 1.3-27 所示。

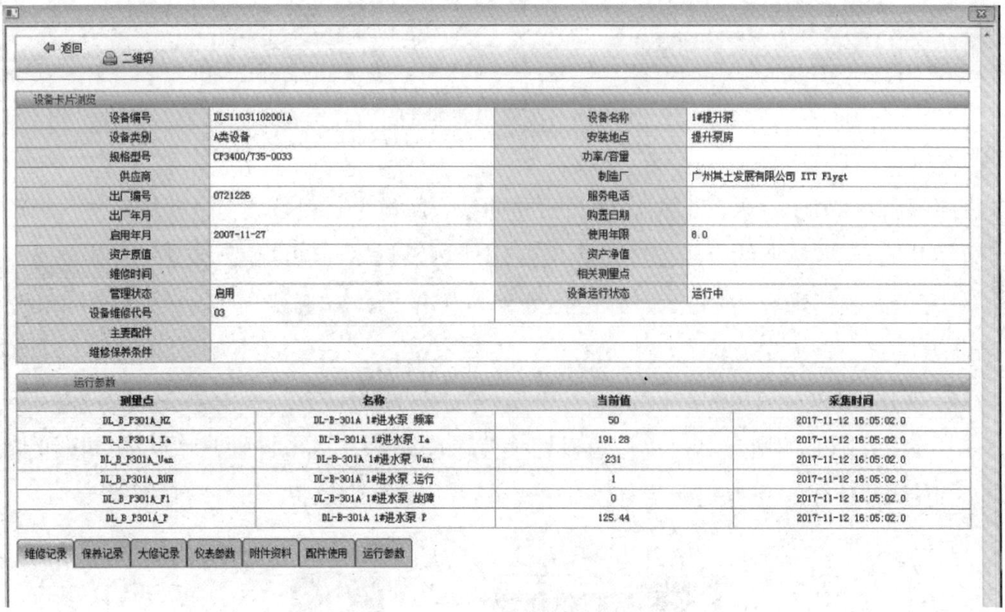

图 1.3-27　设备详细信息

13. 实时曲线画面

各工艺段界面、流程图以及总表上的仪表数据都可以查询其历史记录和历史曲线，单击相应数据，如点击进水 COD 的实时数据，会弹出如图 1.3-28 所示的曲线窗口。

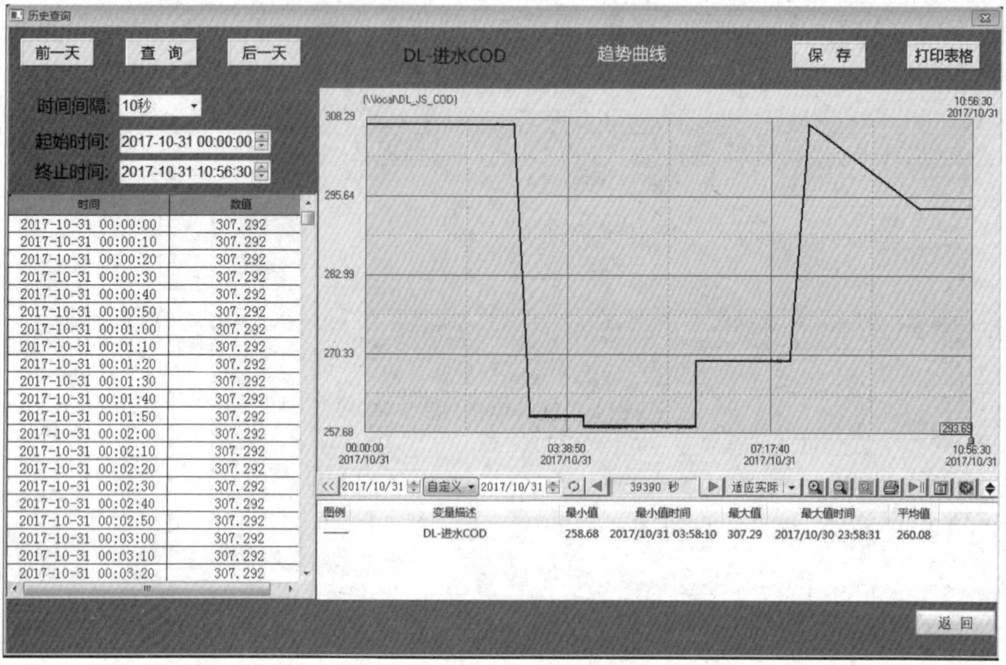

图 1.3-28　实时曲线

打开后直接显示当天的数据表格和实时曲线，操作人员可以设置“起始时间”和“终止时间”显示表格和曲线。表格中数据的显示还可以设定时间间隔。点击“保 存”按钮可以将当前表格保存为“.xls”格式的文件。点击“打印表格”可以直接连接打印机打印当前表格。

14. 切换用户、退出

图 1.3-29（a）的用户名，单击可以切换登录的账号。点击页脚的“退出”按钮，如图 1.3-29（b）所示，可以退出当前的工程。

（a）　　（b）

图 1.3-29　切换用户、退出

子任务 1.4　上位机画面异常报警分类及处理

一、任务目的

通过本节学习，熟练掌握集控系统上位机画面异常报警分类，以及简单的报警处理方法，进一步熟悉应对值班过程中发生的异常事件。

二、方法步骤

集控系统报警管理，主要是整理厂内发生的各类异常报警提醒记录，方便快捷地查询仪表和设备运行情况的历史报警信息，可根据日期和变量名进行历史报警信息的过滤查询，为故障统计分析提供参考依据。并可针对发生的故障报警信息进行初步判断和分析，提供解决方法。报警记录可导出 Excel 文件，并可生成各类统计报表。报警提醒通过在测量点模块统一按不同报警分类进行预设。

异常报警一般分为以下 4 类。

1. 设备信号类

现场工艺设备运行状态发生异常改变而产生的报警。常见的设备报警有综合故障、电气故障、软启故障、变频故障等。如图 1.4-1 所示，故障（综合故障）、断路器故障。

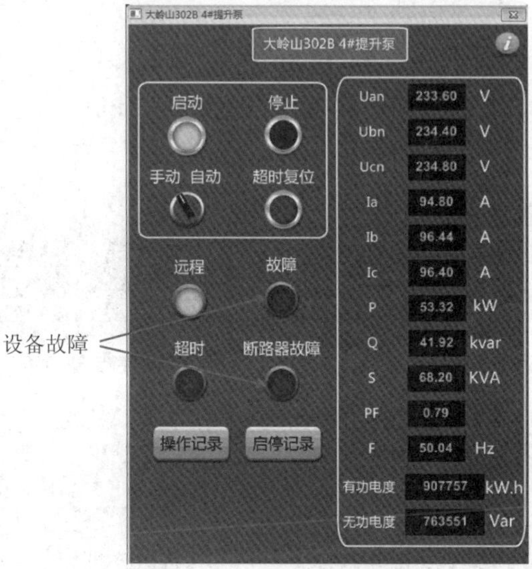

图 1.4-1　设备故障

（1）综合故障：大多数为现场热继电器故障，主回路电流可能超过设定值。

（2）变频器故障：变频器输出故障信号，需要根据其故障代码查询手册定性分析。

（3）断路器故障：断路器输出的故障信号。

（4）超时报警：为程序判断报警，软保护作用。

设备异常报警是由设备故障触发的，一旦发生现场设备报警，应立即停止该设备，并安排人员到现场检查。

2. 自控逻辑类

逻辑命令启动或触发而产生相应连锁逻辑运行及逻辑运行失败信号的报警，主要为逻辑命令启动、触发及失败，如提升泵超时报警，该报警不是由现场设备直接产生的报警信号，而是自控程序通过执行命令进行判断得出的，提升泵超时报警的判断条件是，上位机或者自控程序自动发出开（停）机指令后，PLC 接收该指令，并向现场执行器发出操作驱动命令，现场设备在规定的时间内没有相应的启动（停止）动作，自控程序判断异常后自动反馈超时报警。

发生这类报警时，需要综合判断，依次排查设备本身是否存在问题、执行器是否到位、反馈信号是否正常，以及 PLC 的数字输出通道是否正常。

3. 限值类

PLC 或中控组态中设置仪表上、下限值而触发的报警，如进出水水质，如图 1.4-2 所示。常见的仪表报警有上极限、上限、下限、下极限、数据迟滞报警等。

出现仪表限值类报警，说明该仪表所测量的指标已经达到超标限值，需要立即调整工艺及设备运行状态，或启动应急措施进行处置。

4. 通信系统类

利用通信协议传输设备仪表信号，通信中断时报警，如 PLC 站通信、专线通信等，如图 1.4-3 所示。

图 1.4-2　限值类报警

图 1.4-3　通信类报警

通信故障时，往往会出现中控 SCADA 画面大批量数据显示问号、视频画面卡顿无法浏览、显示数据长期无变化等现象。

出现通信类故障，首先判断网络设备如交换机（或者光纤收发器）指示灯闪烁是否正常；交换机是否有异常报警指示灯、外部线路是否有断线，必要时请工程师协助判断。

异常报警处置，可以下发异常通知单，通知相关人员进行处置。如图 1.4-4 异常通知临时工单。集控当班人员发现生产异常情况，利用集控系统中功能无法进行处理或准确判断时，通过下发分厂临时任务单形式，通知分厂当班人员进行现场协助巡查判断处置。

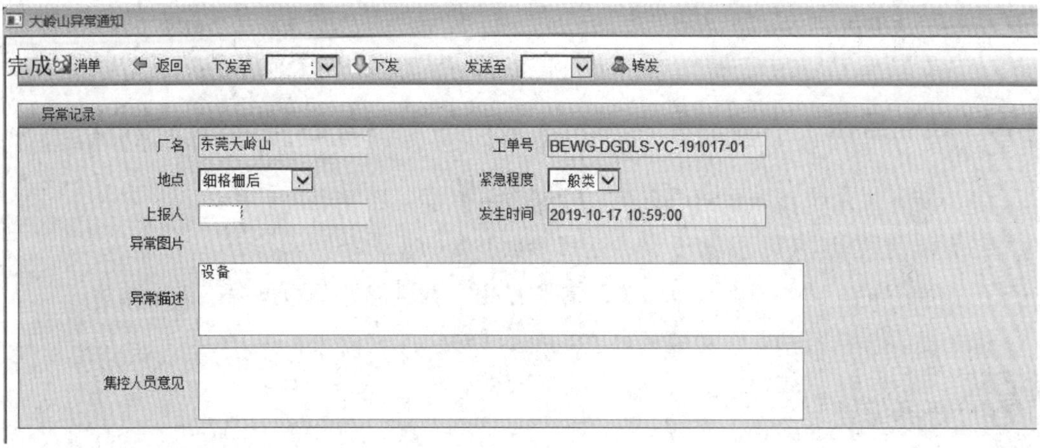

图 1.4-4　异常通知单

任务小结

本章节学习了中控系统上位机画面识别的基础知识和基本操作，包括如何登录系统、集控交接班操作、监控画面基本构成、工艺流程画面基本构成、显示信号分类以及报警信号的基本识别和简单处置方法，本节内容是中控系统、集控系统操作的基础。

任务练习

（1）简述集控系统登录的操作内容。

（2）简述集控系统上位机画面基本构成。

（3）上位机画面异常报警有哪几类？

任务2 工艺设备运行数据监测

技能目标

（1）能通过上位机画面查看工艺运行参数并判断其正常范围。

（2）能通过上位机画面查看设备运行参数并判断正常范围。

（3）能识记工艺单元在线仪表的配置和作用，并判断监测数据的正常范围。

（4）掌握异常数据处理方法和处理流程。

任务综述

通过本节学习，了解各工艺单元在线仪表的配置和作用，掌握工艺运行参数和设备运行参数的查看方法，并能够判断参数正常范围。

实训设备

中控上位机监控画面。

任务实施

子任务2.1 各工艺单元运行参数及异常判断

一、任务目的

通过本节学习，掌握上位机监控系统工艺画面构成，能够快速查看各工艺画面上的运行参数，设置各运行参数的异常报警基准值，判断异常现象。

二、方法步骤

1．查看各工艺单元运行参数

（1）工艺画面选择。登录上位机监控系统，在监控画面下方的菜单栏点击“系统画面”按钮进入工艺单元选择窗口，鼠标移动到要选择的工艺画面时，颜色自动由“灰色”变为“亮蓝色”，点击名称即可进入选中的工艺单元画面。工艺单元画面选择如图 2.1-1 所示。

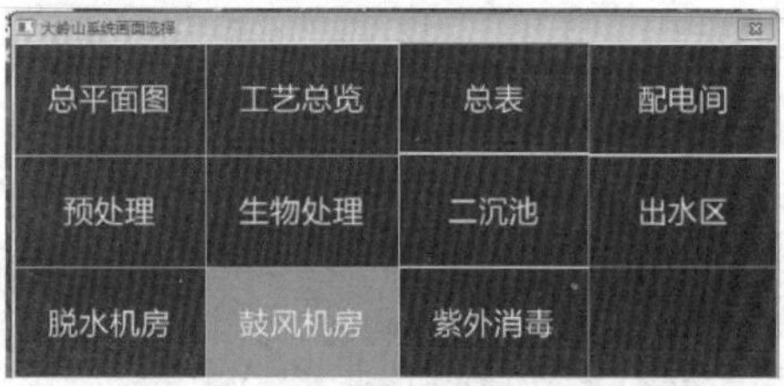

图 2.1-1　工艺单元画面选择

（2）预处理工艺运行参数。点击系统画面按钮进入工艺单元画面选择窗口，点击“预处理”工艺单元名称进入预处理工艺画面。上位机预处理工艺画面主要显示一级处理单元集水井及粗格栅、提升泵房、细格栅及旋流沉砂以及管道等内容。预处理工艺运行参数包括集水井及粗格栅的进水 COD、pH、氨氮（NH_3-N）、总磷（TP）以及粗格栅液位差，提升泵房的泵房液位，细格栅及旋流沉砂的细格栅液位差、进水流量。图 2.1-2 为预处理监控画面。

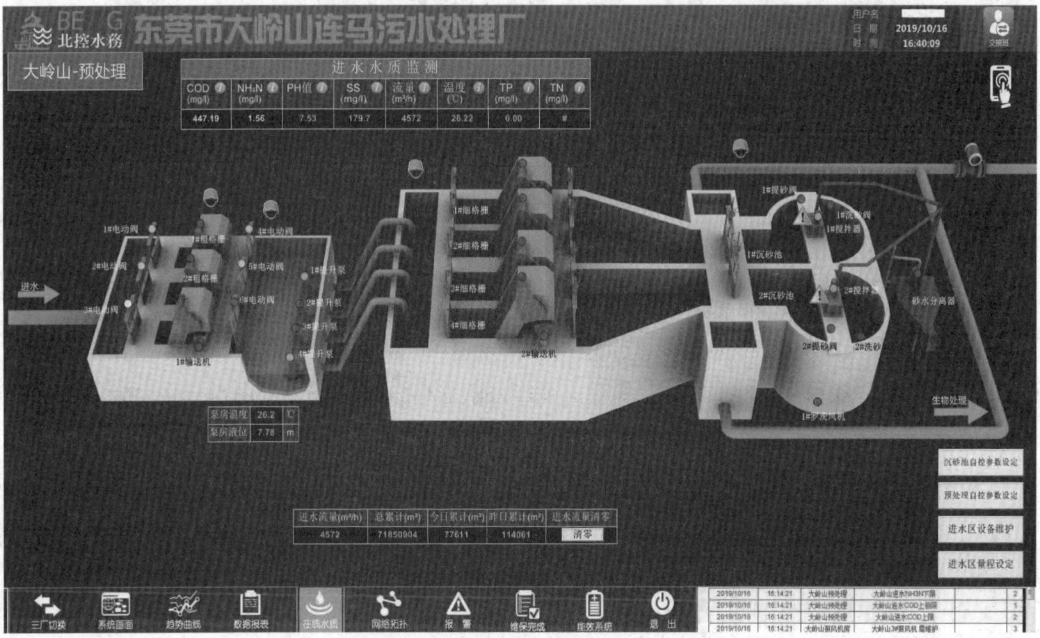

图 2.1-2　预处理监控画面

（3）生物处理工艺运行参数。点击系统画面按钮进入工艺单元画面选择窗口，点击“生物处理”工艺单元名称进入生物处理工艺画面。上位机生物处理工艺画面主要显示二级处理单元生化池厌氧、缺氧、好氧区内容。生物处理工艺画面运行参数，包括缺氧区 ORP、好氧区 MLSS、好氧区中段 DO、好氧区末端 DO，以及除磷药剂流量、液位等参数。图 2.1-3 为生物处理监控画面。

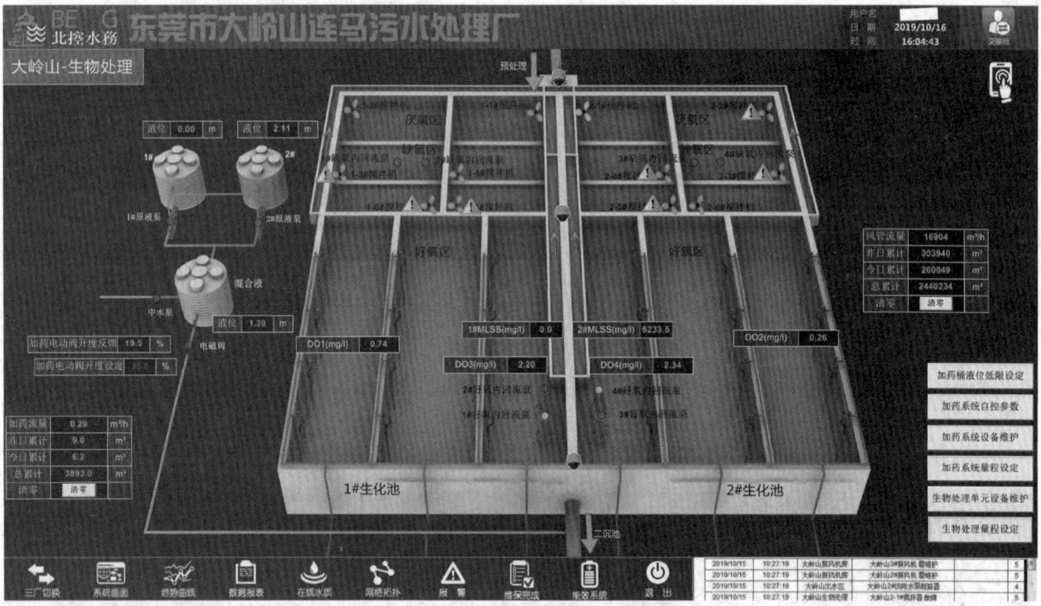

图 2.1-3 生物处理监控画面

（4）二沉池工艺运行参数。点击系统画面按钮进入工艺单元画面选择窗口，点击“二沉池”工艺单元名称进入二沉池工艺画面。上位机二沉池工艺画面主要显示二级处理单元配水井及回流泵房、二沉池以及管道等内容。二沉池工艺画面运行参数，包括回流泵房液位、二沉池泥位、外回流污泥量、剩余污泥量等参数。图 2.1-4 为二沉池监控画面。

（5）出水区运行参数。点击系统画面按钮进入工艺单元画面选择窗口，点击“出水区”工艺单元名称进入出水区工艺画面。上位机出水区工艺画面主要显示二级处理单元紫外消毒及出水渠内容。出水区工艺画面运行参数，包括出水水质 COD、pH、氨氮（NH_3-N）、总磷（TP）以及紫外池液位。图 2.1-5 为出水区监控画面。

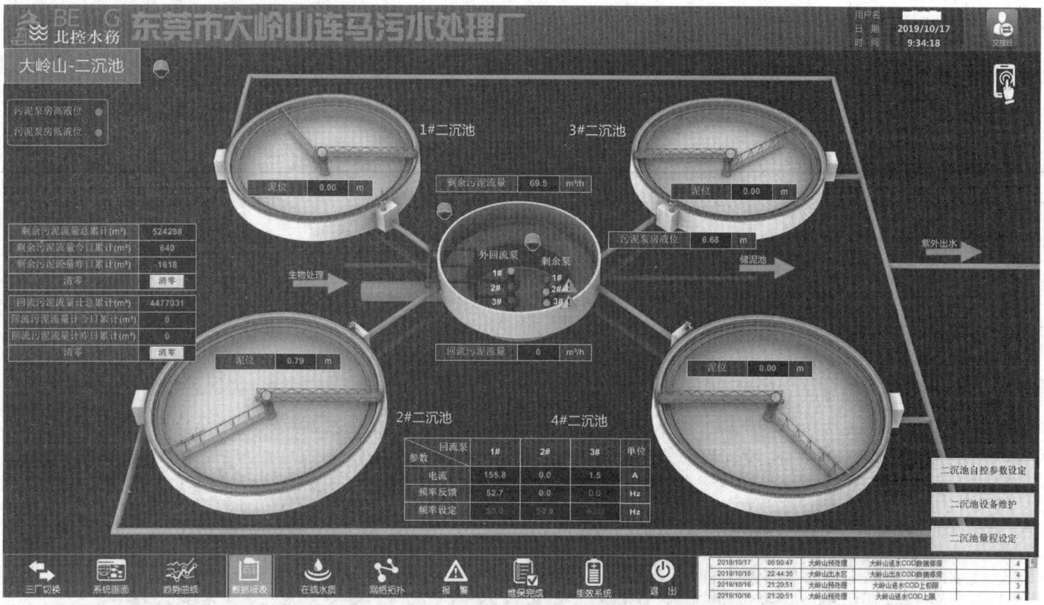

图 2.1-4 二沉池监控画面

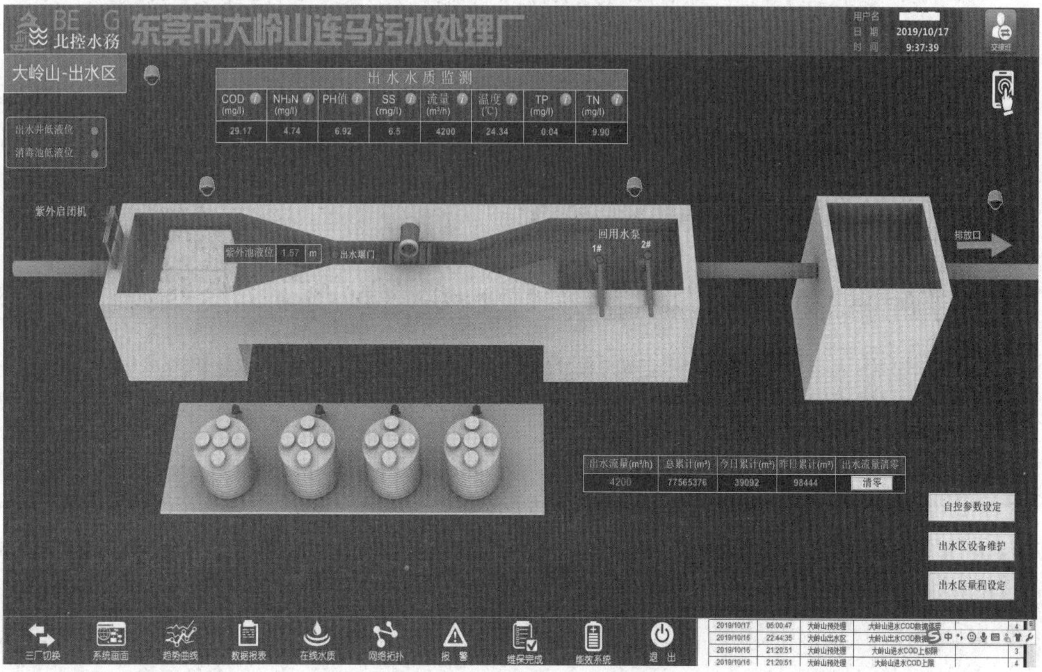

图 2.1-5 出水区监控画面

2．设置工艺运行参数异常报警基准值

工艺运行参数基准值分下极限值、下限值、上限值、上极限值 4 档，基准值关系为下极限值＜下限值＜上限值＜上极限值。基准值为数值型，系统默认保留 2 位小数，在设置过程中可以自上而下设置、也可以自下而上设置，当基准值为空时，可以填写“#”或“0”，但也需要满足上述逻辑关系。图 2.1-6 为进、出水水质参数基准值设定窗。

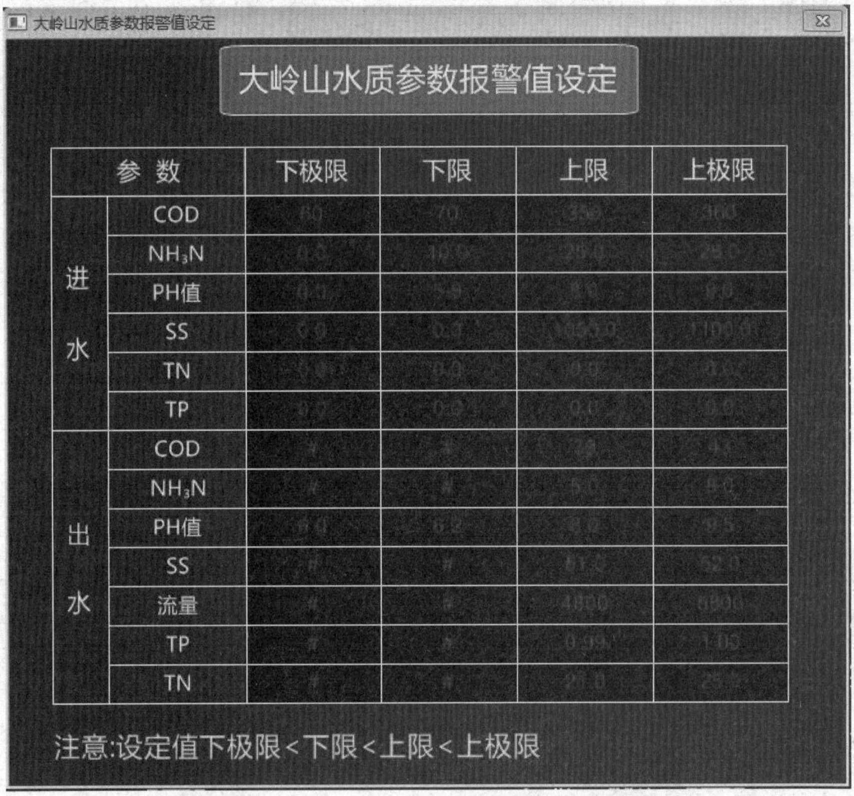

图 2.1-6　进、出水水质参数基准值设定窗

3．异常判断

当工艺运行参数实时值达到报警基准值的触发条件时，系统根据参数报警等级，自动触发报警。当参数实时数据超过设置的上、下限报警值而未达到上、下极限报警值时，数值颜色由正常色变为“黄色”，同时图标由“绿色笑脸”变为“黄色哭脸”，表示出现二级报警；当参数实时数据超过设置的上、下极限报警值时，数值颜色由正常色变为“红色”，同时图标由“绿色笑脸”变为“红色哭脸”，表示出现一级报警。图 2.1-7 为水质监测画面。

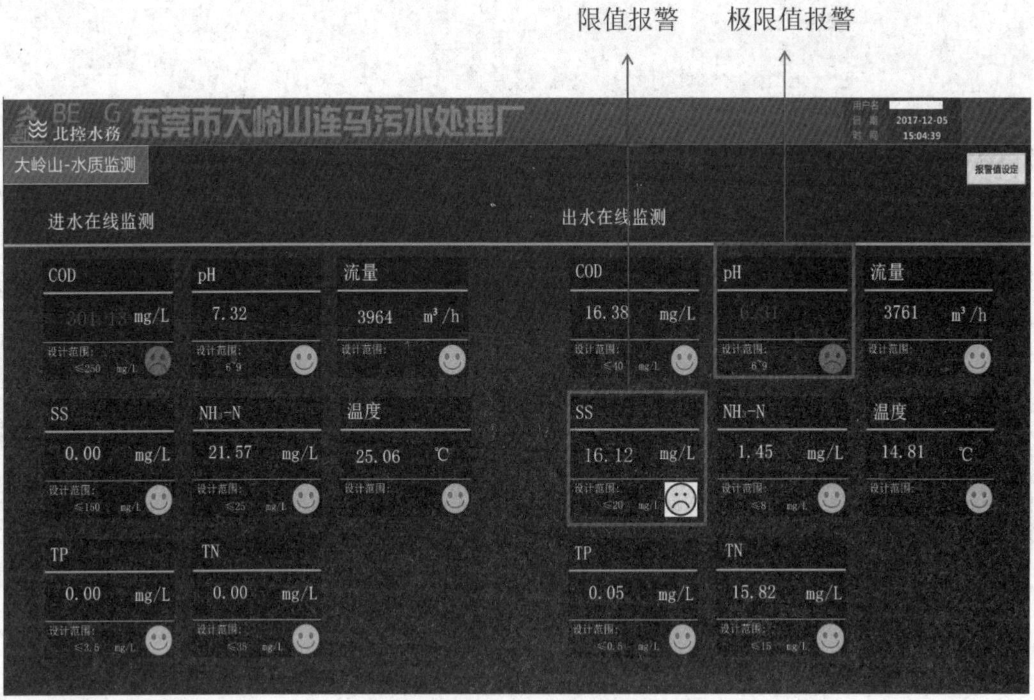

图 2.1-7　水质监测画面

子任务 2.2　各工艺单元设备配置、运行参数及异常判断

一、任务目的

通过本节学习，了解污水厂主要工艺单元设备配置，熟悉设备运行参数，掌握异常事件的判断方法，具备水厂设备运行监视与异常分析能力。

二、方法步骤

1．预处理单元设备配置及运行参数

以上位机监控系统一级预处理工艺单元画面为例进行介绍，图 2.2-1 为预处理单元。

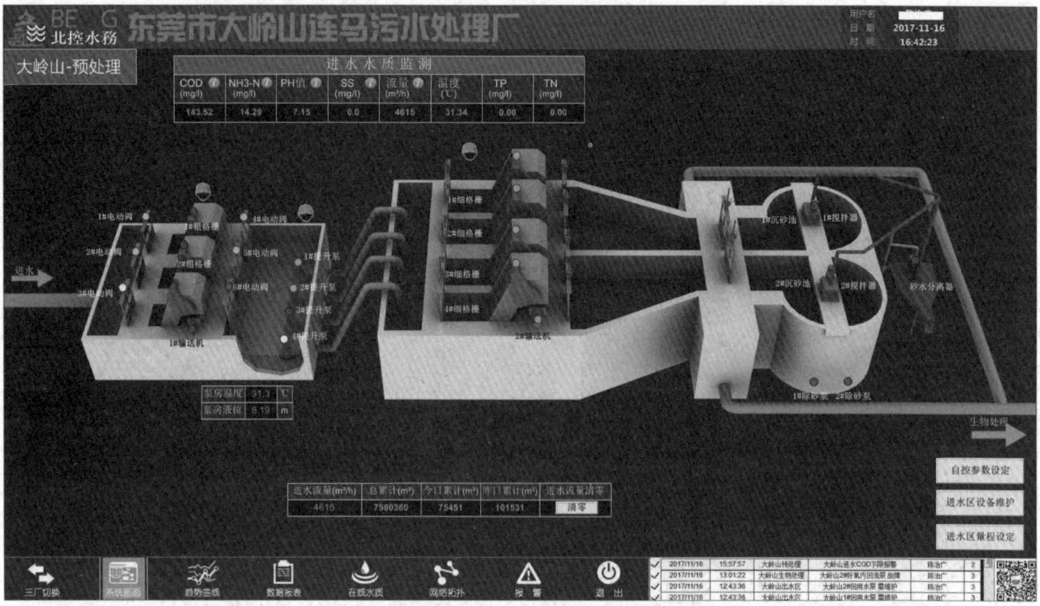

图 2.2-1 预处理单元

（1）进水渠及粗格栅间。进水渠及粗格栅间由两组渠道组成，每组渠道安装 1 台回转式粗格栅，在粗格栅前后各安装 1 台电动闸门，粗格栅栅渣出口处安装 1 台螺旋输送机。设备配置数量及主要参数见表 2.2-1。

表 2.2-1 进水及粗格栅设备配置

构筑物	设备配置	运行参数	备注
进水渠及粗格栅间	电动闸门每组渠道 2 台，共 4 台，主要参数： ➢ 长×宽为 1 000 mm×1 000 mm ➢ 电动功率为 0.75 kW	➢ 远程/就地 ➢ 上过程 ➢ 下过程 ➢ 上到位 ➢ 下到位	
	回转式粗格栅每组渠道 1 台，共 2 台，主要参数： ➢ 耙齿间距 30 mm ➢ 栅宽 1 800 mm ➢ 栅条间隙 20 mm ➢ 栅条迎水面宽度 10 mm ➢ 渠道深度 11.29 m ➢ 安装角度为 75°	➢ 远程/就地 ➢ 运行 ➢ 故障	
	螺旋输送机 1 台，粗格栅共用，主要参数： ➢ 螺旋直径 260 mm ➢ 输送长度 4 500 mm ➢ 电机功率 1.1 kW	➢ 远程/就地 ➢ 运行 ➢ 故障	

(2) 进水提升泵房。进水提升泵房选用潜水离心泵，采用单泵单管供水。提升泵共4台，其中工频2台、变频2台，主要参数见表2.2-2。

表2.2-2 进水提升泵房设备配置

<table>
<tr><th>构筑物</th><th>设备配置</th><th>运行参数</th><th>备注</th></tr>
<tr><td rowspan="4">提升泵房</td><td>提升泵1，主要参数：
➢ 额定流量2 300 m^3/h
➢ 额定扬程15.3 m
➢ 额定功率125 kW
➢ 水泵效率84.8%
➢ 电机效率91%</td><td>➢ 远程/就地
➢ 运行
➢ 故障
➢ 频率</td><td></td></tr>
<tr><td>提升泵2，主要参数：
➢ 额定流量1 620 m^3/h
➢ 额定扬程9 m
➢ 额定功率55 kW
➢ 水泵效率80.8%
➢ 电机效率90%</td><td>➢ 远程/就地
➢ 运行
➢ 故障
➢ 频率</td><td></td></tr>
<tr><td>提升泵3，主要参数：
➢ 额定流量1 150 m^3/h
➢ 额定扬程15.3 m
➢ 额定功率75 kW
➢ 水泵效率82.4%
➢ 电机效率91%</td><td>➢ 远程/就地
➢ 运行
➢ 故障</td><td></td></tr>
<tr><td>提升泵4，主要参数：
➢ 额定流量1 150 m^3/h
➢ 额定扬程15.3 m
➢ 额定功率75 kW
➢ 水泵效率82.4%
➢ 电机效率91%</td><td>➢ 远程/就地
➢ 运行
➢ 故障</td><td></td></tr>
</table>

(3) 细格栅及旋流沉沙池。细格栅及旋流沉砂池由电动闸门、细格栅、旋流沉砂搅拌机及配套设备组成，其设备数量及主要参数见表2.2-3。

表 2.2-3　细格栅及旋流沉沙系统设备配置

构筑物	设备配置	运行参数	备注
细格栅及旋流沉沙池	细格栅 4 台，主要参数： ➢ 渠道宽度 1.6 m ➢ 渠道深度 2.05 m ➢ 耙尺栅隙 5 mm ➢ 格栅倾角 70° ➢ 栅条迎水面宽度 3.5 m ➢ 过栅流量 930 L/s	➢ 远程/就地 ➢ 运行 ➢ 故障	
	电动闸门 4 台，主要参数： ➢ 长×宽为 1 000 mm×200 mm ➢ 电动功率为 0.75 kW	➢ 远程/就地 ➢ 上过程 ➢ 下过程 ➢ 上到位 ➢ 下到位	
	桨板搅拌机 2 台，主要参数： ➢ 桨叶直径 1 500 mm ➢ 电动功率 2.2 kW	➢ 远程/就地 ➢ 运行 ➢ 故障	
	罗茨风机 1 台，主要参数： ➢ 电机功率 7.5 kW ➢ 风量 0.67 m^3/min	➢ 远程/就地 ➢ 运行 ➢ 故障	

2．预处理单元设备异常判断

（1）设备故障报警判断。

按照设备故障发生后对生产影响的程度，故障可分为 3 级，自低到高分别为三级、二级、一级。报警等级不同，显示方式也不同。当设备三级报警时，状态图标显示“”，同时在“②”报警信息窗口显示报警设备名称、报警时间及报警内容；当设备二级报警时，状态图标显示“”，同时在“②”报警信息窗口显示报警设备名称、报警时间及报警内容，并发出报警提示音；当设备一级报警时，在显示二级报警内容的基础上，系统弹出告警信息窗“常平PLC6通讯异常”××厂××设备出现××报警。图 2.2-2 为监控首页画面。

图 2.2-2 监控首页画面

（2）设备维护维修判断。

主要生产设备在系统上设定维保时间和大修时间，当设备运行时间达到维保设定时间时，在上位机此设备位置侧面显示“”图标，当设备运行时间达到大修设定时间时，在上位机此设备位置侧面显示“”图标。图 2.2-3 为设备维保提示页面。

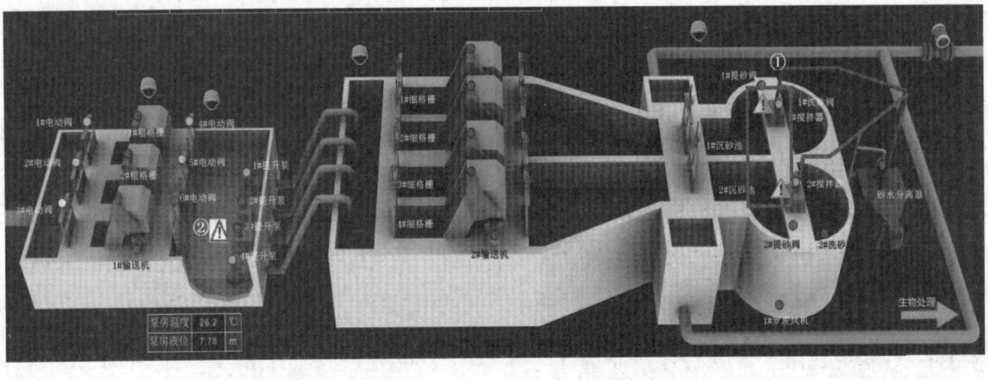

图 2.2-3 设备维保提示页面

子任务 2.3　各工艺单元在线仪表配置、作用及异常数据判断

一、任务目的

通过本节学习，了解 A^2/O 工艺各工艺单元仪表配置，掌握各仪表作用，会异常数据判断方法，具备水厂仪表运行监视与异常分析能力。

二、方法步骤

1. 各工艺单元仪表配置及作用

（1）一级预处理单元。上位机预处理画面仪表主要有进水水质监测仪表、液位差计、液位计、流量计等。进水水质仪表，一般安装在进水仪表间，如图 2.3-1“①”，用于监测进水的水质值，监测间隔为 2 h/次，仪表分为 COD、NH_3-N、pH、SS、总磷（TP）、总氮（TN）等；液位差计一般安装在粗格栅和细格栅处，如图 2.3-1“②”和“④”，用于实时监测格栅前后渠道内水位差值，每台液位差计装有 2 个探头，一个装在格栅前侧，另一个装在格栅后侧；泵房液位一般安装在提升泵房集水井，如图 2.3-1“③”，用于实时监测当前集水井液位值；进水流量计一般安装在预处理段到生化池之间的总进水管道上，如图 2.3-1“⑤”，用于实时监测当前的进水流量，同时，系统计算今日处理水量、昨日处理水量、累计处理水量。图 2.3-1 为预处理页面。

（2）生化池。上位机生化池画面仪表主要有 DO、MLSS、加药量、压力等数据。好氧池曝气区溶解氧，如图 2.3-2“①”，一般安装在好氧池曝气段，用于实时监测曝气区的溶解氧值；污泥浓度计，如图 2.3-2“②”，一般安装在好氧池曝气段，用于实时监测生化池的污泥浓度值；好氧池出口溶解氧，如图 2.3-2“③”，一般安装在好氧池的出口处，用于实时监测出水口溶解氧的剩余值；液位计，如图 2.3-2“④”和“⑥”，一般安装在 PAFC 除磷药剂的储药箱顶端，用于实时监测当前储药箱中的药剂液位值；加药流量计，如图 2.3-2“⑤”，一般安装在处理药剂出药管道上，用于实时监测加药流量值，同时系统计算累计处理水量；空气管道压力，如图 2.3-2“⑦”，一般安装在鼓风机房到生化池的风量总管上，用于实时监测风量管道的压力值。

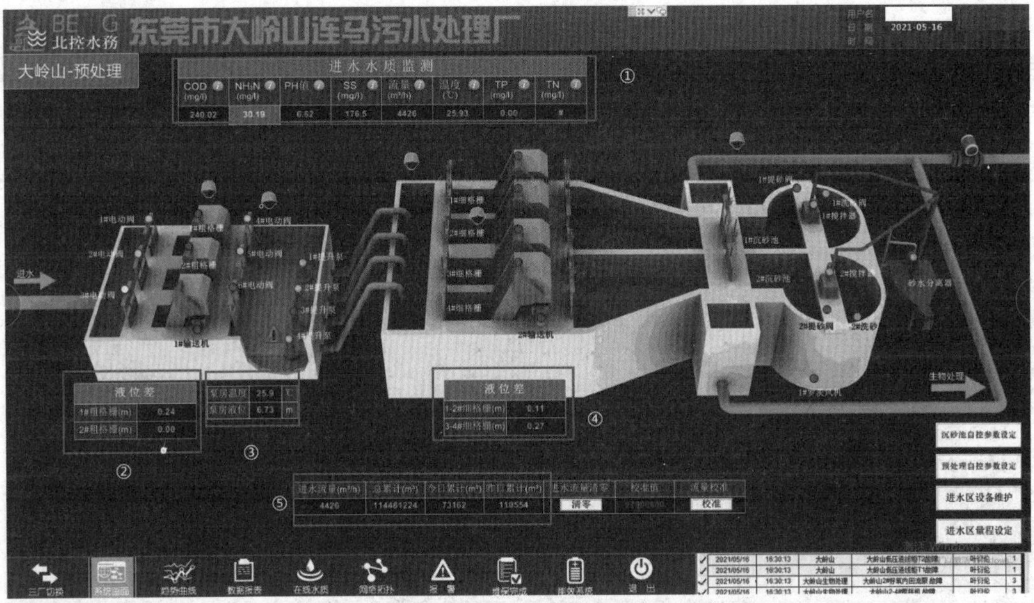

图 2.3-1　预处理页面

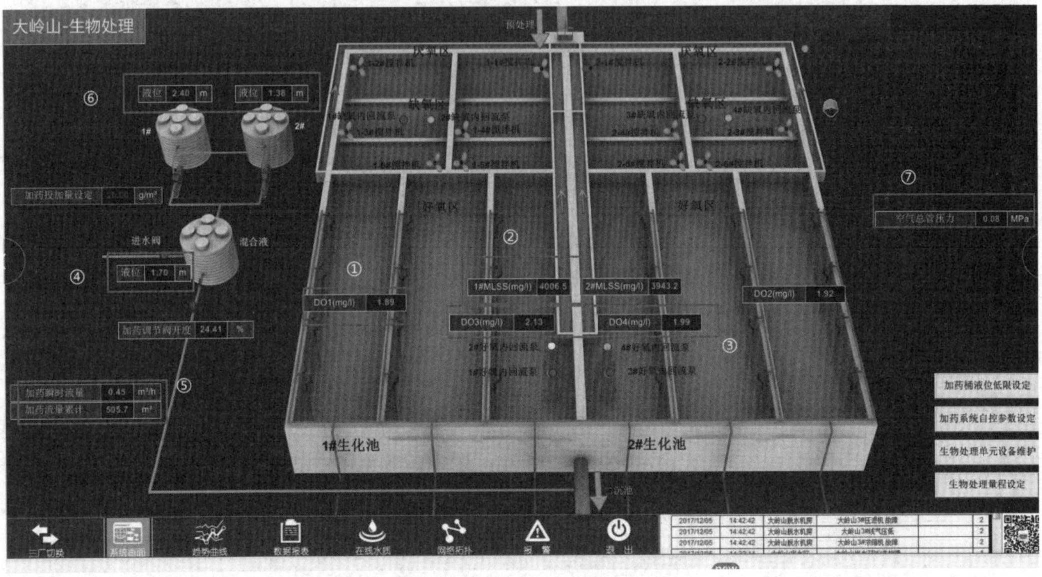

图 2.3-2　生化处理页面

2. 各工艺单元仪表异常判断

按照仪表数据报警后对生产影响程度，报警分为 3 级，自低到高分别为三级、二级、一级。报警等级不同，显示方式也不同。当仪表三级报警时，在“②”报警信息窗口显示报警仪表名称、报警时间及报警内容；当仪表二级报警时，仪表数值文字由正常色“绿色”变为异常色“黄色”，文字背景底色交叉闪烁，如图“399.02”，同时在“②”报警信息窗口显示报警仪表名称、报警时间及报警内容，并发出报警声音；当仪表一级报警时，在显示二级报警内容的基础上，仪表文字由正常色“绿色”变为异常色“红色”，同时系统弹出告警信息窗，××厂××仪表出现××报警。图 2.3-13 为首页报警画面。

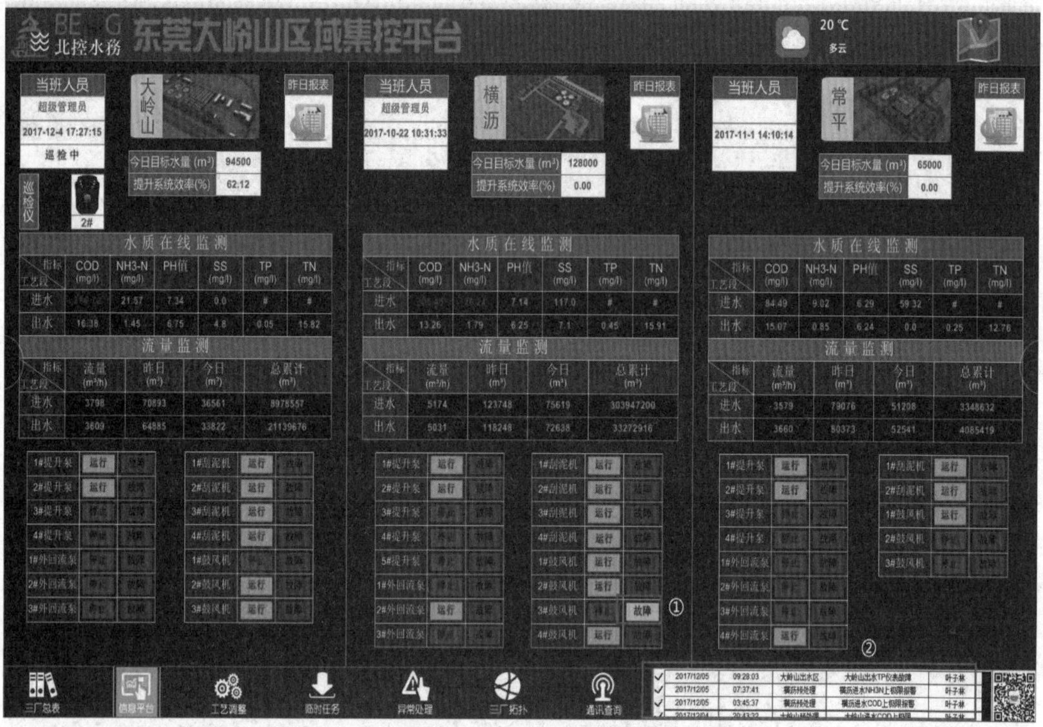

图 2.3-3　首页报警画面

子任务 2.4　各类异常数据的处理方法和处理流程

一、任务目的

通过本节学习，熟悉各类数据异常的处理流程，能够利用上位机监控系统快速对各类异常数据进行处理。

二、方法步骤

1. 集控上位机异常数据处理

（1）异常数据处理流程。集控上位机数据异常处理流程分为集控中心当班人处理、专业部门负责人处理、处理结果记录 3 个节点。图 2.4-1 为集控上位机异常数据处理流程。

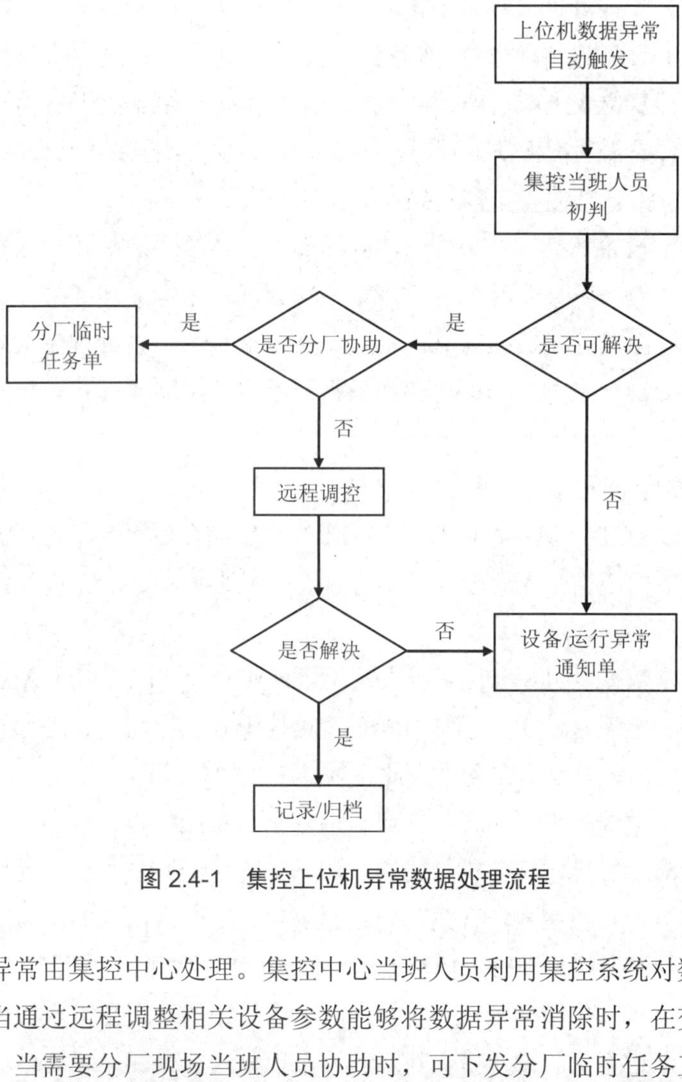

图 2.4-1　集控上位机异常数据处理流程

（2）数据异常由集控中心处理。集控中心当班人员利用集控系统对数据异常情况进行远程处理，当通过远程调整相关设备参数能够将数据异常消除时，在交接班记录单中填写处理记录；当需要分厂现场当班人员协助时，可下发分厂临时任务工单，共同处理直至异常消除；当无法处理时，按照数据异常类型填写设备运行异常通知单，提交专业部门处理。

2. 设备数据异常通知单处理

设备异常可以通过手持端 App 或区控运维平台编制，设备异常处理流程分为设备异常数据上报、集控中心当班人处理、专业部门负责人处理、处理结果记录 4 个节点。

处理方法：

（1）设备异常数据上报。分厂当班人发现设备异常后，在手持端 App 中创建设备异常通知单，选择异常设备名称，填写设备异常现象，上报异常通知单给集控中心。当同一设备异常通知单已经存在时，系统会发出提醒是否再次上报此设备异常通知单。

（2）设备异常集控处理。设备异常通知单首先由集控中心当班人进行处理：首先，集控中心当班人对设备异常现象进行初判。然后，利用集控系统进行远程处理，可先对异常设备进行远程复位或重新启停，查看问题是否解决。当异常消除的，填写处理意见，归档即可；当设备异常远程无法处理时，如有备用设备，可停用异常设备切换备用设备，填写处理意见提交专业部门设备部门处理。

（3）设备异常设备部处理。集控无法处理的设备异常通知单转发给设备部负责人处理。设备部负责人对设备异常现象进行判断，可到现场进行更详细的分析。当异常问题比较简单，花费时间较短（15 min 内）且无须更换配件时，在处理完成后直接在设备异常通知单中填写处理记录，归档即可；当异常问题复杂，需要花费较长时间或需更换配件时，可下发维修工单给维修人员进行处理。

3．运行数据异常通知单处理

运行异常可以通过手持端 App 或区控运维平台编制，运行异常处理流程分为运行异常数据上报、集控中心当班人处理、专业部门负责人处理、处理结果记录 4 个节点。

处理方法：

（1）运行异常数据上报。分厂当班人发现运行异常后，在手持端 App 中创建运行异常通知单，填写异常现象，上报异常通知单给集控中心。当同一类运行异常通知单已经存在时，系统会发出提醒是否再次上报此运行异常通知单。

（2）运行异常集控处理。运行异常通知单首先由集控中心当班人进行处理。首先，集控中心当班人对运行异常现象进行初判。然后，利用集控系统进行远程处理，可调整与此异常现象相关的设备参数，观察问题是否解决。当异常消除的，填写处理意见，归档即可；当运行异常无法处理时，填写处理意见提交专业部门运行化验部处理。

（3）运行异常运行化验部处理。集控中心无法处理的运行异常通知单转发给运行化验部负责人处理。运行化验部负责人对运行异常现象进行判断，可到现场对运行异常情况进行更详细的分析。当异常问题比较简单时，下发集控中心临时任务或设备调整处理，运行恢复正常后，填写处理记录，归档即可；当异常问题复杂，需要花费较长时间且影响产水量时，可下发工艺调整单给集控中心当班人员和分厂当班人员进行处理。

任务小结

本章节学习了污水厂主要工艺单元设备、仪表参数配置要求，了解各工艺单元运行参数、设备运行参数及异常分类、判断方法。

任务练习

（1）简述工艺运行参数基准值分为哪几档，各档基准值之间的关系。

（2）一级预处理单元进水渠、粗细格栅，以及提升泵房一般配置的仪表有哪些？

（3）简述仪表数据产生二级报警时，上位机监控画面仪表数据状态显示方式。

（4）简述集控中心当班人员处理运行异常通知单的方法。

（5）简述集控中心当班人员处理设备异常通知单的方法。

任务3　中控系统异常信号识别与处理

任务目的

（1）了解集控系统工艺和设备异常信号分类。

（2）识别集控系统中工艺、设备发生的异常信号。

（3）能够处理一般的报警异常。

（4）了解工艺、设备异常通知单填写方法与上报流程。

任务综述

通过学习中控系统异常信号识别，了解如何识别异常信号，并进行相关的处理。

实训设备

现场集控系统平台1套。

任务实施

子任务3.1　工艺单元异常分类及异常信号处理

一、任务目的

通过学习各工艺单元异常信号分类，为实际执行中控值班任务奠定基础。

二、任务准备

1. 了解生产各工艺段生产参数及设备名称

污水处理厂工艺流程如图 3.1-1 所示。

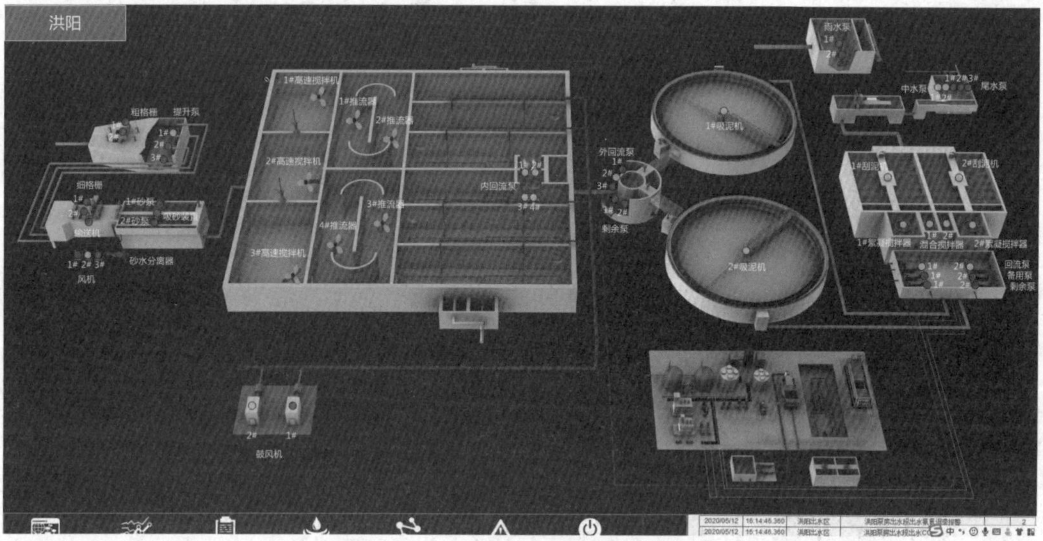

图 3.1-1　污水处理厂工艺流程

2. 异常和报警

异常是一种状态，是相对正常状态而言的；报警或告警是异常的表现形式。报警是在设备故障、工艺指标偏离基准值时，通过声音或视觉形式（如消息、标识符等）通知相关人员予以重视或采取响应行动的信息。故障是指设备或部件受到实质性损坏。

3. 异常分类

污水处理厂运行异常分为工艺运行异常、设备运行异常、系统异常、报警设备运行异常四大类。

工艺运行异常是指构成某一工艺单元的设备设施在运行过程中工艺指标（如水量、水质、过程控制指标等）超出设定范围导致的报警。

设备运行异常是指设备运行过程中设备运行参数（如电流、电压、功率、效率、振动、位移、温度等）超出设定范围导致的报警。

系统异常是指构成某一独立功能的多台设备、仪表无法发挥正常功能的状态，如提升系统因控制系统故障导致水泵退出自动运行，则称提升系统故障。

报警设备运行异常是指设备运行过程中设备运行参数（如电流、电压、功率、效率、振动、位移、温度等）超出设定范围导致的报警。

4．报警分级

报警分为异常报警和提示性报警两类。异常报警是指上述工艺、设备、系统异常导致的报警；提示性报警是指提醒操作人员注意、定时、告知，不会导致设备设施异常的报警。

为了有效管理报警，便于区控操作人员鉴别报警的重要性，避免报警重复无法及时处理，根据可能造成后果的严重程度，报警自高至低划分为 3 级，依次为：I 级报警（严重报警，fatal）、II 级报警（重要报警，alarm）和III级报警（普通报警，warning）。

①I 级报警。直接影响或威胁水质达标的关键设备安全运行，进出水水质超过设计限值的报警发生后需立即采取措施，否则可能会造成严重不良后果，该报警属于严重事件报警。

网络通信报警，市电丢失报警、应急按钮报警、进出水水质上/下极限报警、提升泵远程运行、无操作条件下运行信号丢失或停机、鼓风机故障默认一级报警。

②II 级报警。厂内重要设备运行状态发生重要异常变化，需采取适当的措施或重点关注，该报警属于重要事件报警。

③III级报警。除上述 I 级、II 级报警以外的其他报警，如果报警持续发展下去可能对厂内设备设施正常运行造成影响，属于一般报警。

三、方法步骤

1．工艺异常报警识别

工艺单元异常存在的形式一般都以出现场检测仪表为基础值，通过对不同工况下设置异常报警值来实现。

在工艺单元中常见的仪表异常报警：上极限、上限、下限、下极限、数据迟滞报警等。如图 3.1-3 所示。

2．异常报警处理

（1）查看中控参数的设定值与仪表的实际值进行比较，确认无误后对报警进行确认。

（2）如果中控参数波动较大产生的异常报警或者数据停滞时则需要进行异常上报处理。

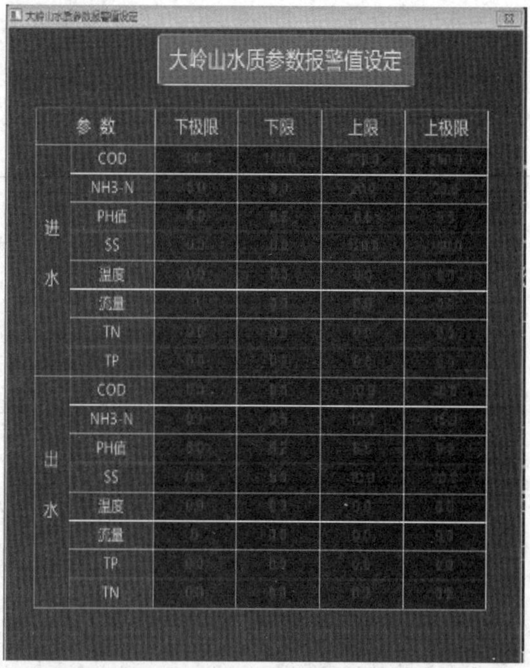

图 3.1-2　工艺参数设定

图 3.1-3　报警图

子任务 3.2　设备异常分类及异常信号处理

一、任务目的

通过学习设备异常信号识别与处理，为实际执行中控值班任务奠定基础。

二、任务准备

（1）了解生产各工艺段生产参数及设备名称报警表。

（2）设备异常是指设备运行过程中设备的运行参数（如电流、电压、功率、效率、振动、位移、温度等）超出设定范围导致的报警。

三、任务实施

1. 设备运行异常报警识别

设备运行异常存在的形式一般都以现场检测仪表或者保护装置为基础值，通过对不同工况设置异常报警值来实现。

在设备运行中常见的异常报警包括过载（电压、电流）、变频器异常、超限位、超温、泄漏、振动、超压、超时（程序保护）等，对于特殊设备（如浮球开关等）还有高液位、低液位等。

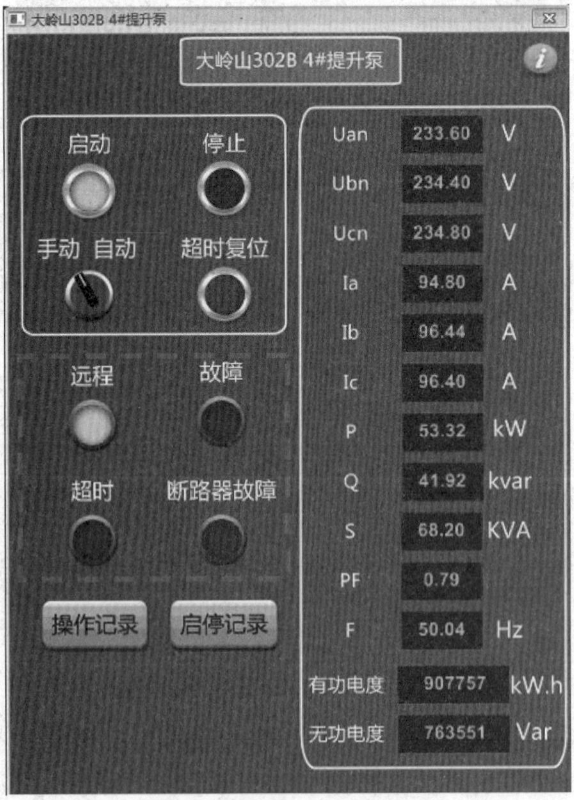

图 3.2-1 设备操作窗

设备故障操作展示图（如果实际有异常报警，状态显示黄色）。

2. 异常报警处理

①过载报警：大多数为现场热继电器过载，主回路电流超过设定值。

②变频器故障报警：变频器输出故障信号，需要根据其故障代码查询手册进行定性分析。

③超限位异常：检查限位开关。

④浮球高低液位异常：测量液位过高或者过低。

⑤超时为程序判断报警，起程序保护作用。

……

注意提示：一旦发生现场设备异常报警，应立即停止该设备，并进行现场检查。

水厂自动控制系统上位机显示的异常报警列表如表 3.2-1 所示。

表 3.2-1　SCADA 报警列表

序号	报警地址编码	变量描述	报警名称	报警等级	报警组	报警类别
1	CP_01_CGS1_F	CP_01_1#粗格栅故障	常平 1#粗格栅故障	3	常平预处理	
2	CP_01_CGS2_F	CP_01_2#粗格栅故障	常平 2#粗格栅故障	3	常平预处理	
3	CP_01_SSJ_F	CP_01_输送机故障	常平粗格栅输送机故障	3	常平预处理	
4	CP_02_JSB1_F	CP_02_1#进水泵故障	常平 1#进水泵故障	2	常平预处理	
数据停滞						
1	CP_CS_COD_F	CP_出水 COD 数据停滞	常平出水 COD 数据停滞	2	常平出水区	
2	CP_CS_FLOW_F	CP_出水流量数据停滞	常平出水流量数据停滞	2	常平出水区	
3	CP_CS_NH3N_F	CP_出水 NH3N 数据停滞	常平出水 NH_3-N 数据停滞	2	常平出水区	
4	CP_CS_PH_F	CP_出水 PH 数据停滞	常平出水 PH 数据停滞	2	常平出水区	
仪表限值						
1	CP_CS_FLOW_H	CP_出水流量上限	常平出水流量上限	2	常平出水区	
2	CP_CS_FLOW_HH	CP_出水流量上极限	常平出水流量上极限	1	常平出水区	
3	CP_JS_COD_H	CP_进水 COD 上限	常平进水 COD 上限	2	常平预处理	
4	CP_JS_COD_HH	CP_进水 COD 上极限	常平进水 COD 上极限	1	常平预处理	
紧急报警						
1	CP_BJD10_DI	常平二沉池紧急报警	常平二沉池紧急报警	1	常平紧急报警	
2	CP_BJD11_DI	常平紫外池紧急报警	常平紫外池紧急报警	1	常平紧急报警	
3	CP_BJD1_DI	常平鼓风机房紧急报警	常平鼓风机房紧急报警	1	常平紧急报警	
4	CP_BJD2_DI	常平配电间紧急报警	常平配电间紧急报警	1	常平紧急报警	

子任务 3.3　一般工艺、设备异常报警的处理流程

一、任务目的

通过学习异常信号识别处理，熟悉报警的处理流程。

二、任务准备

了解生产各工艺段生产参数及设备名称报警表。

三、任务实施

1. 常见工艺流程异常报警的处理分析

（1）上下限异常报警：分析工艺运行状况；核实中控显示仪表数据是否与现场一致；核实中控量程是否与现场一致；核实上下限设定是否合理。

（2）数据迟滞异常报警：检查仪表曲线，是否长时间数据保持不变；分析工艺运行状况。

2. 现场设备异常报警处理分析

（1）对比设备控制箱上报警指示灯是否与中控一致。

（2）测量 PLC 进线端设备信号输入与现场设备端实际状态对比是否一致。如不一致，则为线路传输故障。

（3）测量设备端信号输出与实际设备状态对比是否一致。如不一致，则为设备输出信号故障。

3. 工艺、设备异常报警的处理流程

第一步，分析和识别故障类型，根据报警处理分析的方法来甄别异常报警情况，如果通过分析方法可以处理异常报警，最后填写异常报警处理单。

第二步，如果不能处理报警，根据异常报警填写通知单，推送到相关流程。

子任务 3.4　工艺异常、设备异常通知单填报及处理流程

一、任务目的

通过学习异常信号识别与处理，掌握异常报警处理流程，并填写相关工单推送任务。

二、任务准备

了解生产各工艺段生产参数及设备名称报警表。

三、任务实施

1. 工艺异常通知单填报

重点填写内容：

①地点：发生异常的工艺段。

②紧急程度：有一般和紧急两种模式，可以依据实际情况选择。

③异常描述：主要描述现场异常情况和相关参数。

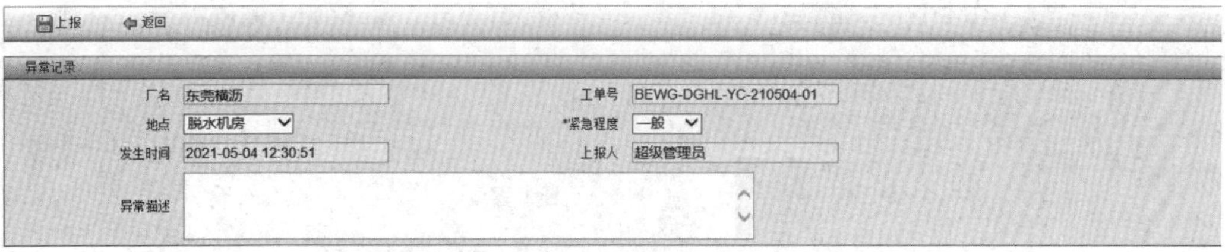

图 3.4-1　工艺异常通知单填报窗口

2. 设备异常通知单填报

重点填写内容：

①紧急程度：有一般和紧急两种模式，可以依据实际情况选择。

②设备的编号、型号、类型：根据设备的基础信息录入。

③故障部位：可以根据故障描述（也可依据故障库）填写。

④故障现象描述：主要描述现场异常情况和相关参数。

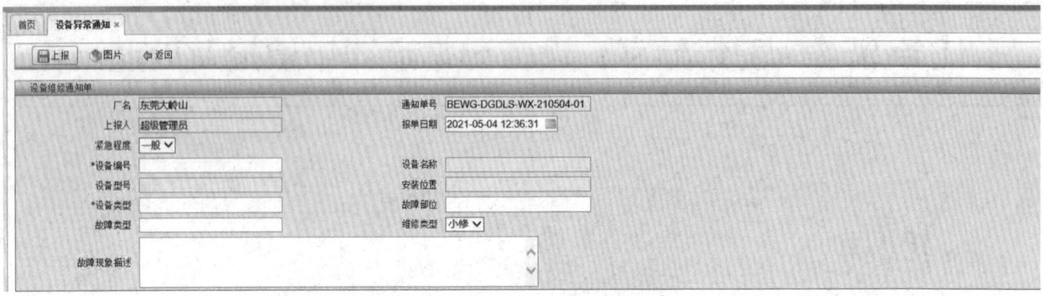

图 3.4-2　设备异常通知单填报窗口

3. 异常上报流程

异常上报方式包括现场巡检人员在手持端上报和集控中心人员在平台上报。

异常处理主要是当班巡检人员发现现场异常和设备故障时，通过手持端可及时进行上报处理，部分异常情况需要现场察看或者进行简单的设备操作，可填写异常处理工作记录单记录。异常处理界面可分别查看自己和其他人上报的异常和故障当前处理情况。手持端运行异常处理见图 3.4-3。

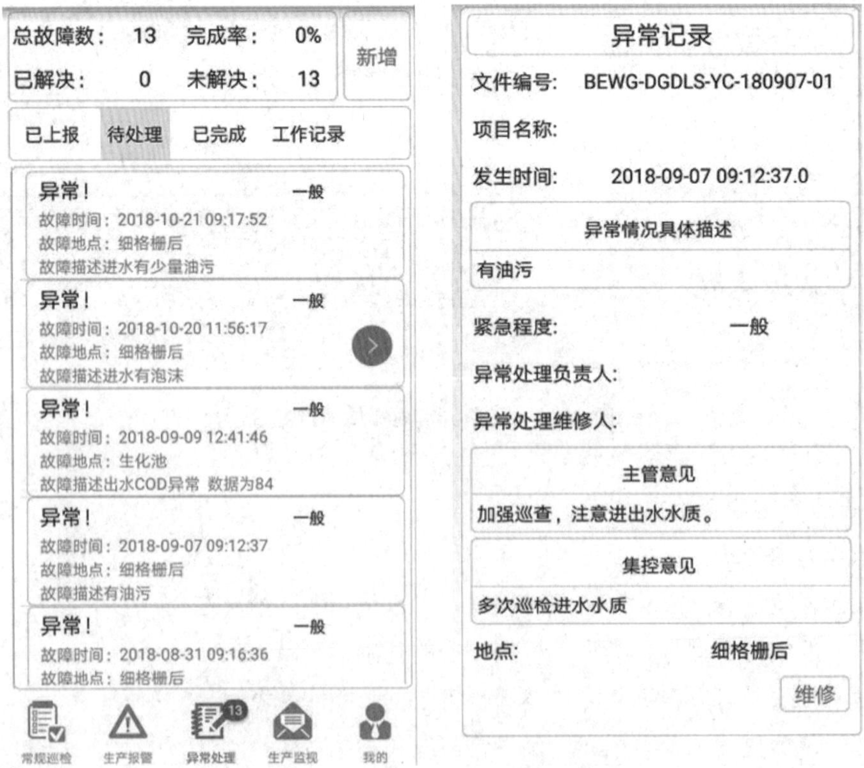

图 3.4-3　手机 App 工艺运行异常通知单

设备异常上报流程见图 3.4-4 和图 3.4-5。

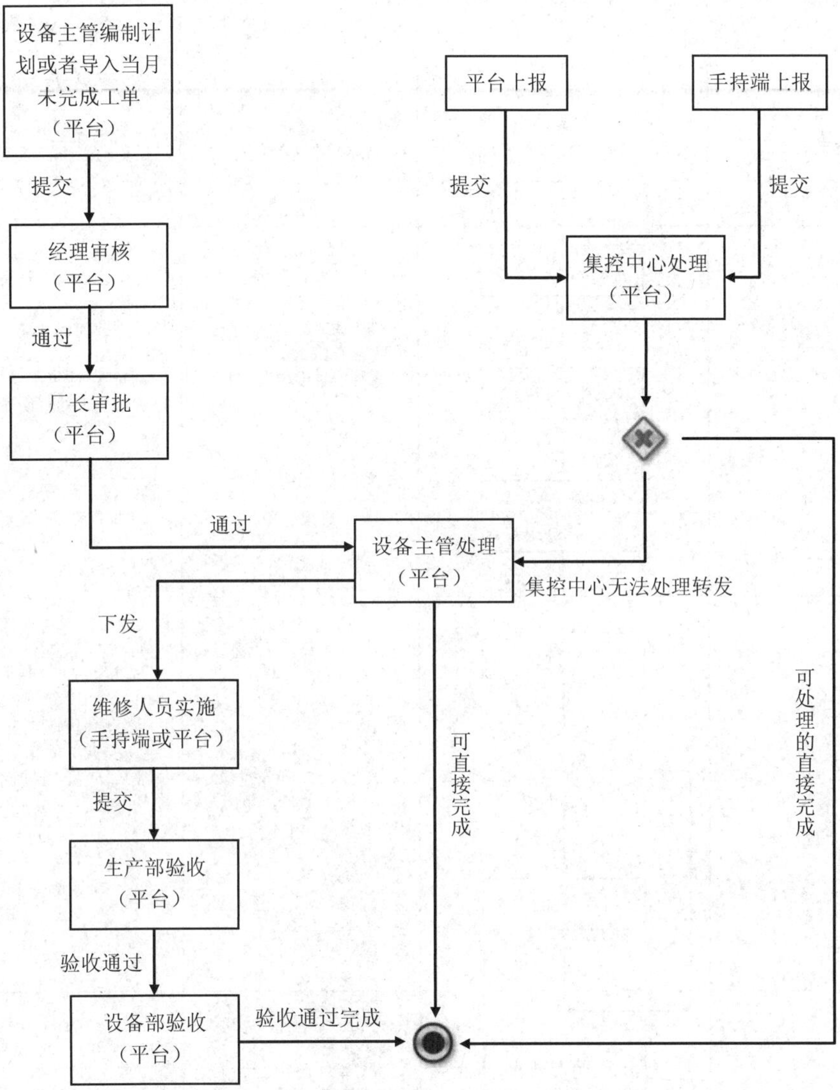

图 3.4-4　设备异常上报流程

人工设备故障上报工作流程				
	责任部门或责任人	工作程序与流程图	系统工作内容	现场工作内容
1	巡检人员	故障上报编制	1. 系统生成故障上报模板； 2. 系统将上报故障自动推送集控中心运行值班人员； 3. 已存在故障系统显示原记录（以设备编号为依据）提示是否继续上报	1. 填写故障现象、故障照片、故障等级后上报故障； 2. 如遇紧急事项巡检人员可通过移动端语音通话功能与相关人员进行联系后再上报
2	集控中心运行值班人员	接收故障上报 调控设备 通知单紧急程度调整	1. 已存在通知单系统显示原工单记录（以设备编号为依据）显示已上报次数； 2. 作废的通知单系统归档，消息推送上报人； 3. 系统消息推送设备主管	1. 已存在或无效通知单可作废（必须说明原因）或继续上报； 2. 根据故障信息进行相应的设备调控； 3. 判断紧急程度； 4. 无法处理的维修通知单上报设备主管
3	设备主管	接收维修通知单 是否紧急（是 → 下达维修任务；否 → 维修计划编制） 维修计划编制	1. 系统提示是否已存在此工单及重复数量（已是否验收完成为依据）； 2. 月末自动生成下月度维修计划单； 3. 系统消息推送相关人员（作废、退回、下发维修）； 4. 退回工单退回给申请人，消息推送集控中心	1. 判断通知单有效性、紧急程度； 2. 可退回或作废时填写原因； 3. 紧急单编制处理意见下发维修人（此单负责人）； 4. 非紧急单，编制维修计划
4	维修人员	下达维修任务 维修实施单	1. 系统下发维修工单给此单维修负责人； 2. 设备维修记录统计，同一台设备维修历史记录，当 1 个月内同台设备出现故障连续 2 次发出提示； 3. 退回的维修工单系统消息告知维修人员	1. 维修人员维修完成后填写维修实施单； 2. 验收人员对维修及时性、质量、满意度进行评判打分； 3. 维修完成后的设备现场验收完成后，同时要求集控中心进行远程试车
		结束	每月末自动统计维修工单完成情况	—

图 3.4-5　设备异常上报流程

工艺异常上报流程见图 3.4-6。

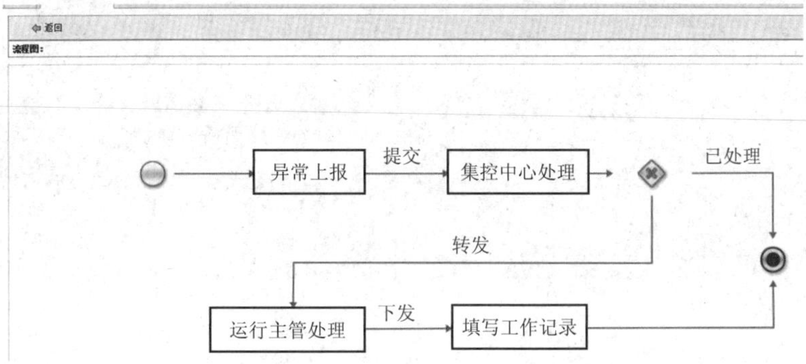

图 3.4-6　工艺异常上报流程

任务小结

本章节学习了工艺异常分类清单与各设备异常分类清单，掌握一般异常报警的处理方法。通过对异常报警处理流程的认知和了解，知道了上报异常的流程与相关的记录填写。

任务练习

（1）污水处理厂常规的设备报警的类型有哪几种？

（2）污水处理厂工艺参数报警的类型有哪几种？

（3）一般工艺、设备报警的处理流程是什么？

（4）简述常用巡检人员安全防护与任务执行工具包括哪些。

（5）简述设备巡检一级巡检方式和巡检频次。

（6）简述巡检仪构成及常用软件。

（7）简述巡检仪 App 的常用功能，不少于 4 个。

（8）简述巡检仪 App 首页仪表实时数据显示区的分类。

项目四

现场巡检准备

学习目标

一、知识目标

（1）理解水厂运行巡检的重要意义。

（2）通过巡检内容和方法能判断工艺运行状态及异常处理流程。

（3）通过巡检内容和方法能判断设备运行状态及异常处理流程。

二、技能目标

（1）会使用巡检装备，掌握手机 App 巡检功能。

（2）掌握现场运行巡检路径、内容和方法。

（3）掌握现场设备巡检路径、内容和方法。

项目综述

通过本项目学习和实操，掌握巡检技术规程和配套巡检仪器的使用技能；掌握水厂工艺运行状态和设备状态的巡检判定方法，以及异常情况的处理能力。

任务1　巡检装备配置

技能目标

（1）能识别常用巡检工具。

（2）掌握巡检任务分类方法及任务构成。

（3）能按照巡检任务选择合适的巡检工具。

（4）了解巡检工具的功能。

（5）掌握现场巡检工具的使用方法。

任务综述

通过本任务学习，会按照巡检任务选择合适的巡检工具，熟记巡检工具分类及功能，掌握巡检工具的安全注意事项。

实训设备

（1）巡检救生衣、安全帽、抹布、巡检仪、移动执法仪。

（2）螺丝刀、阀门扳手、万用表、钳形表、测温仪、振动仪。

（3）便携式 DO、便携式 pH 计、取样杯。

任务实施

子任务 1.1　巡检任务分类和内容

一、任务目的

通过本节学习能熟记巡检技术规程中巡检任务分类及内容，为运行巡检工作做好准备。

二、方法步骤

1. 巡检分类

设备巡检管理包括巡检周期、巡检路径、巡检对象、巡检人等，一般按照巡检周期分为三级巡检。

一级巡检，也叫运行巡检，有两种巡检方式：一是中控视频巡检，即由中控运行值班人员按照巡检步骤视频巡检，每 2 h 巡检 1 次；二是现场巡检，即由巡检人员按照巡检步骤现场巡检，每天至少巡检 2 次，视频巡检不到的设备或场所进行重点巡检；两种巡检方式相互补充。

二级巡检，也叫点检。由设备维保人员执行，携带必要的点检工具，对主要工艺设备进行简单保养式巡视检查，一般每天 1 次。

三级巡检，也叫状态诊断，由设备班长或主管带领维修人员进行设备状态评价，作为制订设备维保、维修计划和设备巡检、维保质量考核的依据，一般每周 1 次。

2. 巡检内容和方法

水厂巡检内容主要包括工艺运行巡检和设备（含设施）运行巡检两大类，巡检内容应全面、无遗漏，尽量使用可量化的指标准确描述工艺、设备的运行状态，并体现巡检的步骤、方法和路径的先后次序；巡检方法是指通过中控视频、现场观察、触摸或必要的检测工具能够准确判定工艺设备运行状态的方法。

表 1.1-1 是水厂运行巡检技术规程中“潜污泵一级运行巡检”的内容和方法。

表 1.1-1 潜污泵一级运行巡检表

一级巡检项目	巡检标准	方法/工具	巡检周期
水泵运行指示是否正常	查看控制箱运行指示灯	中控视频	2 h
水泵运行有无报警指示	查看现场控制箱，应该无过流、泄漏、超温报警指示	中控视频	2 h
水泵运行电流是否正常	看现场控制柜电流表，电流在允许范围内，无波动	现场目视	1 次/班
水泵运行有无振动、异响	仔细听水泵运行声音平稳、无异响	现场目视+耳听	1 次/班
检查动力电缆、浮球及设备吊链	确保动力电缆、浮球线固定良好，没有垃圾缠绕	现场目视+耳听	1 次/班
导轨及固定架是否异常晃动	查看导轨是否振动和脱落	现场目视	1 次/班
检查水泵流量、压力是否正常	查看现场流量计、压力表读数，查看微机显示流量和压力	现场目视	1 次/班
泵坑液位计显示是否正常	查看并估算液位计显示是否准确	现场目视	1 次/班

三、注意事项

巡检技术规程中“安全保障措施”是重要的巡检内容，应简要说明巡检时的安全注意事项和必要的防护措施，确保巡检人员安全。

以下是污水处理厂泵房巡检的安全保障措施：

（1）进入泵房前应通风，防止有害气体；

（2）检查潜污泵时注意围栏牢固程度，防止滑入泵坑；

（3）定期清理集水井垃圾，防止遮挡设备仪表；

（4）电流、流量、压力异常时，停机并上报检查；

（5）异常振动或异响，应立即停机并上报检查。

子任务 1.2　巡检任务及适用的巡检工具

一、任务目的

通过本节学习，掌握常用巡检工具分类及作用，了解水处理厂运行常规巡检、设备常规巡检的任务构成，能够按照任务选择合适的巡检工具。

二、方法步骤

1. 巡检工具分类

常用巡检人员安全防护与任务执行工具包括定制带照明功能的安全帽、带自动充气功能的救生马甲、带视频与语音通话功能的执法仪等安全防护工具；安装定制巡检管理 App 的移动客户端（以下简称巡检仪）等任务执行工具。巡检装备穿戴见图 1.2-1。

（1）巡检人员安全防护类。

定制带照明功能的安全帽：由帽壳、帽衬、下颏带、射灯及附件等组成，可对人头部受坠落物及其他特定因素引起的伤害起防护作用，现场巡检区域光线不足时，也可补光使用。

救生马甲：由 CO_2 气罐、气囊、工具袋及附件等组成，可以放置智能终端及移动执法仪等设备，具备落水自动充气的功能和触发落水自救系统等功能。见图 1.2-2。

图 1.2-1　巡检装备穿戴

图 1.2-2　巡检马甲

（2）巡检工具类。

巡检工具分为巡检仪和移动执法仪两种，主要用于巡检任务的接收、查看，巡检任务执行过程中巡检点现场情况的记录、检测参数的记录、巡检视频的记录。

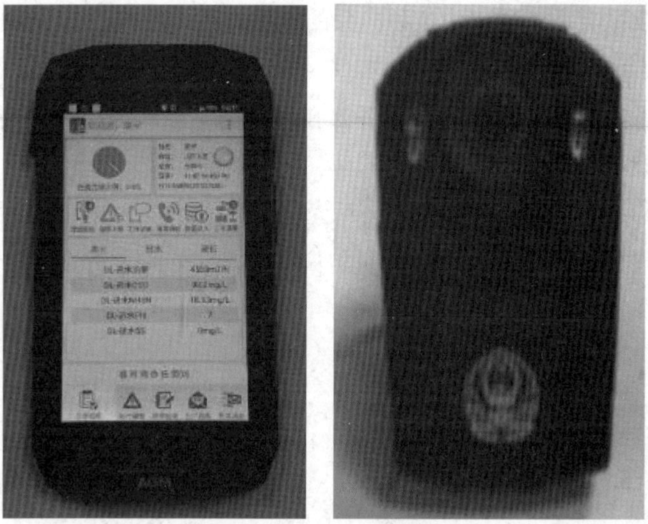

图 1.2-3　智能巡检仪

巡检仪：分为硬件和软件，其中硬件应具有防尘、防水、防振的功能，也具备 NFC 功能；软件应至少安装定制开发的巡检管理 App、NFC 卡注册软件、语音翻译软件，用于巡检任务接收与执行过程记录。

移动执法仪：由电池、4G 卡、摄像头、语音话筒及附件等集成，以无线的方式与区控中心之间进行图像传输和语音对讲，并可回放巡检录像和查看轨迹路线，支持视频数据保存与导出功能。

（3）工艺巡检采样与水质检测工具类。

常用工艺巡检工具包括取样器、便携式检测仪、抹布等，其中便携式检测仪分为便携式溶氧仪、便携式 pH 计、便携式 SS 测定仪等。

取样杯　　便携式检测仪　　抹布

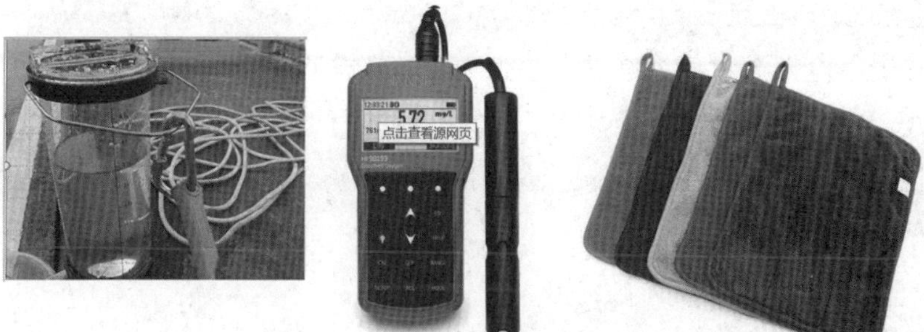

图 1.2-4　巡检工具

水质取样器：用于现场污水采样，其规格型号有 1×25 L、1×0.7 L、1×1 L、1×1.5 L 等。

便携式检测仪：用于监测水中各种成分的仪器，常用的检测仪有 COD 测定仪、BOD 测定仪、氨氮测定仪、总磷测定仪、浊度仪、pH 计等。

抹布：用于擦拭仪表显示屏、设备观察孔附着的尘土等污染物。

（4）设备巡检工具与检测仪表。

常见设备巡检工具包括一字螺丝刀、十字螺丝刀、钳子、阀门扳手等调控工具；以及万用表、钳形表、验电笔、测温仪、振动仪等检测仪表，见图 1.2-5。

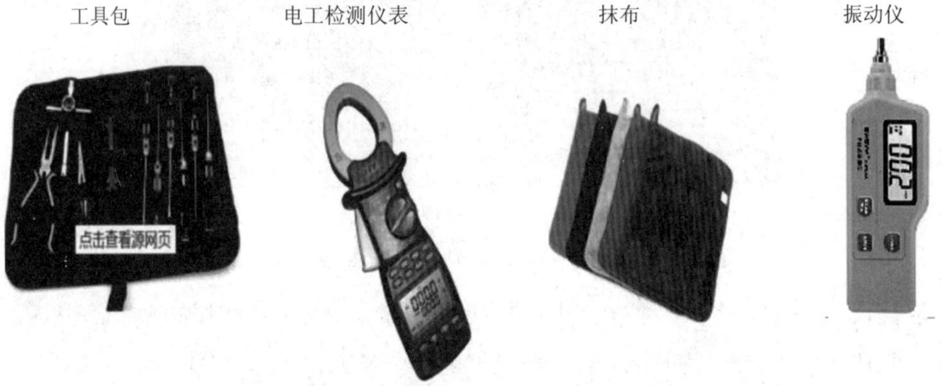

图 1.2-5　电工巡检工具

工具包：用于控制箱内接线端子排螺丝的紧固或松动，手动阀门的开度调节。常用的调控工具有各种规格螺丝刀、阀门扳手、剥线钳等。

检测仪表：用于运行设备的电压、电流、电阻、振动、温度等参数的检测。常用的检测工具有万用表、钳形表、验电笔、测温仪、振动仪等。

抹布：用于擦拭仪表显示屏、设备观察孔附着的尘土等污染物。

振动仪：用于实施监测设备振动情况，可以诊断设备故障类型。

2．现场固定巡检点

现场固定巡检打卡点分为运行巡检点和设备巡检点两种。运行巡检点安装分为支架式和挂壁式，安装在巡检路线处，用于运行任务执行中现场巡检打卡；设备巡检点以贴片方式安装在设备控制柜或设备本体上，用于设备任务执行过程中现场巡检打卡。

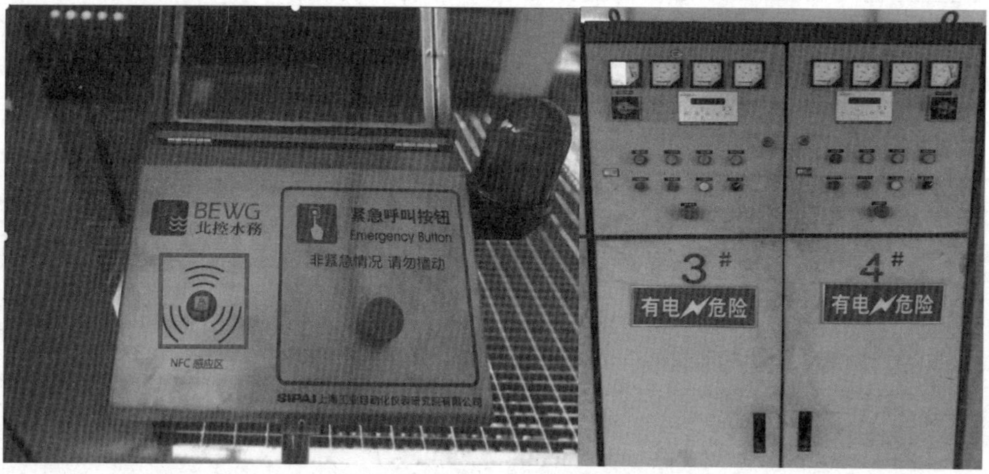

图 1.2-6　巡检点

3．巡检任务下发

（1）运行巡检任务。

运行巡检任务分为常规任务和临时任务两类，常规任务指人工编制巡检任务内容及要求，设定下发周期，由系统根据设定时间自动周期性下发。临时巡检任务指人工编制巡检任务内容及要求，在任意时间由具有任务派发权限的人手动下发。

（2）设备巡检任务。

设备巡检任务分为常规任务和临时任务两类，常规任务指人工编制巡检任务内容及要求，设定下发周期，由系统根据设定时间自动周期性下发。临时巡检任务指人工编制巡检任务内容及要求，在任意时间由具有任务派发权限的人手动下发。

三、注意事项

（1）任何现场巡检工作，作业人员必须穿戴巡检人员安全防护工具，携带巡检仪、移动执法仪。

（2）巡检工具领取后，作业人员首先进行检查，工具外观完好无损、各检测功能正常可用，有损坏或故障工具按照相应规程及时上报。

（3）巡检任务完成后，作业人员首先将各工具恢复到初始状态，然后放回其指定位置，损坏或故障工具按照相应规程及时上报。

子任务 1.3　巡检仪功能操作介绍

一、任务目的

通过本节学习，熟悉巡检仪 App 的常用功能，包括但不限于首页功能、巡检任务功能、视频监视功能、生产监视功能、数据录入功能、文档管理功能等。

二、方法步骤

1. 巡检仪 App 登录

巡检仪 App 登录操作详见“子任务 4.1.1　常规巡检任务中的巡检工具选择”章节。

2. 首页界面功能

（1）任务完成情况：显示当天任务完成比例，饼图“”显示实际数量及占比。

（2）天气及定位信息“
”：显示当天天气信息、登录人、登录时长、位置及定位的经纬度。

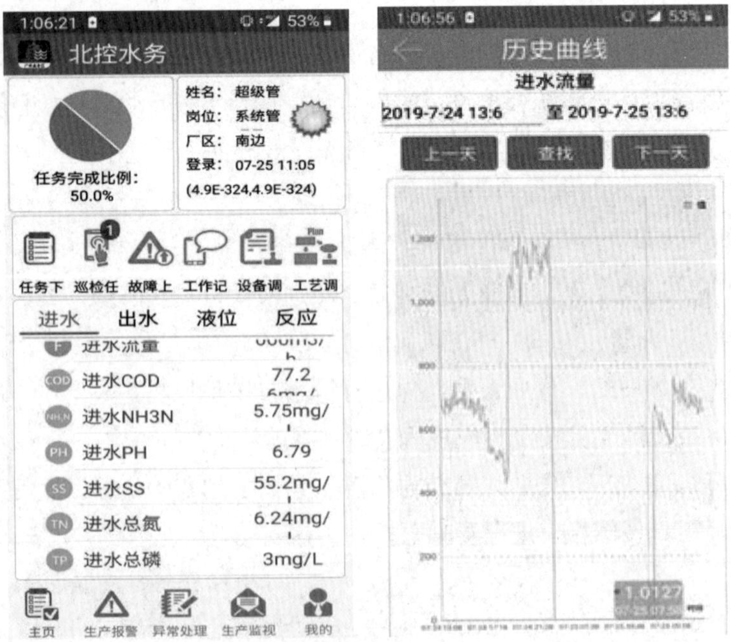

图 1.3-1　巡检仪主界面

（3）快捷功能区“

”：显示巡检过程中的一些快捷键，包括临时任务下发、巡检任务、故障上报、工作记录、设备调整、工艺调整、数据录入、语音通话、视频监控、设备查询、文件管理等。

（4）指标实时数据显示区“

”：分为进水水质、出水水质、液位、生化反应过程 4 类，显示当前岗位重点关注的仪表指标的实时值。具有单仪表指标 24 h 历史趋势曲线查看功能。

3. 常用快捷键功能

（1）巡检任务菜单显示待执行巡检任务列表，具有任务查看、选择、执行、反馈功能。

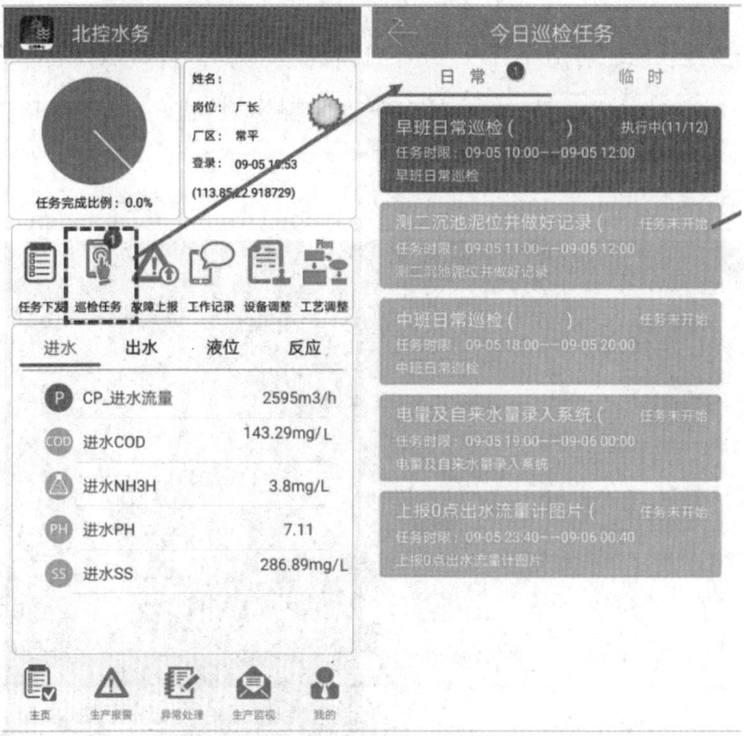

图 1.3-2 巡检仪首页

巡检任务内容页面分为基本信息区和功能按钮区，其中基本信息区包括任务名称、巡检点名称、内容、照片上传等，功能按钮区包括异常上报、故障上报、故障记录按钮。如图 1.3-3 所示。

图 1.3-3　巡检任务界面

（2）视频监控功能，可随时查看水厂内实时视频画面。视频监视页面分为摄像头切换按钮区和视频画面显示区两部分，第一部分摄像头切换区，为列表形式显示厂内所有摄像头名称的图标；第二部分视频画面显示区，显示所选摄像头的实时视频画面。如图 1.3-4 所示。

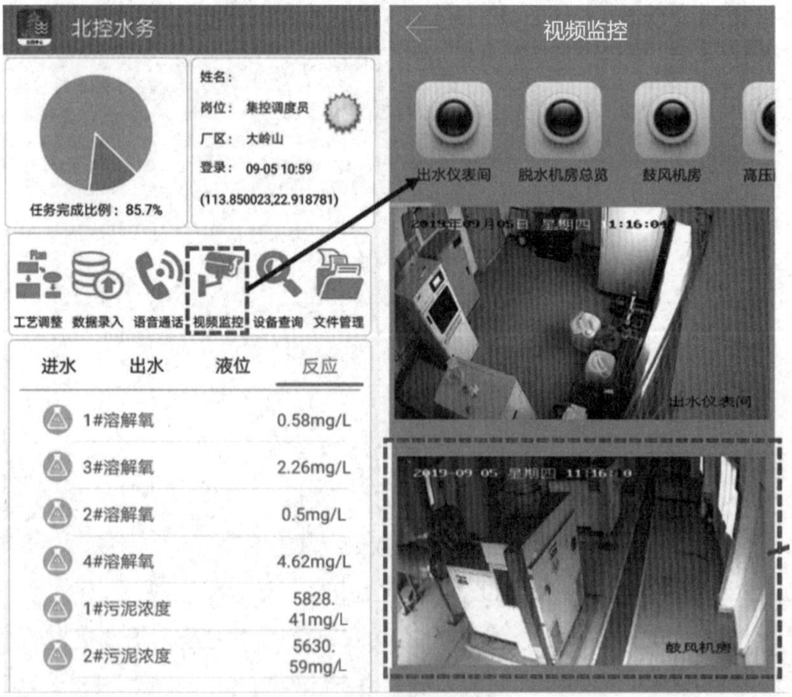

图 1.3-4　巡检仪视频功能

（3）数据录入功能用于手抄数据的记录使用，分为化验数据录入和运行数据录入两个类型。页面分为功能区和历史记录查看两部分，第一部分功能区包括新增按钮、数据类型选择按钮、曲线按钮，其中“新增”按钮用于创建化验或运行录入数据模板；“数据类型选择”按钮与第二部分历史记录数据显示区配合使用，如切换为化验数据时显示化验历史录入数据，“曲线”按钮用于查看本月录入数据的变化趋势，可以查询日期、可显示隐藏指标。第二部分历史记录数据查看，显示当月每日的录入数据列表，显示内容录入数据所属日期、录入时间、填写人、状态（是否提交、是否审核通过），点击数据记录行查看详细内容。

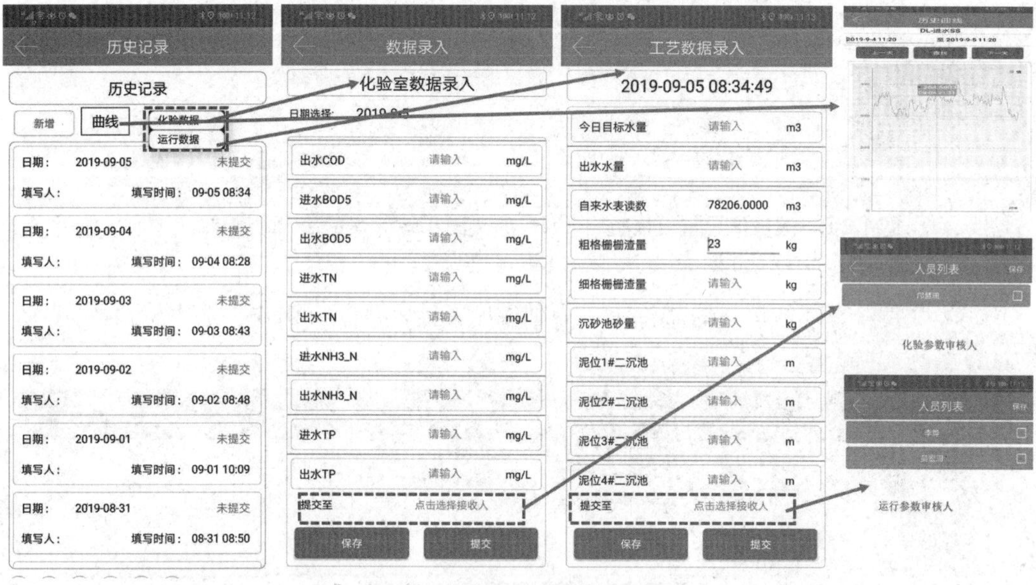

图 1.3-5　巡检仪数据录入功能

（4）巡检异常上报功能。异常上报功能分为工艺异常和设备异常两类，其中工艺异常用于水质、药量等运行类异常事件的上报；设备类异常用于生产设备故障事件的上报（图 1.3-6）。

（5）工作记录功能用于分厂当班人员在未收到派发任务，但现场生产区域有需要处理的工作时。工作记录页面包括工作区域所在地、工作内容、工作前后照片、工作人员、工作起止时间等内容（图 1.3-7）。

图 1.3-6　巡检仪异常上报功能

图 1.3-7　巡检仪工作记录

（6）文件管理功能可随时查询水厂规则制度、技术规程、操作手册等资料。

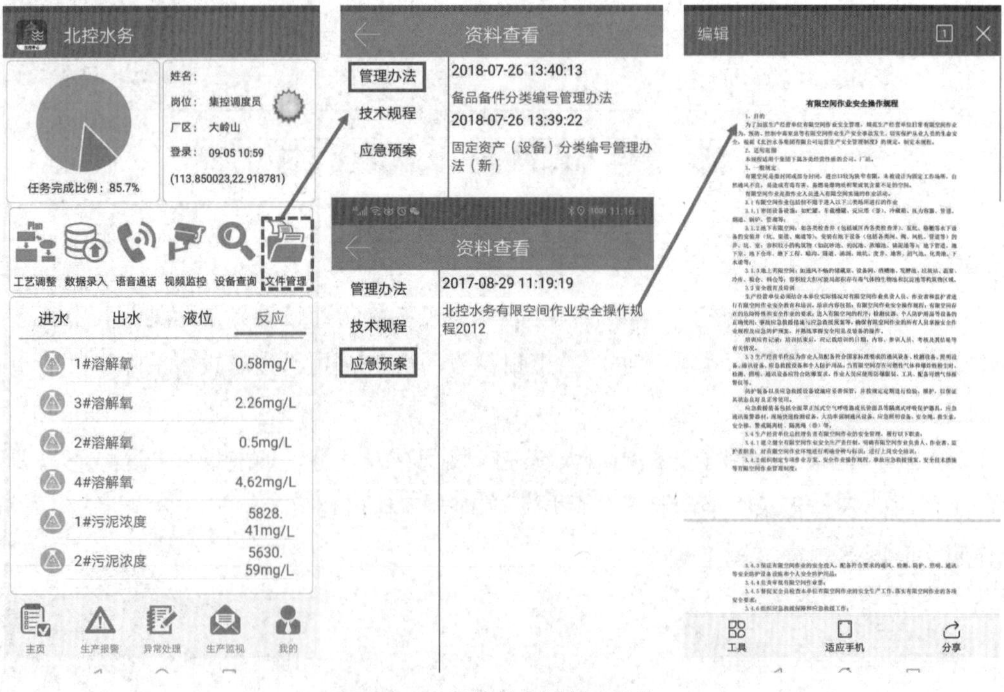

图 1.3-8　巡检仪文档管理功能

4．生产报警功能

生产报警页面用于当日水厂生产过程中设备故障、仪表超限时的报警信息显示和人工确认使用。页面分为已确认和未确认两个页签，其中已确认页签用于当班人员接收到报警信息后，已到现场故障处进行过确认的报警信息显示；未确认页签用于当班人员接收到报警信息，还未到故障处进行过确认的报警信息（图 1.3-9）。

图 1.3-9　巡检仪生产报警功能

5．生产监视功能

生产监视功能，列表显示水厂电控设备运行状态、仪表实时数据情况，同时，具有趋势曲线查询功能，可自定义设定要查询指标的起止日期，查看历史数据曲线（图 1.3-10）。

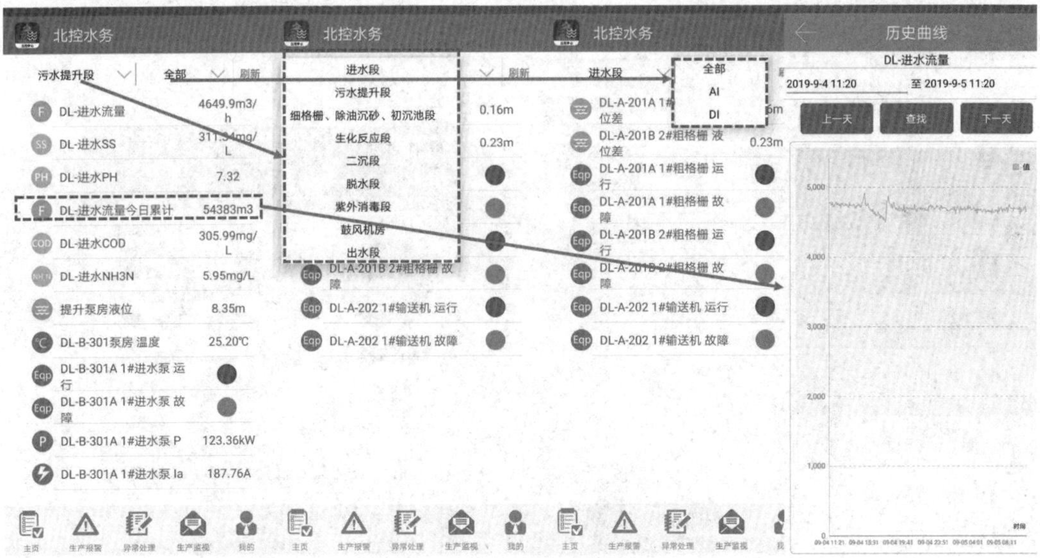

图 1.3-10　巡检仪生产监视功能

6．我的页面功能

我的页面功能主要包括交接班、历史消息、个人管理、扫码登录、NFC 读写、关于软件、修改密码、切换用户、退出等菜单，主要菜单功能简述如下（图 1.3-11）。

（1）交接班功能，用于水厂当班人与接班人进行工作交接，包括交班、接班人信息、当班班次、设备运行、工艺运行、6S、工器具、接班意见等内容（图 1.3-12）。

（2）个人管理功能，用于显示本人当月的工作任务数、完成情况，个人绩效工时（图 1.3-13）。

（3）修改密码功能，用于本人密码修改使用，为保证账号安全，原则要求定期修改密码。

图 1.3-11　巡检仪我的页面

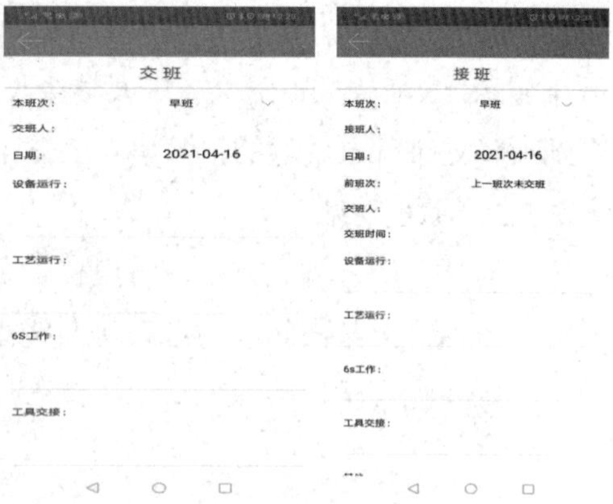

图 1.3-12　巡检仪交接班功能

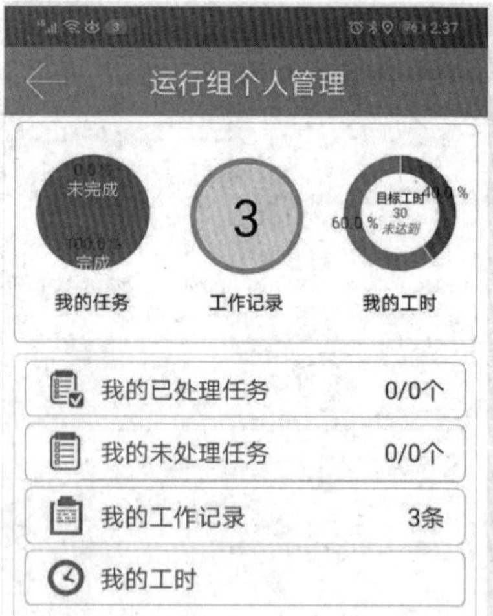

图 1.3-13　巡检仪个人界面

三、注意事项

（1）新员工需提前注册个人账号，在使用巡检仪时，登录本人账号。

（2）巡检仪功能按照岗位划分使用权限，不同岗位查看内容有区别。当前巡检仪巡检管理 App 中岗位分为设备维修、巡检、化验、区域工程师、管理层。

（3）巡检仪使用时应轻拿轻放，严禁野蛮操作；使用后应及时清洁，由专人保管并且在固定位置存放。

子任务 1.4　巡检仪现场使用方法演示

一、任务目的

通过本节学习，熟悉巡检仪扫码 NFC 卡的步骤，能够在现场独立完成巡检点打卡操作，为实际执行巡检任务奠定基础。

二、方法步骤

水厂当班人通过巡检仪接收巡检任务，按照巡检任务中的巡检路线执行巡检工作。在到达巡检打卡点后利用巡检仪完成巡检打卡操作，其使用方法如下：

（1）打开巡检仪 App，从任务菜单中打开本次巡检任务，如图 1.4-1 巡检任务页面所示。

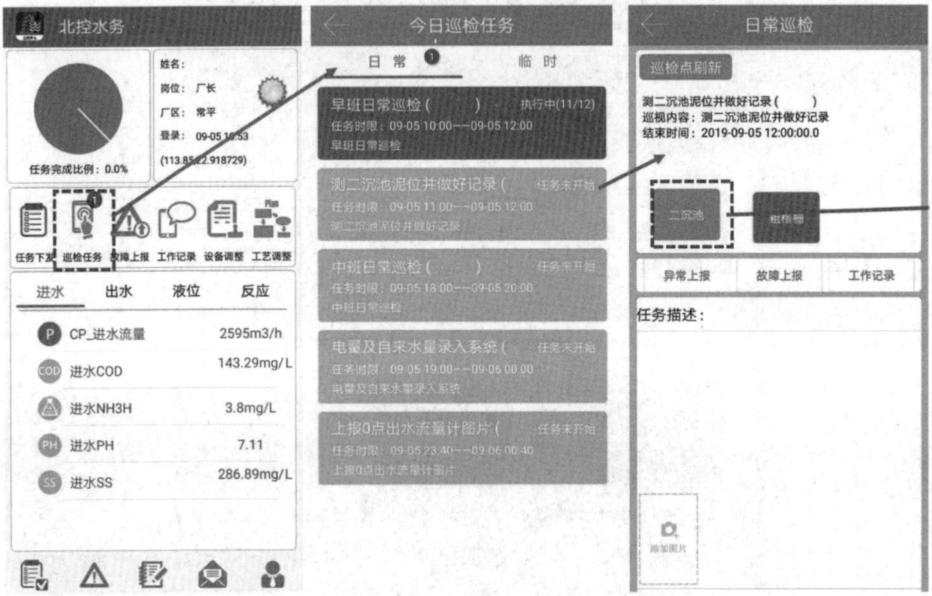

图 1.4-1　巡检任务页面

（2）NFC 扫码操作，将巡检仪靠近巡检点，其间距离不超过 5 cm，当听到语音提示“本次打卡成功”并同时伴有“滴滴”声响时移开巡检仪。如图 1.4-2 现场 NFC 扫码页面。

图 1.4-2　现场 NFC 扫码页面

（3）效果查看，查看巡检仪中巡检任务页面巡检点名称颜色是否由“灰色”变为“蓝色”。巡检点页面如图 1.4-3 所示。

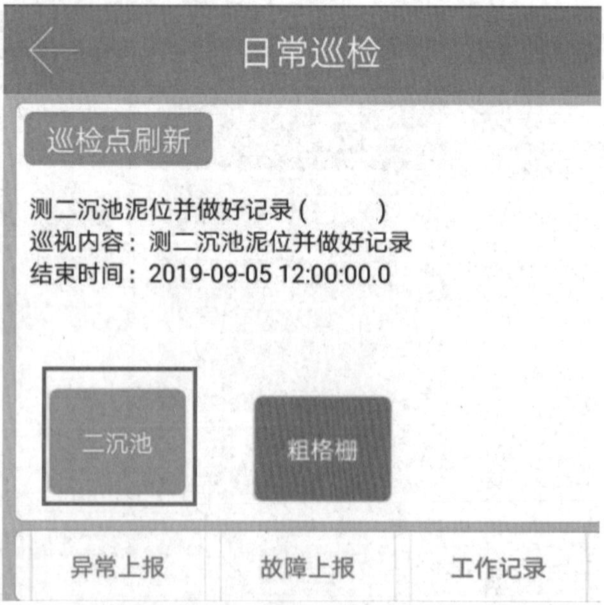

图 1.4-3　巡检点页面

三、注意事项

（1）现场巡检点 NFC 卡应提前完成信息注册。

（2）巡检仪应保持 4G/Wi-Fi 网络信号不少于 3 格。

任务小结

本章节学习了现场巡检装备的选用和使用方法，掌握了水厂巡检任务和配套巡检工具的使用技能，水厂工艺运行状态和设备运行状态的巡检判定方法，以及异常情况的处理方法，为现场巡检做好准备工作。

任务练习

（1）常用巡检工具有哪些？

（2）设备三级巡检是指哪三级？巡检周期和方法是什么？

（3）巡检仪常用功能有哪几个？

（4）巡检仪 NFC 扫码如何操作？

任务 2　现场工艺运行巡检准备

任务目的

（1）了解运行巡检的一般方法。

（2）熟悉现场运行巡检路径。

（3）掌握运行巡检工单的制定与派发流程。

（4）掌握运行巡检工单的填写方法。

任务综述

（1）通过学习运行巡检的一般方法，掌握日常运行巡检技能。

（2）通过学习工单系统，了解运行巡检工单从制定、派发到执行填写的全过程。

实训设备

（1）设备巡检移动终端 1 台。

（2）设备巡检工具包 1 个。

任务实施

子任务 2.1　工艺运行巡检的方法

一、任务目的

通过学习污水处理厂日常巡检方法，了解运行巡检的一般方法，为实际执行运行巡检任务奠定基础。

二、任务准备

（1）穿戴巡检装备。

（2）掌握工艺巡检路线。

作业人员应完成工艺巡检作业培训，并完全掌握生产管理的巡检办法和巡检路线，各分厂可根据实际情况制定巡检路线，并可经运行部经理批准后调整巡检线路。一般工艺巡检路线为集水井→粗格栅→进水提升泵房→细格栅→旋流沉砂池→生化池→污泥回流泵房（配水井）→二沉池→紫外消毒池→出水排放口→污泥脱水机房→鼓风机房→配电房→中控室。

（3）常规巡检工作流程。

熟悉常规巡检工作流程，见图 2.1-1。

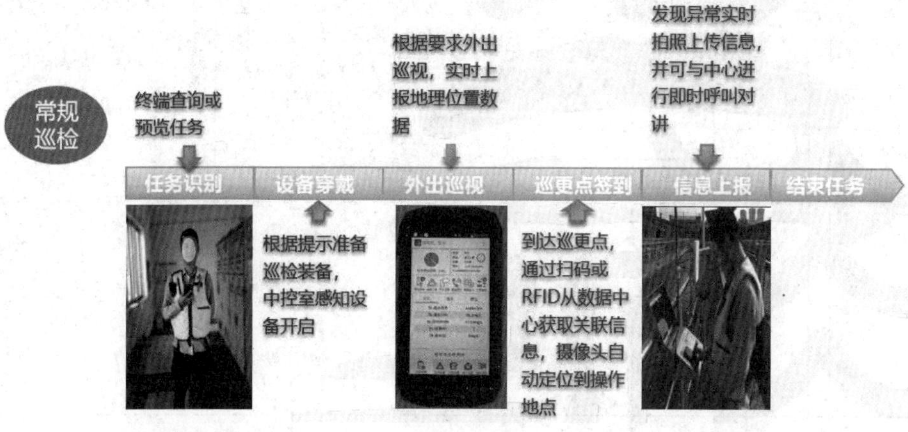

图 2.1-1　常规巡检工作流程

三、方法步骤

（1）集控系统或运维平台会下达巡检任务给当班运行巡检人员。

（2）巡检人员根据不同时间点执行相应巡检任务。

（3）巡检期间对发现的异常情况采用文字描述或拍照等多种方式及时上报集控中心处理。

（4）集控中心和管理人员也可下达临时任务给巡检当班人员执行。

（5）巡检人员参与执行工艺调整时要及时反馈执行情况。

生产运行巡检工作流程见表 2.1-1。

表 2.1-1　生产运行巡检工作流程

责任部门或责任人	工作程序与流程图	集控中心工作内容	现场人员工作内容
运行主管	常规巡检工单编制并下发	1. 系统定时自动下发巡检任务； 2. 系统记录当班人员信息	
巡检人员	登录移动端接收巡检任务 到巡检点巡检 是否存在异常情况（否；是） 异常上报	1. 移动端在巡检任务开始前 5 min 提醒当班人员； 2. 集约平台记录巡检轨迹； 3. 集控中心值班人员可以通过集控系统与手持移动端、执法仪进行互联、互通、互动，显示巡检状态，进行视频和语音通话	1. 当班人员必须佩戴巡检设备，登录巡检移动端； 2. 当班人员接收巡检任务后按照巡检路线及内容要求进行现场巡检工作； 3. 巡检中发现问题能现场处理的处理完成后填写工作记录，无法处理的根据问题类型填写工单进行上报； 4. 如遇到紧急问题可执法仪或移动端语音功能实时与相关人员进行对话
集控中心值班人员	设备是否存在问题（否；是）	系统将异常通知单提交给集控中心运行值班人员，运行值班人员对上报异常进行初判如能解决的填写异常处理记录后进行消单，如不能解决的判断是设备问题还是运行问题	巡检中发现运行类异常需要填报异常通知单进行上报
设备主管	通知设备主管下达派工单	集控中心运行值班人员将不能解决的工艺运行异常上报设备主管，设备主管下派工单	
运行主管	通知运行主管下达派工单	集控中心运行值班人员将不能解决的工艺运行异常上报运行主管，运行主管下派工单。复杂异常，运行主管可向区域中心申请工艺调整单	
巡检人员	巡检下一站点 结束		巡检中如果一切正常则巡检下一站点，直至巡检工单完成

四、注意事项

（1）严格执行《生产运行巡检办法》。

（2）严格遵守巡检技术规程安全事项，做好安全防护措施，杜绝人身安全隐患。

子任务 2.2　现场工艺巡检步骤和要求

一、任务目的

通过学习污水处理厂巡检步骤和要求，了解运行巡检，为实际执行运行巡检任务奠定基础。

二、准备工作

巡检人员佩戴好安全防护设备，如安全头盔、巡检服，安装好巡检仪。

三、任务实施

（1）巡检人员通过巡检终端查看区控中心运营管理平台定时下发的常规巡检任务内容和集控中心下发的临时任务内容。

（2）按照要求穿戴好巡检装备，根据巡检路线对各工艺段的处理工艺进行巡检，并填写巡检记录。

（3）巡检时发现异常，应及时通过巡检终端填写异常上报至集控中心，由集控中心进行分析处理。

四、注意事项

（1）严格遵守集控中心有关管理制度。

（2）巡视过程认真负责，记录数据要准确、清晰。

（3）发现工艺或设备异常及安全隐患及时处理及汇报，并如实填写相关记录表。

（4）坚持“安全第一、预防为主”的安全生产工作方针，保证生产安全。

（5）对可能出现的下列异常情况应增加巡视频次：

①下雨期间，进水栅渣量可能增加，应加强对粗格栅和细格栅的巡检，确保格栅正常连续运行；

②恶劣天气时（如刮大风、下大雨、雷电频繁）；

③运行中的设备有异常声音或发出异常气味；

④压器（指 10 kV 变压器）温度过高，超过设定报警温度；

⑤电源电压过高，超过国家标准±5%；

⑥电流接近额定值或超过正常运行时值；

⑦设备运行工艺参数与正常时工艺参数相差 20%；

⑧当发生极端天气或存在对员工有较大安全隐患的情况，经运行经理批准后，运行班组可不到现场巡视，由中控室进行观察和远程监控。

子任务 2.3　工艺巡检工单的下达

一、任务目的

通过学习工艺巡检工单，了解工艺巡检工单下达的方法步骤。

二、准备工作

巡检移动终端 1 台。

三、方法步骤

工艺巡检主要分为现场生产巡检与集控巡检两种类型。工艺巡检工单分为自动推送和手动推送（临时推送）两种工单。工艺巡检工单下发步骤如下。

（1）作业人员打开移动终端智慧水务运营管理 App（图 2.3-1）。

（2）点击“任务下发”标签（图 2.3-2）。

（3）在任务下发界面内点击“日常”标签（图 2.3-3）。

（4）在任务下发界面内填写任务名称，如工艺日常巡检（图 2.3-4）。

（5）在任务下发界面内填写任务描述，填写相应的巡检内容（图 2.3-5）。

（6）在任务下发界面内填写巡检时长和巡检间隔（图 2.3-6）。

（7）点击“下发”，巡检工单下达完成（图 2.3-7）。

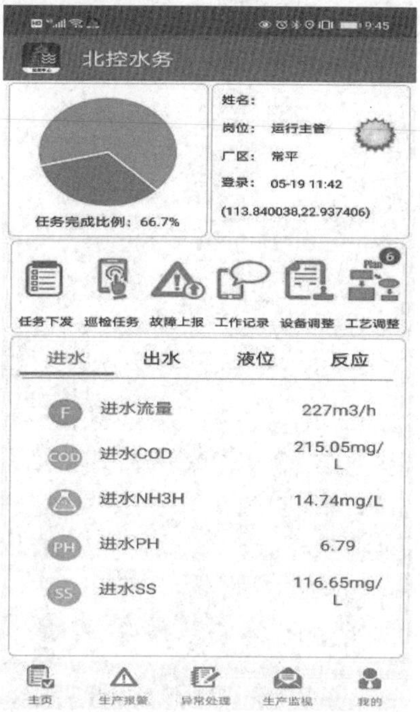

图 2.3-1　运营管理 App 界面

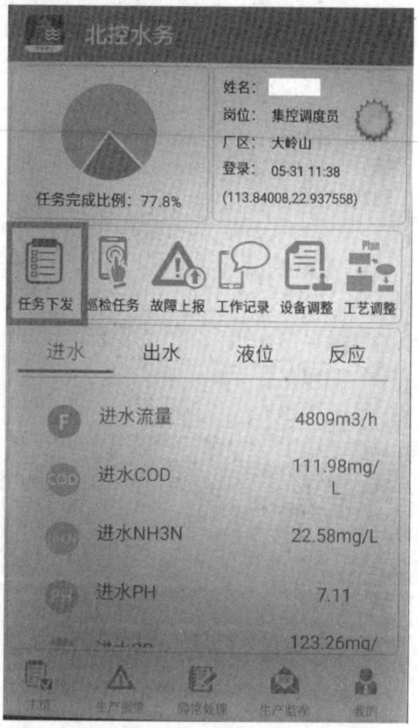

图 2.3-2　点击“任务下发”标签

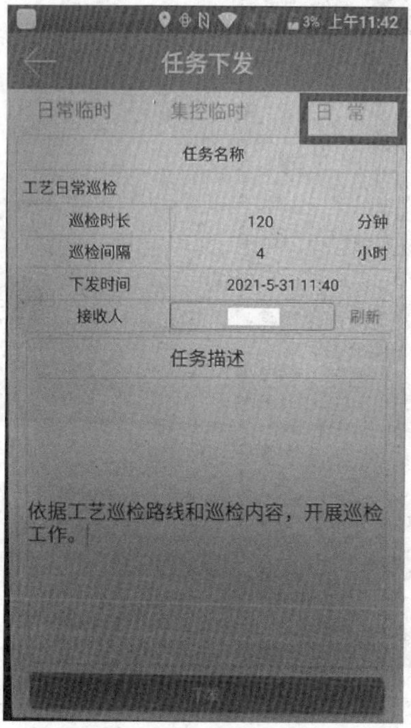

图 2.3-3　点击“日常”标签

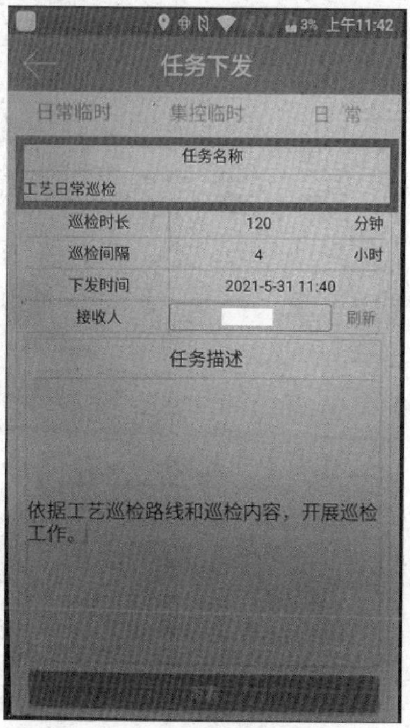

图 2.3-4　填写任务名称

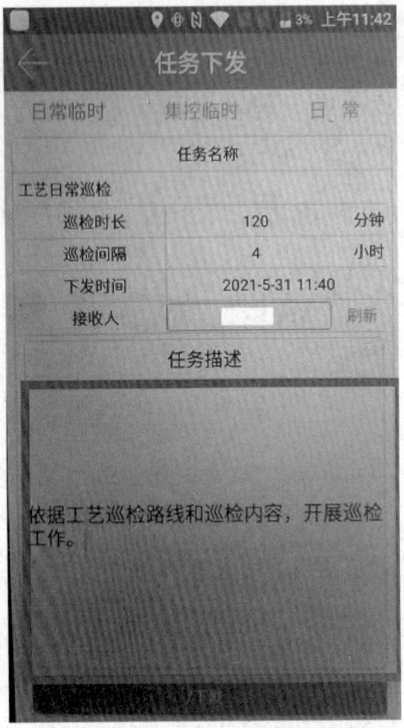

图 2.3-5　填写任务描述

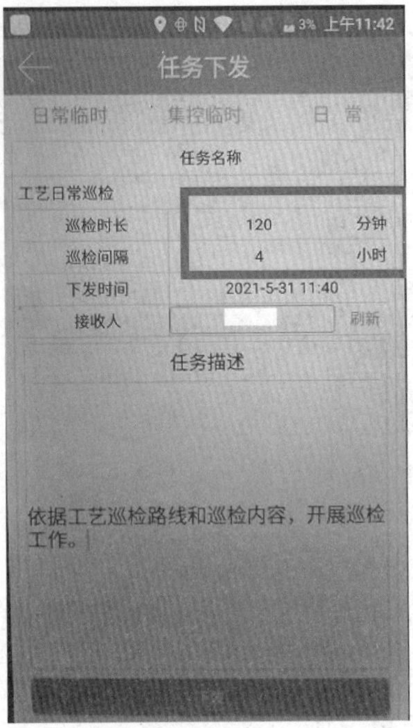

图 2.3-6　填写任务时长

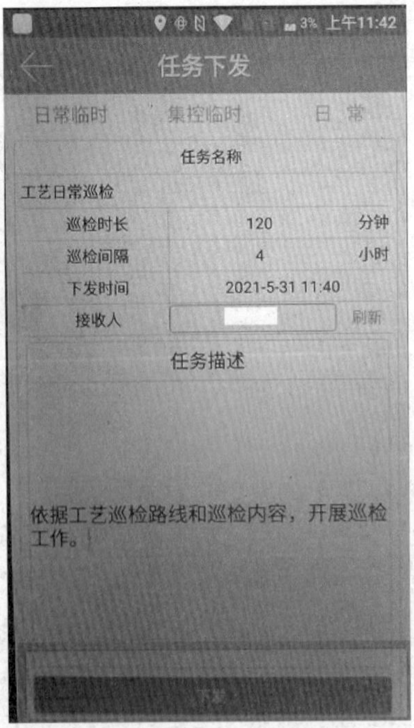

图 2.3-7　点击巡检工单“下发”

子任务 2.4 运行巡检记录填写

一、任务目的

通过巡检步骤和要求，了解运行巡检，并填写相关记录。

二、任务准备

手持端 1 台或者笔记本电脑。

三、任务实施

1. 临时巡检任务记录

依据生产运行巡检工作流程，执行现场巡检工作，并按照要求填写记录单，如图 2.4-1 所示。重点填写内容包括巡检结果和图片上传。

返回

巡检记录

巡检名称	抄录相关电表数据	巡检类型	日常巡检
巡检时间	2021-04-02 08:00	运行模式	模式B
巡检人员		完成时间	2021-04-02 08:33
巡检内容	到配电房抄高压计量柜电量、光伏计量柜电量以及其他相关电表数		
巡检结果	已抄录。		
图片			

巡更点明细列表

序号	名称	地址	位置坐标X	位置坐标Y	相关摄像头	状态	巡检时间	巡检设备数量
1	配电室	配电室	118.5819780714286	28.351122741935487		已巡检	2021-04-02 08:32:50	0

图 2.4-1 临时巡检任务记录填报

2. 常规巡检任务记录

由系统自动派发的计划性常规巡检任务，在巡检完成后，可自动生成巡检记录，如图 2.4-2 所示。

巡检记录

巡检名称	常规巡检	巡检类型	日常巡检
巡检时间	2021-06-12 15:00	运行模式	模式A
巡检人员		完成时间	2021-06-12 16:54
巡检内容	常规巡检：每天9点和15点对全厂各区域进行全面巡检（各区域指标和设备一级巡检）		
巡检结果			
图片			

巡更点明细列表

序号	名称	地址	位置坐标X	位置坐标Y	相关摄像头	状态	巡检时间	巡检设备数量
1	粗格栅前	粗格栅前	118.58209200000002	28.35087048387097		已巡检	2021-06-12 15:59:22	3
2	提升泵房	提升泵房	118.58201664285714	28.350895645161294		已巡检	2021-06-12 15:59:56	7
3	细格栅后	细格栅后	118.5819605714286	28.35087048387097		已巡检	2021-06-12 16:04:35	5
4	生化池	生化池	118.58171342857145	28.35111306451613		已巡检	2021-06-12 16:11:48	20
5	配水井机柜间	配水井机柜间	118.58140235714286	28.350951774193554		已巡检	2021-06-12 16:15:22	6
6	紫外消毒	紫外消毒	118.5812387857143	28.350951774193554		已巡检	2021-06-12 16:16:44	1
7	脱水机房	脱水机房	118.58143771428571	28.351133064516133		已巡检	2021-06-12 16:20:25	10
8	出水井	出水井	118.58123164285714	28.35115048387097		已巡检	2021-06-12 16:19:32	1
9	鼓风机房	鼓风机房	118.58189307142858	28.351153709677422		已巡检	2021-06-12 16:31:46	3
10	配电室	配电室	118.5819780714286	28.351122741935487		已巡检	2021-06-12 16:32:46	0
11	中控室	中控室	118.58229557142857	28.350943387096777		已巡检	2021-06-12 16:53:56	0

图 2.4-2 常规巡检任务记录

任务小结

本章节学习了工艺运行巡检方法，初步掌握了现场工艺巡检路径、巡检对象、巡检周期、巡检内容和要求等，掌握了巡检工单下达和巡检记录填写的方法。

任务练习

（1）工艺巡检时应注意哪些事项？

（2）工艺巡检的流程是什么？

（3）工艺巡检的装备有哪些？

（4）一般生产运行巡检办法是什么？

（5）巡检工单重点填写内容有哪些？

任务 3 现场设备运行巡检准备

任务目的

（1）了解巡检设备状态的一般方法。

（2）了解设备日常巡检的步骤及要求。

（3）了解设备巡检工单的制定与下达流程。

（4）了解设备巡检工单的填写方法。

任务综述

（1）通过学习设备巡检的一般方法，了解如何对设备进行日常巡检。

（2）通过学习预处理单元的设备日常巡检步骤，了解设备巡检路径、巡检周期和巡检内容的相关概念。

（3）通过学习设备巡检工单系统的使用，了解设备巡检工单的下达和填写方法。

任务实施

子任务 3.1 设备运行状态巡检方法

一、任务目的

通过学习污水处理厂粗格栅设备的日常巡检方法，了解设备巡检的一般方法，为实际执行设备巡检任务奠定基础。

二、准备工作

1．实训场地

污水处理厂粗格栅工艺单元。

2．实训设备

（1）设备巡检移动终端 1 台。

（2）回转式粗格栅 1 台。

3．设备巡检技术规程

回转式粗格栅巡检及其安全作业规程见表 3.1-1。

表 3.1-1　回转式粗格栅巡检及其安全作业规程

巡检类型	巡检周期	巡检内容	巡检方法	安全保障措施
一级巡检	2 h	1. 格栅运行无障碍、无噪声	现场检查格栅前有无大块垃圾，格栅运转是否顺畅、平稳	必须执行安全规程，注意设备及人身安全
		2. 耙齿上无缠绕物，栅渣掉落正常	现场检查，发现有缠绕物应立即清除	
		3. 栅渣清除转刷或刮板是否正常	检查栅渣清除有效性	
		4. 减速机运行是否振动、声音异常	听、触	
二级巡检	每天	1. 涵盖一级巡检内容		
		2. 减速机润滑油有无泄漏	现场检查	
		3. 检查耙齿是否断裂增加，有无卡阻	检查耙齿情况	
		4. 格栅开停周期是否正常	现场检查运行时间、停止时间	
		5. 格栅与池壁间的挡板是否破裂	检查有无栅渣漏到格栅后	
		6. 液位差计显示是否正常	检查液位计显示与实际液位差是否相符	
三级巡检	每周	1. 涵盖二级巡检内容	现场检查	
		2. 检查减速机润滑油油位、油色	现场检查	
		3. 检查链条、导轨磨损情况	现场检查	
		4. 各部螺栓紧固情况	现场检查	
		5. 检查电控系统是否正常	现场检查	

三、方法步骤

（1）作业人员到达粗格栅巡检点（图 3.1-1）。

（2）作业人员打开移动终端智慧水务运营管理系统 App（图 3.1-2）。

图 3.1-1　粗格栅巡检点

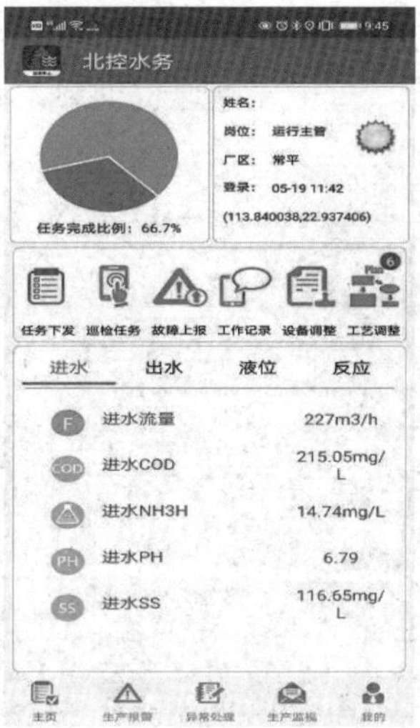

图 3.1-2　智慧水务运营管理系统 App 界面

（3）作业人员使用移动终端贴近粗格栅巡检点进行打卡（图 3.1-3）。

（4）打卡成功后，巡检仪上会显示粗格栅巡检点详情及设备信息，作业人员对照现场情况进行确认（图 3.1-4）。

图 3.1-3　作业人员进行粗格栅巡检点打卡

图 3.1-4　粗格栅巡检点详情界面

（5）作业人员按照粗格栅巡检及其安全作业规程要求，通过看、听、闻等一般巡检方法对粗格栅设备进行日常巡检作业。

①目视检查粗格栅驱动链条保护罩是否有松动脱落现象（图 3.1-5）；

②目视检查格栅链条、链板、耙齿是否有破损、断裂现象（图 3.1-6）；

③目视检查卡簧是否有脱落丢失（图 3.1-7）；

④目视检查电机减速机油封是否有渗漏（图 3.1-8）；

图 3.1-5　粗格栅驱动链条保护罩

图 3.1-6　目视检查粗格栅链条、链板和耙齿

图 3.1-7　目视检查卡簧是否有脱落丢失

图 3.1-8　目视检查电机减速机油封是否渗漏

⑤通过听觉检查格栅驱动装置是否有异响；

⑥通过嗅觉检查配电柜、控制柜周围是否有焦煳气味。

（6）作业人员完成粗格栅现场巡检作业后，填报智慧水务运营管理系统 App 巡检工单，操作步骤详见本任务“子任务 3.4　设备巡检工单的填写”一节。

四、注意事项

粗格栅设备巡检作业的风险源：

（1）机械伤害。粗格栅为传动机械设备，存在机械伤害风险。

（2）触电伤害。粗格栅控制箱、配电箱为电气设备，存在触电伤害风险。

（3）跌落伤害。粗格栅渠道边缘存在跌落伤害风险。

（4）中毒伤害。粗格栅进水渠道可能存在硫化氢、氨气等有毒气体，有中毒伤害风险。

作业人员应严格遵守粗格栅巡检及其安全作业规程进行作业，避免上述危险事故的发生。

子任务 3.2　现场设备巡检步骤及要求

一、任务目的

通过执行污水处理厂预处理单元设备巡检，了解设备巡检的步骤及要求。

二、准备工作

1. 实训场地

（1）污水处理厂粗格栅工艺单元。

（2）污水处理厂进水提升泵工艺单元。

（3）污水处理厂细格栅及沉砂池工艺单元。

2. 实训设备

（1）设备巡检移动终端 1 台。

（2）粗格栅及螺旋输送机 1 套。

（3）进水提升泵及控制箱 1 套。

（4）细格栅及旋流沉砂池 1 套。

（5）低压配电柜 1 套。

三、方法步骤

1. 了解污水处理厂预处理单元的巡检路径

污水处理厂预处理单元由粗格栅、进水提升泵、细格栅及沉砂池、低压配电间 4 个工艺单元组成。设备日常巡检路径为：粗格栅巡检点→进水提升泵巡检点→细格栅及沉砂池巡检点→低压配电间巡检点。

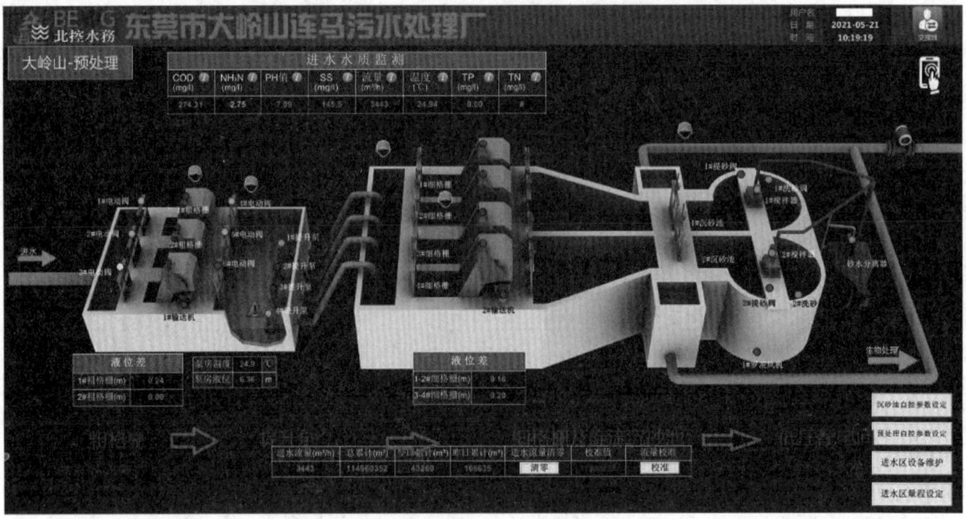

图 3.2-1　预处理单元设备巡检路径

2. 了解预处理单元设备巡检的对象

设备巡检对象即各巡检点的主要工艺设备，如：

（1）粗格栅单元——回转式粗格栅、螺旋输送机（图 3.2-2）。

（2）进水提升泵单元——进水提升泵（图 3.2-3）。

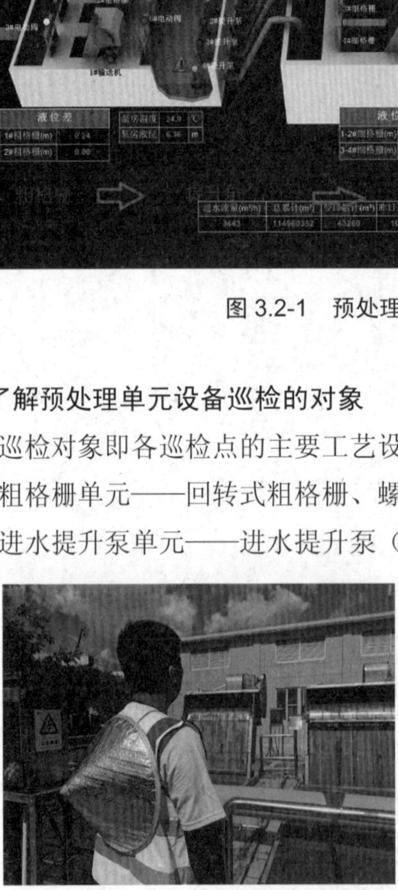

图 3.2-2　粗格栅单元

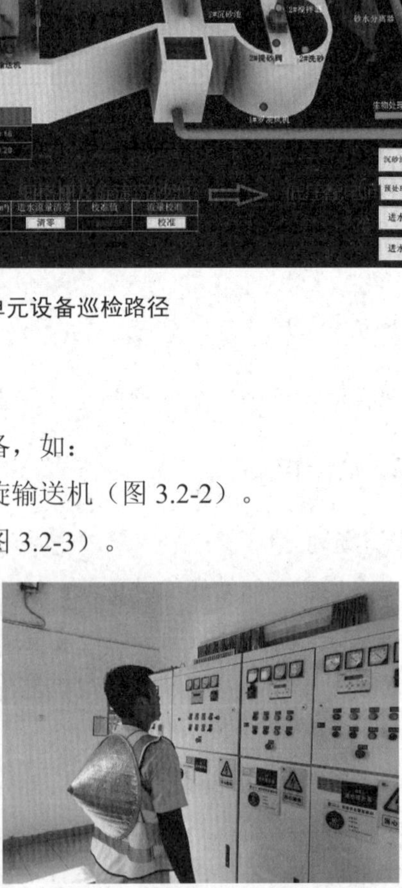

图 3.2-3　进水提升泵控制柜

（3）细格栅及沉砂池单元——回转式细格栅、沉砂池搅拌器、罗茨鼓风机（图 3.2-4）。

（4）低压配电间——低压配电柜（图 3.2-5）。

图 3.2-4　细格栅及沉砂池

图 3.2-5　低压配电室巡检点

3．了解预处理单元设备巡检的内容及周期

设备巡检分为日常巡检与专业巡检两种。日常巡检一般由运行值班人员执行，主要检查设备运行状态，周期为 1 d；专业巡检一般由设备维修维护人员执行，主要检查内容涉及机械、电气、仪表等专业知识，周期为 1 周。表 3.2-1 为预处理单元主要设备巡检内容及周期。

表 3.2-1　预处理单元主要设备巡检内容及周期

巡检点	设备名称	巡检类型	巡检周期	巡检内容
粗格栅单元	回转式粗格栅	日常巡检	每日	①检查整机设备运行状况，电机有无异响、异常振动； ②检查设备是否存在渗油、漏油现象； ③检查控制柜指示灯有无异常，有无故障报警
		专业巡检	每周	①检查并清除耙齿、链轨缠绕的杂物； ②检查控制箱内电气元件是否有过热现象； ③检查液位差计显示数值是否正常
	无轴螺旋输送机	日常巡检	每日	①检查设备运行情况，有无异响； ②检查螺旋有无缠绕物及垃圾
		专业巡检	每周	①检查减速器的润滑油是否在合适位置，是否有滴漏现象； ②检查螺旋磨损情况、内衬磨损情况； ③检查所有螺栓是否松动
进水提升单元	进水提升泵	日常巡检	每日	①检查电缆的紧固情况和提升钢绳（链条）是否正常； ②检查导轨是否松动变形； ③检查配电柜各指示灯是否显示正常
		专业巡检	每周	①检查设备运行情况，有无振动、异响； ②检查提升泵电压、电流是否正常

巡检点	设备名称	巡检类型	巡检周期	巡检内容
细格栅及沉砂池单元	细格栅	日常巡检	每日	①检查整机设备运行状况，电机有无异响、异常振动； ②检查设备是否存在渗油、漏油现象； ③检查控制柜指示灯有无异常，有无故障报警
		专业巡检	每周	①检查并清除耙齿、链轨缠绕的杂物； ②检查控制箱内电气元件是否有过热现象； ③检查液位差计显示数值是否正常
	旋流沉砂池搅拌器	日常巡检	每日	①检查搅拌器运行是否正常； ②检查控制箱有无故障报警
		专业巡检	每周	①检查电机运行是否正常，有无异响； ②检查设备是否存在渗油、漏油现象； ③检查提砂系统运行状况
	罗茨鼓风机	日常巡检	每日	①检查风机运行情况，有无异响； ②检查控制箱有无故障报警
		专业巡检	每周	①查看过滤器堵塞状况； ②测量电流值是否正常； ③检查控制箱内电气元件、接线螺钉是否完好
低压配电间	低压配电柜	日常巡检	每日	①检查各配电柜运行指示灯是否正常； ②检查低压配电室温度是否正常
		专业巡检	每周	①检查进线柜三相电缆温度是否正常； ②检查进线柜电压电流显示是否正常； ③检查无功补偿功率因数是否正常

四、注意事项

预处理单元各巡检点的风险因素：

（1）机械伤害。粗格栅、细格栅、吸砂鼓风机等为传动机械设备，存在机械伤害风险。

（2）触电伤害。预处理配电间配电柜、各设备控制箱等为电气设备，存在触电伤害风险。

（3）跌落伤害。粗格栅渠道、细格栅渠道边缘存在跌落伤害风险。

（4）中毒伤害。粗格栅进水渠道、提升泵井内可能存在硫化氢、氨气等有毒气体，有中毒伤害风险。

作业人员应严格遵守预处理单元各设备巡检安全作业规程进行作业，避免受到上述伤害。

子任务 3.3　设备巡检工单的下达

一、任务目的

通过学习下达粗格栅设备巡检工单，了解设备巡检工单下达的方法步骤。

二、准备工作

1. 实训场地

设备实训基地机房。

2. 实训设备

设备巡检移动终端 1 台。

三、方法步骤

（1）作业人员打开移动终端智慧水务运营管理 App（图 3.3-1）。

（2）点击“任务下发”标签（图 3.3-2）。

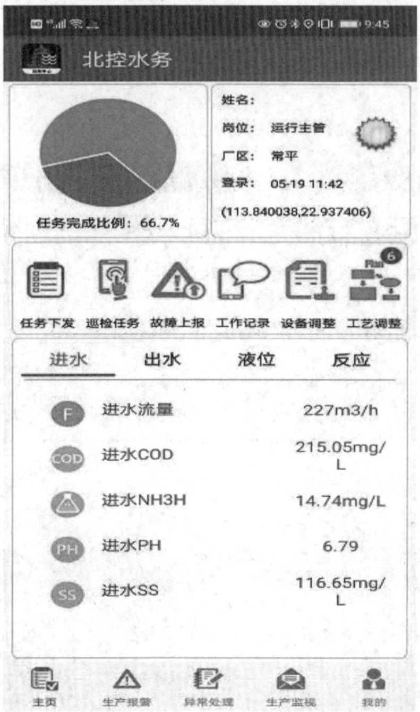

图 3.3-1　智慧水务运营管理 App 界面

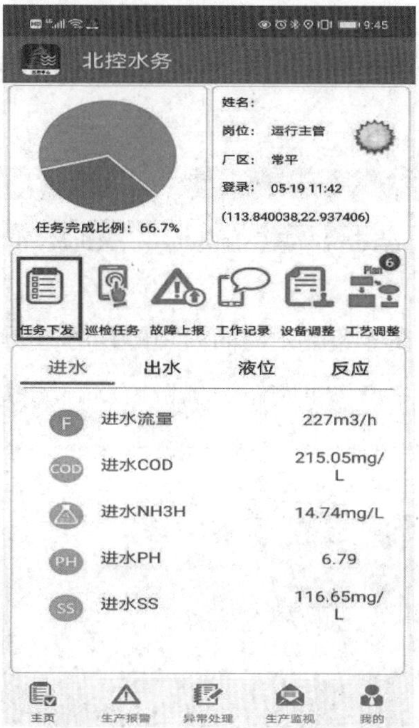

图 3.3-2　点击“任务下发”标签

（3）在任务下发界面内点击“日常”标签（图 3.3-3）。

（4）在任务下发界面内填写任务名称，“粗格栅日常巡检”（图 3.3-4）。

（5）在任务下发界面内填写任务描述（图 3.3-5）。

①检查粗格栅运行状态是否正常；

②检查粗格栅液位差数值是否正常。

图 3.3-3　点击“日常”标签

图 3.3-4　填写任务名称

图 3.3-5　填写任务描述

（6）在任务下发界面内填写任务时长：30 min（图 3.3-6）。

（7）点击“下发”，粗格栅设备巡检工单下达完成（图 3.3-7）。

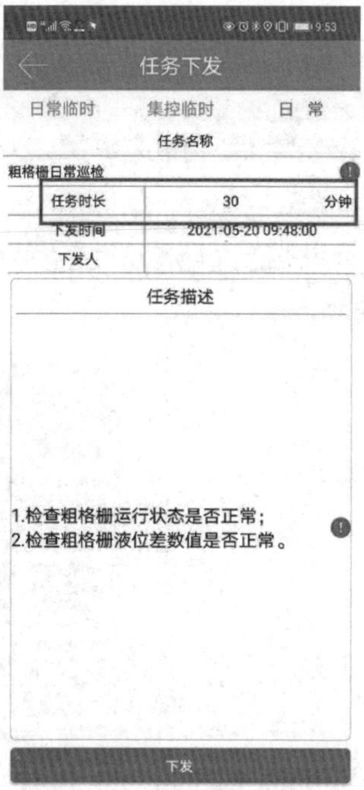

图 3.3-6　填写任务时长

图 3.3-7　点击巡检工单“下发”

子任务 3.4　设备巡检工单的填写

一、任务目的

通过学习填写粗格栅日常巡检工单，了解设备巡检工单的填写方法。

二、准备工作

1．实训场地

污水处理厂粗格栅工艺单元。

2．实训设备

（1）设备巡检移动终端 1 台。

（2）回转式粗格栅 1 台。

三、方法步骤

（1）作业人员使用移动终端打开智慧水务运营管理 App，点击“巡检任务”标签（图 3.4-1）。

（2）移动终端显示今日待执行巡检任务工单，点击待执行任务（蓝色区域）（图 3.4-2）。

（3）移动终端显示巡检点列表页面（图 3.4-3）。

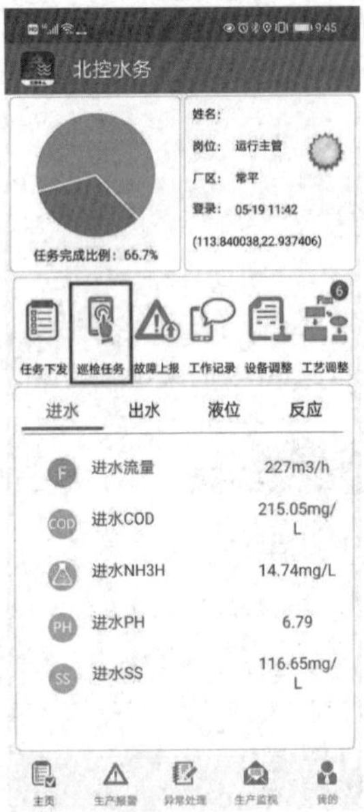

图 3.4-1　点击“巡检任务”标签

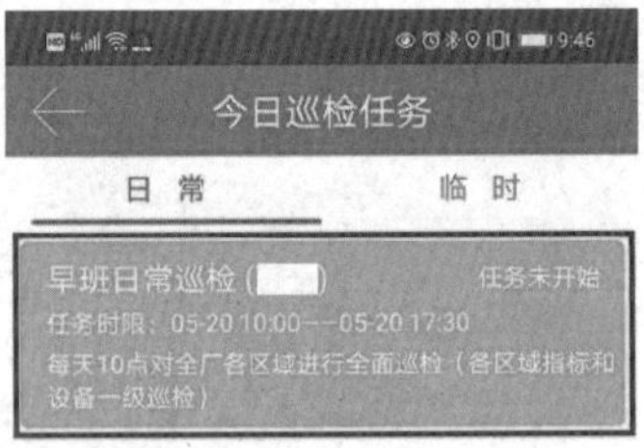

图 3.4-2　今日待执行巡检任务

图 3.4-3　巡检点列表

（4）作业人员到达粗格栅间巡检点，使用手机终端智慧水务运营系统 App 进行巡检点打卡（图 3.4-4）。

（5）当启用 NFC 功能的手机终端贴近巡检打卡，智慧水务运营系统 App 将自动读取并显示当下巡检点详细情况和设备信息（图 3.4-5）。

（6）按照本任务“子任务 3.1　设备运行状态巡检方法”一节内容，对粗格栅设备进行状态检查，确认无异常。

（7）粗格栅巡检完毕，点击“工作记录”标签（图 3.4-6）。

（8）移动终端返回巡检点列表界面，粗格栅巡检完毕且无异常需填报。作业人员继续进入下一个巡检点（图 3.4-7）。

图 3.4-4　粗格栅巡检点打卡

图 3.4-5　粗格栅巡检点详细情况

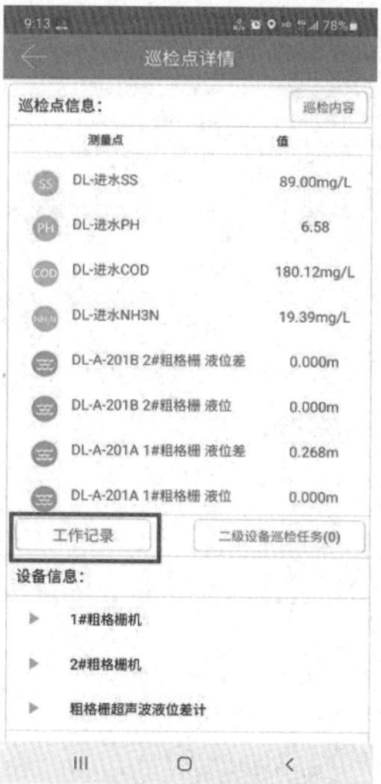

图 3.4-6　巡检完毕点击“工作记录”

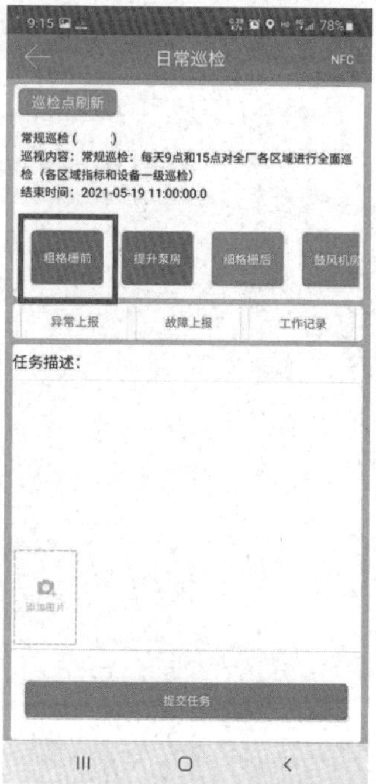

图 3.4-7　粗格栅巡检任务执行完毕

任务小结

通过本章节学习，了解了巡检设备状态的一般方法、步骤及要求，掌握了设备巡检工单下达及填写的方法步骤。

任务练习

（1）简述粗格栅巡检作业要点。

（2）简述填报粗格栅巡检工单的操作步骤。

项目五

水质指标监测

学习目标

一、知识目标

掌握水样采集与保存的方法；掌握水样的温度、pH、溶解氧、悬浮物、硫酸盐和全盐量的测定方法；掌握数据异常判断和统计检验的方法。了解水样采集前的准备工作、水质采样记录表的填写规范及水样运输与交接中的注意事项；了解温度、pH 等水质指标监测的注意事项；了解数据记录、单位换算的方法。

二、技能目标

能根据测定项目正确地进行水样采集、保存、运输与交接；能规范测定水样的温度、pH、溶解氧、悬浮物、硫酸盐、全盐量等指标；能正确记录操作数据并对数据进行单位的换算，并对测定数据进行异常判断和统计检验。

项目综述

本项目包括水样采集、样品分析和数据处理 3 个工作任务。

任务1　水样采集

技能目标

（1）做好采样器材的准备，根据测定项目选择设备、工具和洗涤取样器皿。

（2）根据水样类型选择取样位置，并按技术规范正确采集水样。

（3）根据测定项目正确选用水样的保存方法。

（4）填写水质采样记录表。

（5）做好水样的运输与交接。

任务综述

（1）熟悉水样采集的设备和要求。

（2）掌握水样采集、保存的方法。

（3）了解水质采样记录表填写的要求。

（4）了解水样运输与交接的过程。

实训设备

（1）有机玻璃采水器 1 台。

（2）水样瓶 3 个。

（3）冷藏箱 1 个。

任务实施

子任务 1.1　水样采集准备

一、任务目的

水样采集是水质指标监测流程的基础。水样采集是要从被监测的水体中取得具有代表性的水质样品，从而进行后续分析监测工作。采样只是环境分析监测中的一个步骤，与后继的分析测定步骤相比，采样工具的精确程度远比不上分析仪器，采样过程的严密程度也比不上分析过程，因此分析测定最终结果的总误差主要来自采样过程。正确选择采样方法和容器，执行采样操作规程，改进采样技术，对于提高分析监测质量是极其重要的。做好采样前的准备工作，可以使采样过程高效有序地完成。

二、方法步骤

在实施采样之前，我们首先应该明确具体计划和方案，确定监测项目，然后根据具体项目选择合适的采样器材及交通工具，并按要求洗涤取样器皿，充分做好准备工作。

1. 采样器材的准备

采样器材的材质应具有较好的化学稳定性，在样品采集、样品贮存期内不会与水样发生物理化学反应，从而引起水样组分浓度的变化。采样器具可选用聚乙烯、不锈钢、聚四氟乙烯等材质的。采样器具内壁表面应光滑，易于清洗、处理。采样器具应有足够的强度，使用灵活、方便可靠，没有弯曲物干扰流速，尽可能减少旋塞和阀的数量。

污水监测应配置专用采样器材，不能与地表水、地下水等环境样品的采样器材混用。污水监测常用的采样器材如下：

（1）表层采样器。水桶（PVC 或不锈钢，2.5～10 L）或排空式采样器，如图 1.1-1 所示。采样器应有足够的强度，且使用灵活、方便可靠，与水样接触部分应采用惰性材料。采样器使用前应清洗干净。

（2）泵式自动采水器。泵式自动采水器采用高可靠蠕动泵，混合式步进电机驱动，使用充电电池，满足各类环境条件下的水质采样需求，如图 1.1-2 所示。采样管采用硅胶材质，避免对水质的影响。

图 1.1-1　排空式采样器

图 1.1-2　泵式采水器

泵式自动采水器操作方法：

①固定采水管：将采水管的进水口绑在带铅锤的采样绳上。

②沉降到预定深度：可以手动操作也可由绞车操作。

③清洗采水管：开启蠕动泵。将水样泵入水样静置容器中，水样体积达到采水管内容积 5 倍以上后，关闭蠕动泵，将容器内的水倒掉。

④采集水样：将采水管上端插到静置容器底部，以 1 L/min 的速度泵入水样。待静置容器充满水样后，关闭蠕动泵，迅速从静置容器中取出水管。

（3）石油类采样器。根据《地表水和污水监测技术规范》的要求，石油类采样前，不对样品瓶进行冲洗。采样前先破坏可能存在的油膜，在水面至 300 mm 采集柱状水样，采集的水样全部用于测定。建议使用石油类采样器，如图 1.1-3 所示。

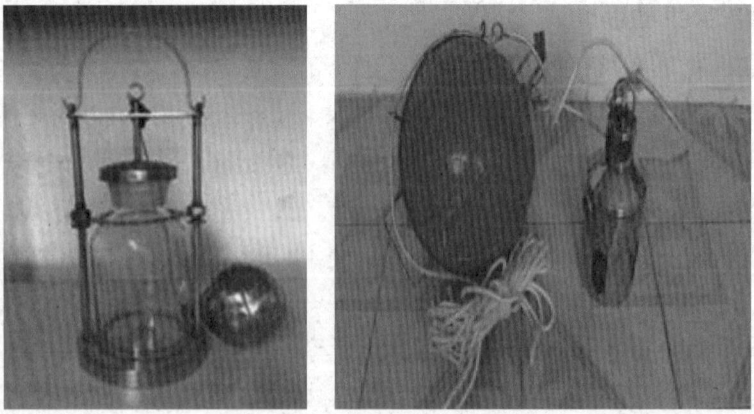

图 1.1-3　石油类采水器

（4）水深计。水深测量可使用铅垂和皮尺，或便携式水深计测量水深。

（5）测距仪。可使用皮尺、钢卷尺或激光测距仪，能够满足现场测量河面宽度需求，精度达到 1 m。

（6）温度记录仪。用于实时记录冷藏箱内的温度。技术参数要求如下：便携小巧，温度范围涵盖 0～5℃，能够通过 USB 接口连接电脑，自动上传数据和下载数据，文件格式为 Excel、Word 或 PDF 版本。

2．样品容器的准备

（1）样品容器的选用。

选择样品容器时应考虑组分之间的相互作用、光分解等因素，应尽量缩短样品的存放时间，减少对光、热的暴露时长等。此外，还应考虑生物活性。最常遇到的是清洗容器不当、容器自身材料对样品的污染和容器壁上的吸附作用。

在选择采集和存放样品的容器时，还应考虑容器适应温度急剧变化、抗破裂性、密封性能、体积、形状、质量、价格、清洗和重复使用的可行性等。常用的有多种类型，如细口、广口和带有螺旋帽的瓶子，也可配软木塞（外裹化学惰性金属箔片）、胶塞（不适用有机、生物分析）和磨口玻璃塞（碱性溶液易黏住塞子），这些瓶子易于购买。如果样品装在箱子中送往实验室分析，则箱盖必须设计成可以防止瓶塞松动，防止样品溢漏或污染。

含无机物的样品，多采用由聚乙烯、氟塑料和碳酸酯制成的容器。常用的高密度聚乙烯瓶，如图 1.1-4 所示，适合于水中的二氧化硅、钠、总碱度、氯化物、氟化物、电导率、pH 和硬度的分析。塑料容器适用于放射性核素和含属于玻璃主要成分的元素的水样。采样设备经常用氯丁橡胶垫圈和油质润滑的阀门，这些材料均不适合于采集含有机物和微生物的样品。

图 1.1-4　聚乙烯等塑料容器

一般玻璃瓶用于有机物和生物品种，如图 1.1-5 所示。用于微生物检验的样品容器应能耐受高温灭菌，并在灭菌温度下不释放或产生任何能抑制生物活动或导致生物死亡或促进生物生长的化学物质。一些光敏物质（如藻类），为防止光的照射，多采用不透明材料或棕色玻璃瓶，而且在整个存放期间，它们应放置在避光的地方。不锈钢可用于高温或高压的样品，或用于微量有机物的样品。溶解氧和 BOD_5 必须用专用的容器。

图 1.1-5　玻璃容器

因此，选择采集和存放样品的容器时，除要具备上述要求的物理特性外，若样品需分析微量组分，选择容器时还应该遵循以下准则。

①制造容器的材料应对水样的污染最小，如玻璃（尤其是软玻璃）溶出无机组分和从塑料及合成橡胶溶出有机化合物及金属（增塑的乙烯瓶盖衬垫、氯丁橡胶盖）。

②清洗和处理容器壁的性能，以便减少微量组分，如重金属或放射性核素对容器表面的污染。

③制造容器的材料在化学和生物方面具有惰性，使样品组分与容器之间的反应降到最低限度。

④因待测物吸附在样品容器上也会引起误差。尤其是测痕量金属，其他待测物（如洗涤剂、农药、磷酸盐）也可引起误差。

（2）样品容器的洗涤。

所有的准备都应确保不发生正负干扰。尽可能使用专用容器，如不能使用专用容器，那么最好准备一套容器进行特定污染物的测定，以减少交叉污染。同时应注意防止以前采集高浓度分析物的容器因洗涤不彻底而污染随后采集的低浓度污染物的样品。

对于新容器，一般应先用洗涤剂清洗，再用纯水彻底清洗。但是，洗涤剂可能引起干扰，如当分析富营养物质时，含磷酸盐的清洁剂的残渣污染。如果使用，应确保洗涤剂和溶剂的质量。如果测定硅、硼和表面活性剂，则不能使用洗涤剂。所用的洗涤剂类型和选用的容器材质要根据待测组分来确定。测磷酸盐不能使用含磷洗涤剂；测硫酸盐或铬则不能用铬酸-硫酸洗液。测重金属的玻璃容器及聚乙烯容器通常用盐酸或硝酸（c=1 mol/L）洗净并浸泡 1～2 d 后用蒸馏水或去离子水冲洗。

①洗涤液的配制及样品容器的洗涤方式。

一般洗涤液是将适量表面活性剂（如洗洁精、洗衣粉、肥皂水）等溶解于清水中，配成溶液。

铬酸洗液是将 25 g 重铬酸钾固体在加热条件下溶于 50 mL 水中，然后向溶液中加入 450 mL 浓硫酸（注意试剂加入顺序），边加边搅拌，即配成铬酸洗液。配好的洗液应为深褐色。待溶液冷却后，储于磨口塞小口瓶中密塞备用。

使用铬酸洗液时，注意用过的铬酸洗液不能随意乱倒；只要洗液未变为绿色，应倒回原瓶，以备下次使用；若洗液变为绿色，表明洗液已失去去污力，要倒入废液缸，另行处理，绝不能乱倒入下水道。另铬酸洗液具有强腐蚀性，会灼伤皮肤、破坏衣物，如皮肤、衣物不慎沾上洗液，要立即用水冲洗。见表 1.1-1。

表 1.1-1　样品容器的洗涤方式

洗涤类型	洗涤方式	监测指标	样品容器	建议采样量/mL
Ⅰ	洗涤剂洗 1 次，自来水洗 3 次，蒸馏水洗 1 次	pH	P 或 G	250
		色度	P 或 G	1 000
		悬浮物	P 或 G	500
		五日生化需氧量	溶解氧瓶	250
		化学需氧量	G	1 000
		氨氮	P 或 G	500
		总氮	P 或 G	100
		总磷	P 或 G	250
Ⅱ	洗涤剂洗 1 次，自来水洗 2 次，（1+3）HNO_3 荡洗 1 次，自来水洗 3 次，蒸馏水洗 1 次	石油类和动植物油类	G	500
Ⅲ	洗涤剂洗 1 次，自来水洗 2 次，（1+3）HNO_3 荡洗 1 次，自来水洗 3 次，去离子水洗 1 次	汞	P 或 G	250
		铬	P 或 G	100
		六价铬	P 或 G	250
		砷	P 或 G	250
		镉	P 或 G	250
		铅	P 或 G	250
		烷基汞	P	2 500

洗涤类型	洗涤方式	监测指标	样品容器	建议采样量/mL
Ⅳ	铬酸洗液洗1次，自来水洗3次，蒸馏水洗1次。如果采集污水样品可省去用蒸馏水、去离子水清洗的步骤	阴离子表面活性剂	P或G	250

注：P为聚乙烯瓶等材质塑料容器；G为硬质玻璃容器。

对于采集微生物和生物的采样容器，须经160℃干热灭菌2 h。经灭菌的微生物和生物采样容器必须在2周内使用，否则应重新灭菌。经121℃高压蒸汽灭菌15 min的采样容器，如不立即使用，应于60℃将瓶内冷凝水烘干，2周内使用。细菌检测项目采样时不能用水样冲洗采样容器，不能采混合水样，应单独采样2 h后送实验室分析。

②样品容器洗净的判断标准和要求。

新购置的样品瓶必须清洗。样品容器的洗净判断标准：样品容器的内外器壁不应附着油污和不溶物，可以被水完全润湿，器壁上留有一层薄而均匀的水膜，而不挂水珠。

③样品瓶空白本底测试。

采样瓶空白本底测试，指用纯水注入样品瓶后作为一个样品，按照实际样品分析程序测定空白试验结果，检验采样瓶是否合格。每种材料不同规格的样品瓶每批至少抽取1%（不够100个样品瓶，最少抽测1个）。经过清洗后的样品瓶，按项目进行空白试验。空白试验结果低于检出限，抽检结果合格。当检测结果高于检出限时，应查找原因，重复清洗本批次至合格为止。

3．保存剂及配套设备的准备工作

（1）保存剂。

准备好的保存剂，需选用优级纯及以上纯度。保存剂应做好试剂标识、贴好标签，标明保存剂名称、浓度、配制日期、配制人、保存剂有效日期等信息。污水监测中常用的保存剂如表1.1-2所示。

表1.1-2　污水监测中常用的保存剂

保存剂名称	浓度	盛装容器	配制方法	适用项目
硫酸	98%，优级纯	玻璃瓶	—	化学需氧量、高锰酸盐指数、氨氮、总磷、总氮
硝酸	65%，优级纯	玻璃瓶	—	铜、锌、镉、铅
盐酸	37%，优级纯	玻璃瓶	—	汞、硒、砷、石油类
磷酸	85%，优级纯	玻璃瓶	—	挥发酚

保存剂名称	浓度	盛装容器	配制方法	适用项目
硫酸铜	固体	称量纸、封口袋	0.5 g/份，1 g/L	挥发酚
乙酸锌-乙酸钠溶液	—	玻璃瓶	50 g 乙酸锌和 12.5 g 乙酸钠溶液溶于 1 L 水中	硫化物
氢氧化钠	40 g/L	塑料瓶	10 g 氢氧化钠溶于 250 mL 水中	
氢氧化钠	固体	塑料瓶	0.25 g/份，0.5 g/L	氰化物

（2）保存剂箱。

采样单位需配备专用的具备防震功能的保存剂箱，如图 1.1-6 所示，可自行设计或购买成品，不允许将固定剂随意放置在纸板箱或水桶内，以防沾污和意外。

收纳状态　　工作状态

图 1.1-6　保存剂箱

（3）保存剂添加用具及其他辅助工具。

保存剂添加用具统一使用一次性滴管或一次性刻度吸管。保存剂辅助工具还包括玻璃棒、广泛 pH 试纸或 pH 计或 pH 笔、一次性手套等。添加时，采用一剂一管、一用一弃的原则，不得重复使用。

（4）保存剂使用前抽检。

采样任务开始前需进行保存剂的抽检工作。抽测必须覆盖该保存剂添加的所有分析项目。以分装的数量计，所有保存剂至少抽测 10%的比例。

保存剂本底检测方法：取两份或两份以上纯水样，加入保存剂，然后不经蒸馏、消解等实验室预处理，直接分析后测定水样浓度。如检测结果小于检出限，则该批次保存剂合格；否则，应查找原因，或更换保存剂后重新检验。

4．现场测试仪器及辅助用品的准备

按照监测项目所采用的分析方法的要求，选择现场测试仪器，如 pH 计、DO 测定仪等，并提前进行仪器校准。

准备现场采样所需的纯水、样品箱、低温保存箱以及记录表格、标签、安全防护用品等辅助品。准备的纯水质量应符合《分析实验室用水规格和试验方法》（GB/T 6682—2008）要求。

三、注意事项

（1）确定样品容器的数量时，要充分考虑各监测指标合并采样情况和质控样品的数量。

（2）采样人员应通过岗前培训考核，持证上岗，切实掌握采样技术与安全防护措施，熟知水样固定、保存、运输条件。参与水质采样的人员应身体健康，适应工作要求，现场采样时至少两人同时在场。

（3）准备必要的防护设备、急救用品。现场采样时，若采样位置附近有腐蚀性、高温、有毒、挥发性、可燃性物质，须穿戴防护用具。现场监测人员要特别注意安全，避免滑倒落水，必要时应穿戴救生衣。

子任务 1.2　水样的采集

一、任务目的

水样采集主要原则：水样必须具有足够的代表性；水样必须不受任何意外的污染。

水样的代表性是指样品中各种组分的含量都应符合被测水体的真实情况。为了得到具有真实代表性的水样就必须根据水样类型选择恰当的采样位置，合理确定采样时间和频率，并按技术规范正确采集水样。

二、方法步骤

1. 监测点位设置

（1）进水监测点位。城镇污水处理厂内的污水及污泥处理的上清液等一般都接入进水前池，所以可能干扰或影响监测上游排放污水的进厂水质，取进水水样时，应在其排放口前边取样，或者取两个不同的水样作对比。一个水样包括所有污水，代表处理厂的总负荷；另一个水样不包括本厂污水，代表上游来水负荷。

进水取样地点一般选在总进水口（粗格栅前）是基于获得进水的原始水样，而选在水下 1 m 是基于样品垂直分布的代表性，尤其是避免了油类等因现有工艺（如气浮技术等）而导致采样不合理。此外，采集深度定于浅表层也是便于样品采集的一种考虑。

（2）污染物排放监测点位。在污染物排放（控制）标准规定的监控位置设置监测点位。如工业废水的采样点往往要根据分析的目的来确定，并与生产工艺有关，通常选择在工厂的总排放口，车间或工段的排放口以及有关工序或设备的排水点。

对于环境中难以降解或能在动植物体内蓄积，对人体健康和生态环境产生长远不良影响，具有致癌、致畸、致突变的污染物，根据环境管理要求确定的应在车间或生产设施排放口监控的水污染物，在含有此类水污染物的污水与其他污水混合前的车间或车间预处理设施的出水口设置监测点位，如果含此类水污染物的同种污水实行集中预处理，则车间预处理设施排放口是指集中预处理设施的出水口。如环境管理有要求，还可同时在排污单位的总排放口设置监测点位。

对于其他水污染物，监测点位设在排污单位的总排放口。如环境管理有要求，还可同时在污水集中处理设施的排放口设置监测点位。

总出水口出水水样（消毒后排放口）选在水下 1 m 处或排放管道中心处是因为液体在管中的流速最大，足够保证液体呈湍流的特征，使采集的水样更具代表性。

（3）污水处理设施处理效率监测点位。监测污水处理设施的整体处理效率时，在各污水进入污水处理设施的进水口和污水处理设施的出水口设置监测点位；监测各污水处理单元的处理效率时，在各污水进入污水处理单元的进水口和污水处理单元的出水口设置监测点位。

工艺中间控制点主要指为保证城镇污水处理厂的正常运转而必须获得的一些工艺参数而进行的采样。采样地点一般可包括沉砂池、初沉池、生物反应池、二沉池、污泥回流池、消毒池等。由于污水处理工艺各异，各厂可根据本厂的工艺控制要求设置取样点。

（4）雨水排放监测点位。排污单位应雨污分流，雨水经收集后由雨水管道排放，监测点位设在雨水排放口；如环境管理要求雨水经处理后排放的，监测点位按污染物排放监测点位设置。

2. 采样位置

采样位置应在污水混合均匀的位置，如计量堰跌水处、巴歇尔量水槽喉管处等。

在排水管道或渠道中流动的废水，由于管壁的滞留作用，同一断面的不同部位，流速和浓度都有可能不相同。污水的采样位置应在采样断面的中心。当水深大于 1 m 时，应在表层下 1/4 深度处采样；当水深小于等于 1 m 时，在水深的 1/2 处采样。

在封闭管道中采样，采样器探头或采样管不能靠近管壁。湍流部位，如“T”形管、弯头、阀门的后部，水流可充分混合，一般作为最佳采样点，等速采样除外。

采集抽水设备中的水样时，应先放水数分钟，再取样。

在排污暗管（渠）落水口处或观察孔采样，可直接用采样桶采集。因此可在水面以下 1/4 或 1/2 水深处取样，作为代表平均浓度的废水水样。

在接纳废水入口后的排水管道或渠道中，采样点应布设在离废水（或支管）入口约 20～30 倍管径的下游处以保证两股水流的充分混合。

3．采样方式

（1）基本要求。

采集的水样应具有代表性，能反映污水的水质情况，满足水质分析的要求。水样采集方式可通过手工或自动采样。自动采样是通过仪器设备按预先编定的程序自动连续或间歇式采集水样的过程，自动采样时所用的水质自动采样器应符合《水质自动采样品　技术要求及检测方法》（HJ/T 372—2007）的相关要求。

（2）瞬时采样。

瞬时采样是指从污水中随机手工采集的单一水样。下列情况适用瞬时采样：

①所测污染物性质不稳定，易受到混合过程的影响；

②不能连续排放的污水，如间歇排放；

③需要考察可能存在的污染物，或特定时间的污染物浓度；

④需要得到污染物最高值、最低值或变化情况的数据；

⑤需要得到短期（一般不超过 15 min）的数据以确定水质的变化规律；

⑥需要确定水体空间污染物变化特征，如污染物在水流的不同断面和（或）深度的变化情况；

⑦污染物排放（控制）标准等相关环境管理工作中规定可采集瞬时水样的情况。

当排污单位的生产工艺过程连续且稳定，有污水处理设施并正常运行，其污水能稳定排放的（浓度变化不超过 10%），瞬时水样具有较好的代表性，可用瞬时水样的浓度代表采样时间段内的采样浓度。

（3）混合采样

下列情况适用混合采样：

①计算一定时间的平均污染物浓度；

②计算单位时间的污染物质量负荷；

③污水特征变化大；

④污染物排放（控制）标准等相关环境管理工作中规定可采集混合水样的情况。

混合采样包括等时混合水样和等比例混合水样两种。等时混合水样是指在某一时段内，在同一采样点位按等时间间隔所采等体积水样的混合水样。等比例混合水样是指在某一时段内，在同一采样点位所采水样量随时间或流量成比例的混合水样。

当污水流量变化小于平均流量的 20%，污染物浓度基本稳定时，可采集等时混合水样。

当污水的流量、浓度甚至组分都有明显变化，可采集等比例混合水样。等比例混合水样一般采用与流量计相连的水质自动采样器采集，分为连续比例混合水样和间隔比例混合水样两种。连续比例混合水样是在选定采样时段内，根据污水排放流量，按一定比例连续采集的混合水样。间隔比例混合水样是根据一定的排放量间隔，分别采集与排放量有一定比例关系的水样混合而成。

4．采样频次

排污单位的排污许可证、相关污染物排放（控制）标准、环境影响评价文件及其审批意见、其他相关环境管理规定等对采样频次有规定的，按规定执行。

如未明确采样频次的，按照生产周期确定采样频次。生产周期在 8 h 以内的，采样时间间隔应不小于 2 h；生产周期大于 8 h，采样时间间隔应不小于 4 h；每个生产周期内采样频次应不少于 3 次。如无明显生产周期、稳定、连续生产，采样时间间隔应不小于 4 h。

每个生产日内采样频次应不少于 3 次。排污单位间歇排放或排放污水的流量、浓度、污染物种类有明显变化的，应在排放周期内增加采样频次。雨水排放口有明显水流动时，可采集 1 个或多个瞬时水样。

为确认自行监测的采样频次，排污单位也可在正常生产条件下的一个生产周期内进行加密监测：周期在 8 h 以内的，每小时采 1 次样；周期大于 8 h 的，每 2 h 采 1 次样；每个生产周期采样次数不少于 3 次；采样的同时测定流量。

5．水样采集的方法

为了保证水样的真实代表性，采样应仔细认真进行。训练有素、技术纯熟的操作者往往可以获得较佳的水样。

（1）水样采集的一般方法。

①采样前要认真检查采样器具、样品容器及其瓶塞（盖），及时维修并更换采样工具中的破损和不牢固的部件。样品容器确保已盖好，减少污染的机会并安全存放。注意用于微生物等组分测试的样品容器在采样前应保证包装完整，避免采样前造成容器污染。

②到达监测点位，采样前先将采样容器及相关工具排放整齐。

③对照监测方案采集样品。采样时应去除水面的杂物、垃圾等漂浮物，不可搅动水底部的沉积物。

④采样前先用水样荡涤采样容器和样品容器 2～3 次。

⑤对不同的监测项目选用的容器材质、加入的保存剂及其用量、保存期限和采集的水样体积等，须按照监测项目的分析方法要求执行；如未明确要求，可按照附表 A 执行。

⑥采样完成后应在每个样品容器上贴上标签，标签内容包括样品编号或名称、采样日期和时间、监测项目名称等，同步填写现场记录。

⑦采样结束后，核对监测方案、现场记录与实际样品数，如有错误或遗漏，应立即补采或重采。如采样现场未按监测方案采集到样品，应详细记录实际情况。

（2）五日生化需氧量水样的采集。单独采样，且使用干燥的样品瓶。采样前，不用水样对样品瓶进行冲洗。采集的水样不进行自然沉降。采样时不可搅动水底部的沉积物，不能混入漂浮于水面上的物质。将水样采集于棕色玻璃瓶中，水样必须注满，上部不留空间，样品量不少于 1 000 mL。使用溶解氧瓶时需用水封口。

（3）石油类水样的采集。石油类水样单独采样，且使用干燥的样品瓶。采样前，不用水样对样品瓶进行冲洗。采样前先破坏可能存在的油膜，在水面至 300 mm 采集柱状水样，采集的水样全部用于测定。用 1 000 mL 样品瓶（专用石油瓶或玻璃瓶）采集。

（4）粪大肠菌群水样的采集。粪大肠菌群水样单独采样，优先采集，使用已灭菌并且封包好的样品瓶或无菌袋。采样前，不用水样对样品瓶进行冲洗。

采样时，小心开启包装纸和瓶盖，避免瓶盖及瓶子颈部受杂菌污染。采样后在瓶内要留足够的空间，采样量一般为采样瓶容量的 80%左右。采样完毕，迅速扎上无菌包装纸。

6．现场监测项目的测定

（1）现场监测项目的测定。水温、pH 等能在现场测定的监测项目或分析方法中要求须在现场完成测定的监测项目，应在现场测定。

（2）流量测量。已安装自动污水流量计，且通过计量部门检定或通过验收的，可采用流量计的流量值。采用明渠流量计测定流量，应按照《城市排水流量堰槽测量标准》（CJ/T 3008.1～5）等相关技术要求修建或安装标准化计量堰（槽）。

排污渠道的截面底部须硬质平滑，截面形状为规则几何形，排放口处需有 3～5 m 的平直过流水段，且水位高度不小于 0.1 m。通过测量排污渠道的过水截面积，以流速仪测量污水流速，计算污水量。

在以上流量测量方法不满足条件无法使用时，可用统计法、水平衡计算等方法。

（3）水样感官指标的描述。用文字描述水的颜色、浑浊度、气味（嗅）等样品状态、水面有无油膜等表观特征，并均应做现场记录。

三、注意事项

（1）部分监测项目采样前不能荡洗采样器具和样品容器，如动植物油类、石油类、挥发性有机物、微生物等。

（2）部分监测项目在不同时间采集的水样不能混合测定，如水温、pH、色度、动植物油类、石油类、生化需氧量、硫化物、挥发性有机物、氰化物、余氯、微生物、放射性等。

（3）部分监测项目保存方式不同，须单独采集储存，如动植物油类、石油类、硫化物、挥发酚、氰化物、余氯、微生物等。

（4）部分监测项目采集时须注满容器，不留顶上空间，如生化需氧量、挥发性有机物等。

子任务 1.3　水样的保存

一、任务目的

各种水质的水样，从采集到分析这段时间内，由于物理的、化学的、生物的作用会发生不同程度的变化，这些变化使进行分析时的样品已不再是采样时的样品，为了使这种变化降低到最小的程度。水样采集后尽快送到化验室分析，如无法立即测定，需根据水样特点、所含组分及监测需求采用合适的保存方法，对样品加以保护，以确保水样的代表性。

二、方法步骤

1. 水样的保存方法

（1）过滤和离心。

采样时或采样后，用滤器（如滤纸、聚四氟乙烯滤器、玻璃滤器）等过滤样品或将样品离心分离都可以除去其中的悬浮物、沉淀、藻类及其他微生物。

过滤样品的目的就是区分被分析物的可溶性和不可溶性的比例（如可溶和不可溶金属部分）。用前清洗以避免吸附、吸收损失。因为各种重金属化合物、有机物容易吸附在滤器表面，滤器中的溶解性化合物如表面活性剂会溶到样品中。滤器的选择要注意与分析方法相匹配，一般测有机项目时选用砂芯漏斗和玻璃纤维漏斗，选用玻璃纤维或聚四氟乙烯膜过滤，而在测定无机项目时常用 0.45 μm 的醋酸纤维滤膜过滤。

（2）充满容器。

采样时使样品充满容器至溢流并盖紧塞子，使水样上方没有空隙，这种方法可以减少运输过程中水样的晃动，避免溶解性气体逸出、pH 变化、低价铁被氧化及挥发性有机物的挥发损失。对准备冷冻保存的样品不能充满容器，以防止因体积膨胀致使容器破裂。

（3）样品的冷藏、冷冻。

在大多数情况下，从采集样品后到运输到实验室期间，在 1～5℃冷藏并暗处保存，对保存样品就足够了。冷藏并不适用长期保存，对废水的保存时间更短。

–20℃的冷冻温度一般能延长贮存期。分析挥发性物质不适用冷冻程序。如果样品包含细胞、细菌或微藻类，在冷冻过程中，会使细胞壁破裂、损失细胞组分，同样不适用冷冻。冷冻需要掌握冷冻和融化技术，使样品在融化时能迅速地、均匀地恢复其原始状态，用干冰快速冷冻是令人满意的方法。一般选用塑料容器，强烈推荐聚氯乙烯或聚乙烯等塑料容器。

（4）添加保存剂。

①控制溶液 pH：测定金属离子的水样常用硝酸酸化至 pH 为 1～2，既可以防止重金属的水解沉淀，又可以防止金属在器壁表面上的吸附，同时在 pH 为 1～2 的酸性介质中还能抑制生物的活动。用此法保存，大多数金属可稳定数周或数月。测定氰化物的水样需加氢氧化钠调至 pH 为 12。测定六价铬的水样应加氢氧化钠调至 pH 为 8，因在酸性介质中，六价铬的氧化电位高，易被还原。保存总铬的水样，则应加硝酸或硫酸调至 pH 为 1～2。

②加入抑制剂：为了抑制生物作用，可在样品中加入抑制剂。如在测氨氮、硝酸盐氮和 COD 的水样中，加氯化汞或加入三氯甲烷、甲苯作防护剂以抑制生物对亚硝酸盐、硝酸盐、铵盐的氧化还原作用。在测酚水样中用磷酸调溶液的 pH，加入硫酸铜以控制苯酚分解菌的活动。

③加入氧化剂：水样中痕量汞易被还原，引起汞的挥发性损失，加入硝酸-重铬酸钾溶液可使汞维持在高氧化态，汞的稳定性大为改善。

④加入还原剂：测定硫化物的水样，加入抗坏血酸对保存有利。含余氯水样，能氧化氰离子，可使酚类、烃类、苯系物氯化生成相应的衍生物，为此在采样时加入适当的硫代硫酸钠予以还原，除去余氯干扰。样品保存剂如酸、碱或其他试剂在采样前应进行空白试验，其纯度和等级必须达到分析的要求。

2. 常用污水监测项目的保存技术

在《城镇污水处理厂污染物排放标准》（GB 18918—2002）污水排放标准中规定了19个基本控制项目，具体为pH、色度、化学需氧量、生化需氧量、悬浮物、石油类、动植物油类、阴离子表面活性剂、总氮、氨氮、总磷、粪大肠菌群、汞、烷基汞、铬、铅、铬、六价铬、砷。此外，还列出了43项选择控制项目。常用污水监测项目的保存技术参见表1.3-1。

表1.3-1 常用污水监测项目的保存技术

项目	采样容器	保存方法	保存期限	备注
pH	P或G	—	12 h	—
色度	P或G	—	12 h	—
化学需氧量	G	H_2SO_4，pH≤2	2 d	—
	P	−20℃冷冻	30 d	—
高锰酸盐指数	G	H_2SO_4，pH≤2	2 d	—
	P	−20℃冷冻	30 d	—
生化需氧量	溶解氧瓶	冷藏，避光	12 d	—
	P	冷藏，避光	30 d	—
悬浮物	P或G	冷藏，避光	14 d	—
石油类和动植物油类	G	HCl，pH≤2	7 d	—
阴离子表面活性剂	P或G	—	24 h	—
	G	1%（*V*/*V*）的甲醛，冷藏	4 d	—
总氮	P或G	H_2SO_4，pH≤2	7 d	—
	P	−20℃冷冻	30 d	—
氨氮	P或G	H_2SO_4，pH≤2	24 h	—
	P或G	H_2SO_4，pH≤2，冷藏	7 d	—
总磷	P或G	HCl、H_2SO_4，pH≤2	24 h	—
	P	−20℃冷冻	30 d	—
总大肠菌群和粪大肠菌群、细菌总数	G（灭菌）或无菌袋	与其他项目一同采样时，先单独采集微生物样品，不预洗采样瓶，冷藏避光，样品采集至采样瓶体积的80%左右，冷藏	6 h	如水样中有余氯，每1 L样品中加入80 mg $Na_2S_2O_3 \cdot 5H_2O$
溶解氧	溶解氧瓶	加入硫酸锰，碱性KI叠氮化钠溶液，现场固定	24 h	—
硫酸盐	P或G	冷藏，避光	30 d	—

项目	采样容器	保存方法	保存期限	备注
汞	P 或 G	HCl 11%，如水样为中性，1 L 水样中加 10 mL 浓 HCl	14 d	—
烷基汞	P	如在数小时内样品不能分析，应在样品瓶中预先加入 $CuSO_4$，加入量为 1 g/L（水样处理时不再加入），冷藏	—	—
镉	P 或 G	HNO_3，1 L 水样中加 10 mL 浓 HNO_3，如用溶出伏安法测定，可改用 1 L 水样中加 19 mL 浓 $HClO_4$	14 d	—
铅	P 或 G	HNO_3，1%，如水样为中性，1 L 水样中加 10 mL 浓 HNO_3，如用溶出伏安法测定，可改用 1 L 水样中加 19 mL 浓 $HClO_4$	14 d	—
铬	P 或 G	HNO_3，1 L 水样中加 10 mL 浓 HNO_3	30 d	—
六价铬	P 或 G	NaOH，pH 8～9	14 d	—
砷	P 或 G	HNO_3，1 L 水样中加 10 mL 浓 HNO_3，DDTC 法，HCl 2 mL，如用原子荧光法测定，1 L 水样中加 10 mL 浓 HCl	14 d	—
挥发酚	G	H_3PO_4，pH 约为 2，用 0.01～0.02 g 抗坏血酸除去残余氯	24 h	—
硫化物	P 或 G	水样充满容器。1 L 水样加 NaOH 至 pH 约为 9，加入 5%抗坏血酸 5 mL，饱和 EDTA 3 mL，滴加饱和 $Zn(AC)_2$ 至胶体产生，常温避光	24 h	—
氰化物	P 或 G	NaOH，pH≥9，冷藏	7 d	如果硫化物存在，保存 12 h

三、注意事项

（1）加入一些化学试剂可固定水样中的某些待测组分，保存剂可事先加入空瓶中，也可在采样后立即加入水样中。所加入的保存剂不能干扰待测成分的测定，如有疑义应先做必要的试验。应特别避免磷酸对总磷等样品的沾污。

（2）当加入保存剂的样品，经过稀释后，在分析计算结果时要充分考虑稀释影响。但如果加入足够浓的保存剂，因加入体积很小，可以忽略其稀释影响。固体保存剂，因会引起局部过热，影响样品，应该避免使用。

（3）所加入的保存剂有可能改变水中组分的化学或物理性质，因此选用保存剂时一定要考虑对测定项目的影响。如待测项目是溶解态物质，酸化会引起胶体组分和固体的溶解，则必须在过滤后酸化保存。

（4）选用优级纯及以上保存剂，必须做保存剂空白试验，特别对微量元素的检测。要充分考虑加入保存剂所引起待测元素数量的变化。例如，酸类会增加砷、铅、汞的含量。因此，样品中加入保存剂后，应保留做空白试验。

（5）分析方法中规定尽快分析的项目，如化学需氧量、氨氮、总磷（冷藏）、阴离子表面活性剂（冷藏）等，采集当天能完成分析，可不加保存剂，否则仍需固定保存。

（6）用于添加保存剂的吸管要贴有明显的标签，做到专管专用，决不能混用，避免交叉污染。使用完的一次性滴管或一次性移液管应统一放置，送回实验室后按危险废物处理流程统一处理。

（7）各保存剂的添加要严格按顺序和剂量进行添加。

（8）浓硫酸、浓硝酸、氢氧化钠保存剂要妥善保管，以防丢失。

子任务 1.4　水质采样记录表

一、任务目的

水样是从需要待测的水体或污废水中取得的实物证据和资料，所以严格严谨的管理水样和认真无误的记录采样过程是十分必要的，可以为后续分析测定结果提供依据。

二、方法步骤

现场记录分为现场采样原始记录和现场监测原始记录两种类型。现场采样原始记录要说明现场的基本信息，同时体现质控措施，如采集平行样品、现场空白、运输空白等。现场监测原始记录要记录现场监测指标的测定结果，如pH、电导率、温度、溶解氧、流量等，同时要体现质控措施，如仪器的自校准或质控物质的测定结果，多次测定结果取平均值等。

现场记录应包含监测目的、排污单位名称、气象条件、采样日期、采样时间、现场测试仪器型号与编号、采样点位、生产工况、污水处理设施处理工艺、污水处理设施运行情况、污水排放量/流量、现场测试项目和监测方法、水样感官指标的描述、采样项目、采样方式、样品编号、保存方法、采样人、复核人、排污单位人员及其他需要说明的有关事项等。格式可参考表1.4-1。

表1.4-1　污废水采样原始记录

<table>
<tr><td colspan="2">企业名称</td><td></td><td colspan="2">行业类别</td><td colspan="2"></td><td colspan="2">厂址</td><td colspan="2"></td><td>采样地点</td><td></td></tr>
<tr><td rowspan="2">天气状况</td><td rowspan="2">气温</td><td rowspan="2">水温</td><td rowspan="2">pH</td><td colspan="2" rowspan="2">溶解氧</td><td rowspan="2">浊度</td><td rowspan="2">电导率</td><td colspan="2" rowspan="2">测量方法</td><td rowspan="2">流速</td><td rowspan="2">流量</td><td>年　月　日</td></tr>
<tr><td>排放方式和去向</td></tr>
<tr><td></td><td></td><td></td><td></td><td colspan="2"></td><td></td><td></td><td colspan="2"></td><td></td><td></td><td></td></tr>
<tr><td colspan="2" rowspan="2">样品编号</td><td rowspan="2">采样位置</td><td colspan="8">采样时段</td><td rowspan="2">分析项目</td><td rowspan="2">保存方法</td></tr>
<tr><td colspan="2">时</td><td colspan="2">分</td><td colspan="2">时</td><td colspan="2">分</td></tr>
<tr><td colspan="2"></td><td></td><td colspan="2"></td><td colspan="2"></td><td colspan="2"></td><td colspan="2"></td><td></td><td></td></tr>
<tr><td colspan="2"></td><td></td><td colspan="2"></td><td colspan="2"></td><td colspan="2"></td><td colspan="2"></td><td></td><td></td></tr>
<tr><td colspan="2"></td><td></td><td colspan="2"></td><td colspan="2"></td><td colspan="2"></td><td colspan="2"></td><td></td><td></td></tr>
<tr><td colspan="2"></td><td></td><td colspan="2"></td><td colspan="2"></td><td colspan="2"></td><td colspan="2"></td><td></td><td></td></tr>
<tr><td colspan="2"></td><td></td><td colspan="2"></td><td colspan="2"></td><td colspan="2"></td><td colspan="2"></td><td></td><td></td></tr>
<tr><td colspan="2" rowspan="5">感官描述</td><td>样品编号</td><td colspan="2">颜色</td><td colspan="2">气味</td><td colspan="2">浮油</td><td colspan="2">其他</td><td>备注</td><td></td></tr>
<tr><td></td><td colspan="2"></td><td colspan="2"></td><td colspan="2"></td><td colspan="2"></td><td></td><td></td></tr>
<tr><td></td><td colspan="2"></td><td colspan="2"></td><td colspan="2"></td><td colspan="2"></td><td></td><td></td></tr>
<tr><td></td><td colspan="2"></td><td colspan="2"></td><td colspan="2"></td><td colspan="2"></td><td></td><td></td></tr>
<tr><td></td><td colspan="2"></td><td colspan="2"></td><td colspan="2"></td><td colspan="2"></td><td></td><td></td></tr>
<tr><td colspan="3"></td><td colspan="2">设施运转情况</td><td colspan="2">生产负荷</td><td colspan="5">现场监测仪器设备名称、型号及编号</td><td>备注</td></tr>
<tr><td colspan="3"></td><td colspan="2"></td><td colspan="2"></td><td colspan="5"></td><td></td></tr>
</table>

采样人：　　　年　月　日　　　　　　　　　　复核人：　　　年　月　日

三、注意事项

（1）原始记录应及时记录，不得以回忆方式填写或誊写。

（2）纸质原始记录使用墨水笔或中性笔书写，应做到字迹端正、清晰。

（3）原始记录上数据有误需要改正时，应在错误的数据上划斜线，再将正确数字补写在其上方，并在右下方签名（或盖章）。不得在原始记录上涂改或撕页。如原始记录下方内容为空白，需记录“以下空白”。

子任务 1.5　水样的运输和交接

一、任务目的

采集的各种水样从采集地到分析实验室之间有一定距离，运送样品的这段时间里，由于环境作用，水质可能会发生物理、化学和生物等各种变化，为使这些变化降低到最低程度，需要采取必要的保护性措施（如添加保护性试剂或制冷剂等），并尽可能缩短运输时间。

二、方法步骤

1. 水样运输的基本要求

（1）盛水容器应当妥善包装，以免它们的外部受到污染，特别是水样瓶颈部和瓶塞在运送过程中避免破损或丢失。装箱前要确保样品容器的外（内）盖盖紧。玻璃瓶要塞紧磨口塞，然后用细绳将瓶塞与瓶颈系紧或用封口胶、石蜡封口（测油类水样除外）。

（2）同一采样点的样品应尽量装在同一样品箱内，采取必要的减震措施。将样品瓶装箱并采用泡沫塑料、波纹纸板等隔开，以避免样品容器在运输过程中因振动碰撞而破损。

（3）需要冷藏的样品应配备专门的隔热容器，放入制冷剂，将样品瓶置于其中。为防止生物样品发生变化，应对样品冷藏防腐或用冰块保存。水样存放点要尽量远离热源，不要放在可能导致水温升高的地方（如汽车发动机旁），避免阳光直射。冬季采集的水样可能结冰，如果盛水器用的是玻璃瓶，则应采取保温措施以免破裂。

（4）根据所检测的项目要求，水样要在保存时间内送到检测室，并同时考虑检测准备工作所需要的时间。

2. 水样交接的基本要求

（1）样品交接时，实验室样品管理员根据任务单的要求，认真核对样品的监测项目、数量、标识、状态、外观、包装、特殊采样要求等相关信息，接收样品时应由双方逐一核对，填写水样交接记录，如表 1.5-1 所示。样品信息不全或样品不符合监测要求时，样品管理员拒绝接收该样品。

（2）接收样品后应由交接双方共同签字进行确认。由样品管理员提供唯一性样品标识。

（3）样品管理员及时做好分样、移样的样品标识转移，并根据样品测试状态在样品测试状态框中做相应的标记。

（4）为保证样品进入化验室后始终处于受控状态。保持样品流转过程中的可追溯性。样品的每一次传递，传递人和接收人应在样品流转单上签字确认。记录样品的交接时间、状态，样品的标识系统应在化验室的整个期间予以保留。标识系统的使用应确保样品在实物上或在涉及的记录和其他文件中被提及时不会发生任何混淆。

（5）样品管理员应根据样品贮存要求，建立和维持样品的贮存和保管条件，以保证样品在任何时候都不会发生退化、丢失、损坏或泄漏。如需对样品实施特殊条件的贮存和保管，则建立用于维持环境所需要的监控手段以及建立相应的监控记录，对某些样品延长储存时间可能影响待测样品时，应规定最长保留时间并在规定的时间内监测。

（6）样品管理员应使样品的贮存环境安全、无腐蚀、清洁干燥且通风良好、安全保密措施得到维护，无关人员不得进入样品间。

（7）库存样品分类存放，避免样品储存期间污染或样品性质发生变化，并做好区间标识。

（8）样品管理员对样品在本单位期间的保存、安全、保密、完好负责，对监测、流转期间的样品管理实施监督。

表 1.5-1　水样交接记录

样品编号	监测项目	样品瓶是否完好	标签是否完好整洁	样品数量	保存方式	备注

采样人：　　　　　　　　收样人：　　　　　　　　交接时间：

三、注意事项

（1）水样运输过程中，要合理规划路线，记录运输路径和时间，在规定时间内将样品送到化验室。

（2）进行样品交接时，须清点和检查样品，并在交接记录上签字。样品交接记录内容包括交接样品的日期和时间、样品数量和性状、测定项目、保存方式、交样人、收样人等。收样人员应关注以下信息：

①打开冷藏避震箱时，箱内温度记录仪显示的温度是否超过 5℃；

②从样品采集完成到样品运抵实验室的总时长是否超过保存时间；

③样品瓶是否存在破裂或发生漏液问题；

④样品箱数量或编码，样品瓶数量、规格或编码是否与样品交接工单相符。

任务小结

通过水样采集的任务，熟悉了水样采集需要的采样器材，可以根据测定项目选择设备、工具和洗涤取样器皿；掌握了水样采集、保存的方法，可以根据水样类型选择取样位置，并按技术规范采集水样，按指标要求进行水样的保存；了解了水质采样记录填写规范和水样运输与交接的要求；可以正确填写水质采样记录表，做好水样的运输与交接工作。

任务练习

（1）水样采集前应做哪些准备工作？

（2）哪些情况适于采集混合水样？

（3）测定五日生化需氧量的水样在采集时有哪些注意事项？

（4）保存水样的基本要求是什么？保存水样多采用哪些措施？

（5）水样在运输过程中有哪些基本要求？

相关知识

一、水样变化的原因

1．物理作用

光照、温度、静置或振动，敞露或密封等保存条件及容器材质都会影响水样的性质。如温度升高或强振动会使一些物质如氧、氰化物及汞等挥发，长期静置会使 $Al(OH)_3$、$CaCO_3$、$Mg_3(PO_4)_2$ 等沉淀。某些容器的内壁能不可逆地吸附或吸收一些有机物或金属化合物等。

2．化学作用

水样及水样各组分可能发生化学反应，从而改变某些组分的含量与性质。例如，空气中的氧能使二价铁、硫化物等氧化，六价铬在酸性条件下易被还原成三价铬。由于物质价态的变化，可能致使一些沉淀与溶解、聚合或解聚现象发生，这类如多聚无机磷酸盐、聚硅酸等。

3．生物作用

细菌、藻类，以及其他生物体的新陈代谢会消耗水样中的某些组分，产生一些新组分，改变一些组分的性质，生物作用会对样品中待测的一些项目，如溶解氧、二氧化碳、含氮化合物、磷及硅等的含量及浓度产生影响。

二、采样污染地避免

在采样期间必须避免样品受到污染。应该考虑所有可能的污染来源，必须采取适当的控制措施以避免污染。

（1）潜在的污染来源包括以下几个方面：

①在采样容器和采样设备中残留的前一次样品的污染；

②来自采样点位的污染；

③采样绳（或链）上残留水的污染；

④保存样品的容器的污染；

⑤灰尘和水对采样瓶瓶盖及瓶口的污染；

⑥手、手套和采样操作的污染；

⑦采样设备内部燃烧排放的废气污染；

⑧固定剂中杂质的污染。

（2）控制采样污染常用的措施有以下几种：

①尽可能使样品容器远离污染，以确保高质量的分析数据；

②避免采样点水体的搅动；

③彻底清洗采样容器及设备；

④安全存放采样容器，避免瓶盖和瓶塞的污染；

⑤采样后擦拭并晾干采样绳（或链），然后存放起来；

⑥避免用手和手套接触样品，这一点对微生物采样尤为重要，微生物采样过程中不允许手和手套接触采样容器及瓶盖的内部和边缘；

⑦确保从采样点到采样设备的方向是顺风向，防止采样设备内部燃烧排放的废气污染采样点水体；

⑧采样后应检查每个样品中是否存在巨大的颗粒物，如叶子、碎石块等，如果存在，应弃掉该样品，重新采集。

三、采样质量控制

1．基本要求

对不同的监测项目，按选用分析方法中的要求采集质量控制样品。采样前，保存剂应进行空白试验，其纯度和等级须达到分析的要求；采样器具和样品容器质量应进行抽检，抽检合格方可使用。

2．全程序空白样品

按分析方法中的要求采集全程序空白样品，空白测定值应符合分析方法中的要求，一般应低于方法检出限。如分析方法中未明确，每批次水样均应采集全程序空白样品，与水样一起送实验室分析，以判断分析结果的准确性，掌握全过程操作步骤和环境条件对样品的影响。

3．现场平行样品

按分析方法中的要求采集现场平行样品。如分析方法中未明确，对均匀样品，凡能做平行双样（除现场监测项目、悬浮物、石油类、动植物油类、微生物等）的监测项目也应采集现场平行样品，每批次水样应采集不少于10%的现场平行样品（自动采样除外），样品数量较少时，每批次水样至少做 1 份样品的现场平行样品。当现场平行样品测定结果差异较大时，应对水样进行复核，检查采样和分析过程对结果的影响。

任务 2　样品分析

任务综述

本任务包括 4 个子任务，分别是用温度计法测定样品的水温、用玻璃电极法测定样品的 pH、用电化学探头法测定样品的溶解氧和用重量法测定样品的悬浮物（如硫酸盐、全盐量）。

任务实施

子任务 2.1　温度计法测定水温

一、任务目的

（1）学会用水温计测定样品的水温。

（2）学会用深水温度计测定样品的水温。

（3）学会用颠倒温度计测定样品的水温。

二、实训仪器与试剂

名称	规格
水温计	测量范围为−6～40℃，分度值为 0.2℃
深水温度计	测量范围为−2～40℃，分度值为 0.2℃
颠倒温度计	主温度计测量范围为−2～32℃，分度值为 0.1℃；辅温度计测量范围为−20～50℃，分度值为 0.5℃

三、方法步骤

水温应在采样现场进行测定。

1. 表层水温的测定

将水温计投入水中至待测深度，感温 5 min 后，迅速上提并立即读数。从水温计离开水面至读数完毕应不超过 20 s，读数完毕后，将筒内水倒净。

2. 水深在 40 m 以内水温的测定

将深水温度计投入水中，与表层水温的测定相同步骤进行测定。

3. 水深在 40 m 以上水温的测定

将安装有闭端式颠倒温度计的颠倒采水器，投入水中至待测深度，感温 10 min 后，由“使锤”作用，打击采水器的“撞击开关”，使采水器完成颠倒动作。

感温时，温度计的贮泡向下，断点以上的水银柱高度取决于现场温度，当温度计颠倒时，水银在断点断开，分成上、下两部分，此时接受泡一端的水银柱示度，即为所测温度。

上提采水器，立即读取水温计上的温度。

根据主、辅温计的读数，分别查主、辅温计的器差表（由温度计检定证中的检定值线性内插作成）得相应的校正值。当水温测量不需要十分精确时，则主温表的订正值即可作为水温的测量值。

四、注意事项

（1）当现场温度高于 35℃或低于−30℃时，水温计在水中的停留时间要适当延长，以达到温度平衡。

（2）在冬季的东北地区读数应在 3 s 内完成，否则水温计表面形成一层薄冰，影响读数的准确性。

（3）水温表或颠倒温度表应定期校核。

子任务 2.2　玻璃电极法测定水样的 pH

一、任务目的

（1）掌握电极法测定水样 pH 方法。

（2）掌握酸度计的使用方法。

二、实训仪器与试剂

名称	规格/浓度
酸度计	—
标准缓冲溶液 I	c（$C_8H_5KO_4$）=0.05 mol/L，pH=4.00（25℃）
标准缓冲溶液 II	c（Na_2HPO_4）=0.025 mol/L， c（KH_2PO_4）=0.025 mol/L，pH=6.86（25℃）
标准缓冲溶液III	c（$Na_2B_4O_7$）=0.01 mol/L，pH=9.18（25℃）
pH 广泛试纸	—

三、方法步骤

1．测定前准备

按照使用说明书对电极进行活化和维护，确认仪器正常工作。现场测定应了解现场环境条件以及样品的来源和性质，初步判断是否存在强酸碱、高电解质、低电解质、高氟化物等干扰，并进行相应的准备。

2．仪器校准

使用 pH 广泛试纸粗测样品的 pH，根据样品的 pH 大小选择两种合适的标准缓冲溶液。两种标准缓冲溶液 pH 相差约 3 个 pH 单位。样品 pH 尽量在两种标准缓冲溶液 pH 范围之间，若超出范围，样品 pH 至少与其中一个标准缓冲溶液 pH 之差不超过 2 个 pH 单位。

手动温度补偿的仪器，将标准缓冲溶液的温度调节至与样品的实际温度一致，用温度计测量并记录温度。校准时，将酸度计的温度补偿旋钮调至该温度上。带有自动温度补偿功能的仪器，无须将标准缓冲溶液与样品保持同一温度，按照仪器说明书进行操作。

采用两点校准法，按照仪器说明书选择校准模式，先用中性（或弱酸、弱碱）标准缓冲溶液，再用酸性或碱性标准缓冲溶液校准。

3．样品测定

用蒸馏水冲洗电极并用滤纸边缘吸去电极表面水分，现场测定时根据使用的仪器取适量样品或直接测定；实验室测定时将样品沿杯壁倒入烧杯中，立即将电极浸入样品中，缓慢水平搅拌，避免产生气泡。待读数稳定后读取 pH。具有自动读数功能的仪器可直接读取数据。每个样品测定后用蒸馏水冲洗电极。

4．数据记录与数据处理

测定结果保留小数点后 1 位，并注明样品测定时的温度。

四、注意事项

（1）酸度计 1 min 内读数变化小于 0.05 个 pH 单位即可视为读数稳定。

（2）酸度计及电极应参照仪器说明书使用和维护。

（3）为减少空气中酸碱性气体的溶入，或样品中相应物质的挥发，测定前不应提前打开采样瓶。

（4）测定 pH＞10 的强碱性样品时，应使用聚乙烯烧杯。

（5）使用过的标准缓冲溶液不允许再倒回原瓶中。

子任务 2.3　电化学探头法测定水中溶解氧

一、任务目的

（1）掌握电化学探头法测定样品的溶解氧的方法。

（2）掌握溶解氧测量仪的使用方法。

二、实训仪器与试剂

名称	规格/浓度
溶解氧测量仪	—
磁力搅拌器	—
温度计	—
气压表	—
溶解氧瓶	—

三、方法步骤

使用测量仪器时，应严格按照仪器说明书的规定，如图 2.3-1 所示为不同型号的溶解氧测量仪。

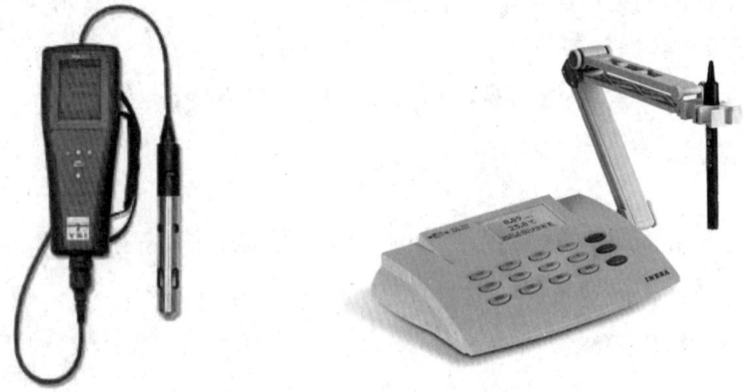

图 2.3-1　溶解氧测量仪

1．校准

零点检查和调整：当测量的溶解氧质量浓度水平低于 1 mg/L（或 10%饱和度）时，或者当更换溶解氧膜罩或内部的填充电解液时，需要进行零点检查和调整。若仪器具有零点补偿功能，则不必调整零点。

零点调整：将探头浸入零点检查溶液中，待反应稳定后读数，调整仪器到零点。

接近饱和值的校准：在一定的温度下，向蒸馏水中曝气，使水中氧的含量达到饱和或接近饱和。在这个温度下保持 15 min，采用《水质　溶解氧的测定　碘量法》（GB 7489—1987）规定的方法测定溶解氧的质量浓度。

将探头浸没在瓶内，瓶中完全充满，按上述步骤制备并测定的样品，让探头在搅拌的溶液中稳定 2～3 min 以后，调节仪器读数至样品已知的溶解氧质量浓度。

2．测定

将探头浸入样品，不能有空气泡截留在膜上，停留足够的时间，待探头温度与水温达到平衡，且数字显示稳定时读数。必要时，根据所用仪器的型号及对测量结果的要求，检验水温、气压或含盐量，并对测量结果进行校正。

3．数据记录与数据处理

溶解氧的质量浓度以每升水中氧的毫克数表示或者以饱和百分率表示的溶解氧含量。

四、注意事项

（1）当仪器不能再校准，或仪器响应变得不稳定或较低时，及时更换电解质或膜。

（2）探头的膜接触样品时，样品要保持一定的流速，防止与膜接触的瞬间将该部位样品中的溶解氧耗尽，使读数发生波动。

对于流动样品（如河水）：应检查水样是否有足够的流速（不得小于 0.3 m/s），若水流速低于 0.3 m/s 需在水样中往复移动探头，或者取分散样品进行测定。

对于分散样品：容器能密封以隔绝空气并带有搅拌器。将样品充满容器至溢出，密闭后进行测量。调整搅拌速度，使读数达到平衡后保持稳定，并不得夹带空气。

（3）新仪器投入使用前、更换电极或电解液以后，应检查仪器的线性，一般每隔 2 个月进行 1 次线性检查。

（4）经常使用的电极建议存放在存有蒸馏水的容器中，以保持膜片的湿润。干燥的膜片在使用前应该用蒸馏水湿润活化。

（5）当将探头浸入样品中时，应保证没有空气泡截留在膜上。

子任务 2.4　重量法测定水中悬浮物、硫酸盐、全盐量

一、任务目的

（1）掌握用重量法测定样品的悬浮物。

（2）掌握用重量法测定样品的硫酸盐。

（3）掌握用重量法测定样品的全盐量。

二、实训仪器与试剂

名称	规格/浓度
全玻璃微孔滤膜过滤器	—
烘箱	—
马弗炉	—
二水合氯化钡溶液	100 g/L

名称	规格/浓度
甲基红指示剂溶液	1 g/L
硝酸银溶液	0.1 mol/L
盐酸溶液	1+1

三、方法步骤

1. 悬浮物的测定

（1）用扁嘴无齿镊子夹取微孔滤膜放于事先恒重的称量瓶中，移入烘箱中于103～105℃烘干30 min后取出，将干燥器内冷却至室温，称其质量。反复烘干、冷却、称量，直至两次称量的质量差≤0.2 mg。将恒重的微孔滤膜正确的放在滤膜过滤器的滤膜托盘上，加盖配套的漏斗，并用夹子固定好，如图2.4-1所示。以蒸馏水湿润滤膜，并不断吸滤。

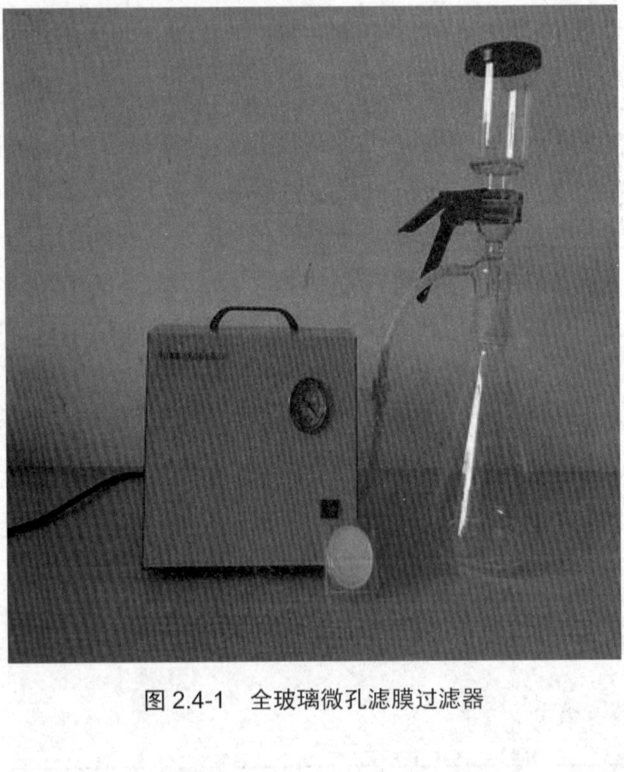

图 2.4-1　全玻璃微孔滤膜过滤器

（2）量取充分混合均匀的试样 100 mL 抽吸过滤。使水分全部通过滤膜。再以每次10 mL蒸馏水连续洗涤3次，继续吸滤以除去痕量水分。

（3）停止吸滤后，仔细取出载有悬浮物的滤膜放在原恒重的称量瓶中，移入烘箱中于103～105℃下烘干1 h后移入干燥器，使冷却到室温，称其质量。反复烘干、冷却、称量。直至两次称量的质量差≤0.4 mg为止。

2．硫酸盐的测定

（1）预处理。

将量取的适量可滤态试料置于 500 mL 烧杯中，加两滴甲基红指示剂，用适量的盐酸或者氨水调至显橙黄色，再加 2 mL 盐酸，加水使烧杯中溶液的总体积至 200 mL，加热煮沸至少 5 min。如果试料中二氧化硅的浓度超过 25 mg/L，则应将所取试料置于铅蒸发皿中，在蒸汽浴上蒸发到近干，加 1 mL 盐酸将铅蒸发皿倾斜并转动使酸和残渣完全接触，继续蒸发到干，放在 180℃的烘箱内完全烘干。如果试料中含有机物质，就在燃烧器的火焰上炭化，然后 2 mL 水和 1 mL 盐酸把残渣浸湿，再在蒸汽浴上蒸干。加入 2 mL 盐酸，用热水溶解可溶性残渣后过滤。用少量热水多次反复洗涤不溶解的二氧化硅，将滤液和洗液合并，并调节酸度。

如果需要测总量而试料中又含有不溶解的硫酸盐，则将试料用中速定量滤纸过滤，并用少量热水洗涤滤纸，将洗涤液和滤液合并，将滤纸转移到铅蒸发皿中，在低温燃烧器上加热灰化滤纸，将 4 g 无水碳酸钠同皿中残渣混合，并加热至 900℃使混合物熔融，冷却后，用 50 mL 水将熔融混合物转移到 500 mL 烧杯中，使其溶解，将滤液和洗液合并，并调节酸度。

沉淀：将预处理所得的溶液加热至沸，在不断搅拌的同时缓慢加入（10±5）mL 热氯化钡溶液，直到不再出现沉淀，然后多加 2 mL，在 80～90℃下保持不少于 2 h 或在室温至少放置 6 h，最好过夜以陈化沉淀。

（2）灼烧沉淀法。

用少量无灰过滤纸纸浆与硫酸钡沉淀混合，用定量致密滤纸过滤，用热水转移并洗涤沉淀，用几份少量温水反复洗涤沉淀物，直至洗涤液不含氯化物为止。滤纸和沉淀一起，置于事先在 800℃灼烧恒重后的瓷坩埚里烘干，小心灰化滤纸后，将坩埚移入高温炉中，在 800℃灼烧 1 h，放在干燥器内冷却、称重，直至灼烧至恒重。

（3）烘干沉淀法。

用在 105℃干燥并已恒重后的熔结玻璃坩埚过滤沉淀，用带橡皮头的玻璃棒及温水将沉淀定量转移到坩埚中，用几份少量的温水反复洗涤沉淀，直至洗涤液不含氯化物。取下坩埚，并在烘箱内于（105±2）℃干燥 1～2 h 放在干燥器内冷却、称重，直至干燥至恒重。

洗涤过程中氯化物的检验：在含约 5 mL 硝酸银溶液的小烧杯中收集约 5 mL 的洗涤水，如果没有沉淀生成或者不显浑浊，即表明沉淀中已不含氯离子。

3．全盐量的测定

将蒸发皿洗净，放在（105±2）℃烘箱中烘 2 h，取出后放在干燥器内冷却后称量。

反复烘干、冷却、称量，直至恒重，放入干燥器中备用。

将水样上清液用垫有 0.45 μm 孔径的有机微孔滤膜的滤器过滤，弃去初滤液 10～15 mL，滤液用干燥洁净玻璃器皿接取。

移取过滤后水样 100.0 mL 于瓷蒸发皿内，放在蒸汽浴上蒸干。若水中全盐量大于 2 000 mg/L，可酌情减少取样体积，用水稀释至 100 mL。

如果蒸干残渣有色，待蒸发皿稍冷后。滴加过氧化氢溶液数滴，慢慢旋转蒸发皿至气泡消失，再置于蒸汽浴上蒸干，反复处理数次，直至残渣变白或颜色稳定不变为止。

将蒸干的蒸发皿放入（105±2）℃烘箱内，烘干至恒重。

4．数据记录与数据处理

悬浮物含量 C 按式（2.4-1）计算：

$$C=\frac{(A-B)\times 10^6}{V} \tag{2.4-1}$$

式中，C—— 水中悬浮物浓度，mg/L；

A—— 悬浮物+滤膜+称量瓶质量，g；

B—— 滤膜+称量瓶质量，g；

V—— 试样体积，mL。

硫酸根含量 m（mg/L）按式（2.4-2）计算：

$$m=\frac{m_1\times 411.6\times 1\,000}{V} \tag{2.4-2}$$

式中，m_1—— 从试料中沉淀出来的硫酸钡质量，g；

V—— 试料的体积，mL；

411.6—— $BaSO_4$ 质量换算为 SO_4 的因数。

含盐量 C 按式（2.4-3）计算：

$$C=\frac{W-W_0}{V}\times 10^6 \tag{2.4-3}$$

式中，C—— 水中全盐量，mg/L；

W—— 蒸发皿及残渣的总质量，g；

W_0—— 蒸发皿的质量，g；

V—— 水样体积，mL。

四、注意事项

（1）测定悬浮物时，漂浮或浸没的不均匀固体物质不属于悬浮物质，应从水样中去除。

（2）为了不使水样中可能存在的硫化物或亚硫酸盐被空气氧化，测定硫酸盐时容器必须用水样完全充满。

（3）测定全盐量时，如有机物过多，应采用过氧化氢处理。

任务小结

通过本章节学习，能够使用温度计法测定样品的水温、玻璃电极法测定样品的 pH、电化学探头法测定样品的溶解氧以及用重量法测定样品的悬浮物（硫酸盐、全盐量）。

任务练习

（1）在某河流上采样，用温度计法测定样品的水温，为什么测定水温一定要在现场进行？

（2）重量法测定水样中悬浮物的主要步骤是什么？

（3）简述利用水温计测定水温的步骤。

（4）简述玻璃电极法测定样品 pH 的步骤。

（5）简述电化学探头法测定样品的溶解氧的方法。

相关知识

（1）水温是重要的水质理化指标。水的物理性质、化学性质与水温有密切关系。水中溶解性气体的溶解度、水生生物和微生物活动、化学和生物化学反应速度及盐度、pH 等都受水温变化的影响。

水的温度因水源不同而有很大的差异。一般来说，地下水温度比较稳定，通常为 8～12℃。地表水的温度随季节和气候变化较大，大致变化为 0～30℃。生活污水水温通常为 10～15℃。工业废水因工业类型、生产工艺的不同有较大差别。

（2）地表水中存在悬浮物使水体浑浊、透明度降低，影响水生生物的呼吸和代谢，甚至造成鱼类窒息死亡。悬浮物多时，还可能造成河道阻塞。造纸、皮革、选矿、湿法粉碎和喷淋除尘等工业操作中会产生大量含无机、有机的悬浮物废水。因此，在水和废水处理中，测定悬浮物具有重要意义。

（3）硫酸盐是硫在水中存在的主要形式，也是生物从水中获取硫的主要方式。此外，硫在水中还可以以亚硫酸盐、硫化物和含硫有机化合物的形式存在。

在自然界中，硫酸盐的分布很广。天然水中的硫酸根离子主要来自石膏、硫酸钠等矿岩的淋溶、硫铁矿的氧化、含硫有机物质的氧化分解以及某些工业废水的污染，浓度可以从每升几毫克至几千毫克。水中少量硫酸盐对人体健康无影响，但含量过高会导致腹泻，也会造成锅炉和热交换器的结垢。在厌氧条件下，硫酸盐会因细菌的生物还原作用而变为硫化氢，导致水体产生臭味，水体呈黑色，还会腐蚀下水道。

任务 3　数据处理

任务目的

（1）能准确记录操作数据。

（2）能对数据进行单位的换算。

（3）能对测定数据进行异常判断。

（4）能对测定结果的统计检验。

任务综述

（1）了解监测数据的记录方法。

（2）掌握监测数据单位的换算方法。

（3）掌握监测数据的异常值判断方法。

（4）掌握测定结果的统计检验的方法。

实训设备

计算机；或智能手机；或计算器（带统计功能）。

任务实施

子任务 3.1　监测数据记录

一、任务目的

实验室分析原始记录包括标准溶液配制及标定记录、仪器工作参数、校准曲线记录、各监测项目分析测试原始记录、内部质量控制记录等。各实验室可根据需要自行设计各类分析原始记录表。分析原始记录应包含足够的信息，以便在可能情况下找出影响不确定度的因素，并使实验室分析工作在最接近原来条件下能够复现。

在监测分析中，监测结果不仅表示试样中被测组分的含量，而且反映了测定的准确程度。为了正确地记录数据并得到准确、可靠的分析结果，需要根据测量仪器和分析方法的准确度正确的保留有效数字。

二、方法步骤

1．实验室分析原始记录要求

（1）污水现场监测采样、样品保存、样品交接、样品处理和实验室分析的原始记录应在记录表格上，按规定格式对各栏目认真填写，及时记录。

（2）原始记录表格应有统一编号，个人不得擅自销毁或损坏，用毕按期归档保存。

（3）原始记录应及时记录，不得以回忆方式填写或转誉。

（4）原始记录可采取纸质或电子介质的方式。采用电子介质方式记录时，存储的原始记录应采取适当措施备份保存，保证可追溯和可读取，防止记录丢失、失效或篡改。

（5）纸质原始记录使用墨水笔或中性笔书写，应做到字迹端正、清晰。如原始记录上数据有误需要改正时，应在错误的数据上划斜线，再将正确数字补写在其上方，并在右下方签名（或盖章）。不得在原始记录上涂改或撕页。如原始记录下方内容为空白，需记录“以下空白”。

（6）原始记录须有监测人员、校核人员签名，分析原始记录须有分析人员、校核人员和审核人员签名，并随监测结果同时报出。

（7）原始记录不能在非监测场合随身携带，不能随意复制、外借。

2．监测数据的有效数字

有效数字是指在测定中得到的具有实际意义的数字，包括全部能准确读取的数据和最后一位可疑数字，它们共同决定有效数字的位数，有效数字的位数反映了测定的准确度。例如，滴定管中消耗标准溶液体积的读数为 25.50 mL，前 3 位是从滴定管的刻度上读取的准确数据，第 4 位是估读的数字，此位数字称为不确定数字或可疑数字，因此，25.50 为 4 位有效数字。

根据分析方法和分析仪器的准确度确定有效数字位数。在测定方法和仪器准确度允许的范围内，数据中有效数字的位数越多，相对误差就越小，测定的准确度就越高。对于可疑数字，一般认为它可能有±1 个单位的绝对误差。例如，对于同一个样品的称量结果如果记录为 21.26 g，绝对误差为±0.01，相对误差为±0.05%；如果记录为 21.260 g，绝对误差为±0.001，相对误差为±0.005%；如果记录为21.260 0 g，绝对误差为±0.000 1，相对误差为±0.000 5%。显然数值相同的两个数，有效数字位数越多，引起的绝对误差和相对误差越小，准确度越高。

记录数据和计算结果应包含有效数字，数据中只有最后一位是可疑的，不应人为地增减数字的位数。例如，对于移液管的体积记为25.00 mL，对于量筒的体积则记为25 mL。因此，若量取20.00 mL和20 mL的溶液，前者应使用移液管，后者可使用量筒。

有效数字的位数可以按以下原则确定：

①非"0"数字都是有效数字。

②"0"具有双重意义，是不是有效数字取决于它在数字中的作用和位置。一般第一个非"0"数前的数字都不是有效数字，起定位作用；而第一个非"0"数后的数字都是有效数字，由测定所得。例如，分析天平称量时读数为0.200 0 g，其中数字前面1个"0"仅起定位作用，不是有效数字，后面3个"0"是测定所得数字，故其有效数字为4位。单位改变时，有效数字的位数不变。例如，从有效数字的角度来说，$2.0\ g=2.0\times10^3\ mg$，但$2.0\ g\neq2\ 000\ mg$。若数字后的"0"含义不清时，最好采用科学记数法的形式表示。例如，2 500 mg一般视为4位。根据实际测定的准确度，若是2位、3位或4位有效数字，则分别写成2.5×10^3 mg、2.50×10^3 mg、2.500×10^3 mg。

③对数值，如pH、pM、lgc、lgK等，它们的有效数字位数仅取决于小数点后的位数，因整数部分只代表该数的方次。如pH=12.68，换算为H^+浓度时，$c(H^+)=2.1\times10^{-13}$ mol/L，为2位有效数字，而不是4位。

④对于10^x或e等幂指数，其有效数字位数只与指数x的小数点后的位数相同。例如，$10^{0.003\ 5}$的有效数字位数为4位而不是2位，即$10^{0.003\ 5}=1.008$。

⑤计算式中的系数、常数（如π、e等）、倍数或分数和自然数，其有效数字位数不确定，可视为具有无限多位有效数字，其位数的多少视具体情况而定。因为这些数据不是测量所得到的。

3. 有效数字的修约规则

数据处理时可能涉及使用不同准确度的仪器或量器，所得测定数据的有效数字位数可能不同。因此，计算前必须按照统一的规则，合理确定数据位数，舍去数据后面多余的数字（称尾数），此过程称为"数字修约"。目前，数字修约多采用"四舍六入五留双"规则。

"四舍六入五留双"规则规定：当尾数≤4时则将其舍去；当尾数≥6时则进1位；当尾数为"5"而后面的数为零时，则看"5"的前1位，若为奇数就进位，若为偶数则舍去，"0"以偶数论；当"5"后面的数不完全为零时，无论前方是奇数还是偶数，都须向前进 1 位。例如，将下列数据全部修约为 2 位有效数字时：

4.346 8→4.3；0.305→0.3；7.396 7→7.4

18.500 1→19；0.255→0.26；6.650 0→6.6

修约数字时，只能对原数据一次修约到位，不能分步修约，否则会出错。例如，将“0.234 8”修约成 2 位有效数字时，应为 0.234 8→0.23；如果按 0.234 8→0.235→0.24 修约则是错的。

4．近似计算规则

（1）加减法。当几个数据相加或相减时，它们的和或差的有效数字位数取决于其中小数点后位数最少（绝对误差最大）的那个数据位数。

例如：	原数	绝对误差	修约后
	0.012 1	0.000 1	0.01
	25.64	0.01	25.64
+	1.057	0.001	1.06
	26.709 1		26.71

（2）乘除法。当几个数据相乘或相除时，它们的积或商的有效数字位数，应以其中有效数字位数最少（相对误差最大）的那个数为依据。

例如：（0.032 5×5.103×60.06）/139.8=0.071 2

在乘除运算中，如果有效数字位数最少的因数的首数是“8”或“9”，则积或商的有效数字位数可比这个因数多取 1 位。例如，9.0×0.251÷2.53，其中 9.0 的有效数字位数最少，只有 2 位，但它的相对误差约为±1%，与 3 位有效数字（10.0）的相对误差接近，故最后结果可保留 3 位，即 9.0×0.251÷2.53=0.893。

（3）乘方和开方。近似值乘方或开方时，计算结果的有效数字位数与原近似值有效数字位数相同。

（4）对数和反对数。在近似值的对数计算中，结果的小数点后的位数（不包括首数）应与原数的有效数字位数相同。

（5）平均值。求 4 个或 4 个以上准确度接近的数值的平均值时，其有效位数可增加 1 位。

三、注意事项

（1）分析结果的表示按照分析方法中的要求执行。原始数据必须立刻记录在实验卡片或预习报告的相应位置。

（2）按运算方法（加减或乘除）确定应保留的位数，修约后再运算，结果必须符合运算规则。用计算器进行多步运算时，过程中不必对每一步的计算结果进行修约，最后结果保留正确的有效数字。

（3）乘除法中有效数字位数最少的数的第 1 位数字大于等于 8 时，有效数字位数应多取 1 位。

（4）对于组分含量＞10%的测定，分析结果一般要求 4 位有效数字；对于组分含量为 1%～10%的测定，一般要求 3 位有效数字；对于组分含量＜1%的测定，一般要求 2 位有效数字即可。误差或偏差的计算结果仅需保留 1～2 位；平衡常数的计算一般保留 2～3 位。

（5）分析化学中常用的一些数字的有效数字位数：容量器皿、滴定管、移液管、容量瓶读准到 0.01 mL。分析天平（万分之一）读准到 0.000 1 g。标准溶液的浓度，用 4 位有效数字表示：0.100 0 mol/L。

（6）分析结果有效数字所能达到的小数点后位数，应与分析方法检出限的保持一致；分析结果的有效数字一般不超过 3 位。

（7）对检定合格的计量器具，有效位数可以记录到最小分度值，最多保留 1 位不确定数字（估计值）。

（8）表示精密度的有效数字根据分析方法和待测物的浓度不同，一般只取 1～2 位有效数字。

（9）以一元线性回归方程计算时，校准曲线斜率 b 的有效位数，应与自变量 x 的有效数字位数相等，或最多比 x_i 多保留 1 位。截距 a 的最后 1 位，则和因变量 y_i 数值的最后 1 位取齐，或最多比 y_i 多保留 1 位。校准曲线相关系数只舍不入，保留到小数点后第 1 个非 9 数字。如果小数点后多于 4 个 9，最多保留 4 位。

（10）在数值计算中，当有效数字位数确定之后，其余数字应按修约规则一律舍去。

（11）在数值计算中，某些倍数、分数、不连续物理量的数值，以及不经测量而完全根据理论计算或定义得到的数值，其有效数字的位数可视为无限，在计算中按需要确定有效数字的位数。

子任务 3.2　单位换算

一、任务目的

在水质监测分析中，往往需要通过监测数据的计算获得物质的含量或浓度，所以需要掌握物质的含量或浓度的单位，及其单位之间的换算。

二、方法步骤

1．物质的量浓度

物质的量浓度是指单位体积溶液中所含溶质的物质的量。例如，物质 T 的物质的量浓度，可用式（3.2-1）表达：

$$c_T = \frac{n_T}{V} \tag{3.2-1}$$

式中，n_T —— 溶质 T 的物质的量，mol 或 mmol；

V —— 溶液的体积，L 或 mL；

c_T —— 物质 T 的物质的量浓度，mol/L。

2．质量浓度

在微量或痕量组分分析中，常用质量浓度表示标准溶液的浓度。质量浓度是指溶质 T 的质量除以溶液的体积，用符号 ρ_T 表示，见式（3.2-2）：

$$\rho_T = \frac{m_T}{V} \tag{3.2-2}$$

式中，m_T —— 溶液中溶质 T 的质量，kg、g、mg 或μg 等；

V —— 溶液的体积，L、mL 等；

ρ_T —— 溶质 B 的质量浓度，kg/L、g/L、mg/mL 或μg/mL 等。例如，浓度为 0.100 0 g/L 的铜标准溶液，可表示为 ρ_c=0.100 0 g/L。

3．滴定度

在生产单位的例行分析中，常用滴度表示标准溶液的浓度。滴定度是指每毫升标准溶液 T 相当于被测物质 B 的质量。可用式（3.2-3）表达：

$$T_{T/B} = \frac{m_B}{V_T} = \frac{n_B M_B}{V_T} \tag{3.2-3}$$

式中，m_B —— 被测物质 B 的质量，g 或 mg；

V_T —— 标准溶液 T 的体积，mL；

M_B —— 物质 B 的摩尔质量，g/mol；

$T_{T/B}$ —— 滴定度，g/mL 或 mg/mL。例如，滴定度为 $TK_2Cr_2O_7/Fe$=0.005 000 g/mL 的 $K_2Cr_2O_7$ 标准溶液，表示每毫升 $K_2Cr_2O_7$ 溶液恰好能与 0.005 000 g Fe^{2+} 反应。如果采用该标准溶液滴定 Fe^{2+}，消耗体积为 23.50 mL，则可用下式简单计算被滴定溶液中铁的质量：m_{Fe}=0.005 000 g/mL×23.50 mL= 0.117 5 g。

4．物质的量浓度与滴定度的换算

标准溶液 T 与被测组分 B 的反应方程式为

$$tT+bB=cC+dD$$

则有：

$$n_B=\frac{b}{t}n_T \tag{3.2-4}$$

代入滴定度的定义表达式（3.2-3）得：

$$T_{T/B}=\frac{\frac{b}{t}n_T M_B}{V_T} \tag{3.2-5}$$

将 $n_T=c_T V_T$ 代入式（3.2-5），并把体积的单位换算成 mL，得：

$$T_{T/B}=\frac{b}{t}n_T M_B\times10^{-3}\ \text{mL/L} \tag{3.2-6}$$

或

$$c_T=\frac{t}{b}\times\frac{T_{T/B}\times10^{-3}\ \text{mL/L}}{M_B} \tag{3.2-7}$$

三、注意事项

1 mol 某物质的质量叫作该物质的摩尔质量，即以物质 B 的质量 m_B 除以物质 B 的物质的量 n_B 即该物质的摩尔质量 M_B，单位为 g/mol。

$$M_B=\frac{m_B}{n_B} \tag{3.2-8}$$

其值与所选定的基本单元有关，因此使用摩尔为单位时，必须根据摩尔的定义，将基本单元指明。基本单元选择不同时，摩尔质量的值不同，一定质量的某物质，其物质的量用不同基本单元表示时，其值也不相同。

例如，硫酸的基本单元可以是 H_2SO_4，也可以是 $\frac{1}{2}H_2SO_4$，基本单元不同，摩尔质量也不同。当选 H_2SO_4 做基本单元时，M（H_2SO_4）=98.08 g/mol，则 98.08 g 的 H_2SO_4 的物质的量为 n（H_2SO_4）=1 mol；当选 $\frac{1}{2}H_2SO_4$ 为基本单元时，$M\left(\frac{1}{2}H_2SO_4\right)$=2 H_2SO_4。基本单元不同，摩尔质量为 49.04 g/mol，98.08 g H_2SO_4 的物质的量表示为

$n\left(\frac{1}{2}H_2SO_4\right)$=2 mol。某选定基本单元物质的摩尔质量在数值上即为该基本单元对应物质的式量。

子任务 3.3　数据异常值判断

一、任务目的

在实际分析工作中，常会遇到一组平行测量数据中有个别的数据过高或过低这种数据称为可疑数据，也称异常值或逸出值。对可疑值的处理，应首先回顾和检查生产可疑值的实验过程，有无可觉察到的技术上的异常原因。当原因不明时，必须按一定的数理统计方法进行处理，决定保留还是舍弃。判断可疑测量值取舍常用的检验方法常用的有四倍法、迪克逊（Dixon）检验法和格鲁布斯（Grubbs）检验法。

二、方法步骤

1. 四倍法

四倍法又称 4 d 检验法，其方法如下：

（1）找出离群值 Z 可疑。

（2）求出除可疑值外其余数据的平均值 $\bar{X}$ 和平均偏差 $\bar{d}$。

（3）根据 Z 可疑偏离平均值 $\bar{X}$ 的大小，按下式判断离群值的弃留。

如果 $|Z_{可疑}-\bar{X}|\geqslant 4\bar{d}$，则可疑值舍去，否则保留。此法简单，在数理统计上不够严密，仅适用于测定 4～8 个数据的测量实验中，有一定的局限性。

【例 1】用 EDTA 标准溶液滴定某试液中的 Zn，进行 4 次平行测定，消耗 EDTA 标准溶液的体积分别为 26.32 mL、26.40 mL、26.44 mL、26.42 mL，试问 26.32 mL 是否保留？

解：首先不计可疑值 26.32，求得其余数据的平均值 $\bar{X}$ 和平均偏差 $\bar{d}$ 为 $\bar{X}$=26.42，$\bar{d}$=0.01 可疑值与平均值的绝对差值为 |26.32−26.42|=0.10＞4 $\bar{d}$ 0.04，故 26.32 应舍去。

2. 迪克逊（Dixon）检验法

迪克逊（Dixon）检验法又称 Q 检验法，是迪克森（W. J. Dixon）于 1951 年专为监测分析中少量观测次数（n＜10）提出的一种简易判据式。

按以下步骤确定可疑值的取舍：

（1）将各数据按递增顺序排列：X_1，X_2，X_3，…，X_{n-1}，X_n。

（2）求出最大值与最小值的差值（极差）$X_{max}-X_{min}$。

（3）求出可疑值与其最相邻数据之间的差值的绝对值$\left|X_i - X_{邻}\right|$。

（4）求出 Q［Q 等于（3）中的差值除以（2）中的极差］，即$\dfrac{\left|X_i - X_{邻}\right|}{X_{max} - X_{min}}$。

（5）根据测定次数 n 和要求的置信水平（如 95%）查表 3.3-1 得到值。

（6）判断：若计算 $Q>Q$ 表，则舍去可疑值，否则应予保留。

表 3.3-1　不同置信水平下的 Q 值临界值表

测定次数（n）	Q（90%）	Q（95%）	Q（99%）
3	0.94	0.97	0.99
4	0.76	0.84	0.93
5	0.64	0.73	0.82
6	0.56	0.64	0.74
7	0.51	0.59	0.68
8	0.47	0.54	0.63
9	0.44	0.51	0.60
10	0.41	0.49	0.57

【例 2】现场仪器测在同一点上 4 次测出：0.101 4、0.101 2、0.102 5、0.101 6，其中 0.102 5 与其他数值差距较大，是否应该舍去？

根据 Q 检验法：

（1）对数据进行从小到大排列：0.101 2、0.101 4、0.101 6、0.102 5。

（2）求出最大值与最小值的差值（极差）$X_{max}-X_{min}$，即 0.102 5−0.101 2=0.001 3。

（3）求出可疑数据与其相邻数值的差值的绝对值$\left|X_i - X_{邻}\right|$=0.102 5−0.101 6=0.000 9。

（4）计算 $Q=\dfrac{\left|X_i - X_{邻}\right|}{X_{max} - X_{min}}$=0.000 9/0.001 3=0.692。

（5）测试次数为 4，置信水平为 0.9 时的 Q 表=0.76。

（6）由于 $Q<Q$ 表，所以，0.102 5 不应舍弃。

3. 格鲁布斯（Grubbs）法

格鲁布斯（Grubbs）法又称 G 检验法，其检验步骤为：

（1）计算包括可疑值在内的测定平均值 $\bar{X}$ 。

（2）计算可疑值 X_i 与平均值 $\bar{X}$ 之差的绝对值。

（3）计算包括可疑值在内的标准偏差 s。

（4）按式（3.3-1）计算 G 值。

$$G=\frac{\left|X_i-\bar{X}\right|}{s} \tag{3.3-1}$$

（5）查表 3.3-2，得到 G 的临界值 $G_{a,n}$，当 $G>G_{a,n}$，则该可疑值应当舍弃，反之则应保留。

判断 G 值的临界标准时，要考虑到对置信度的要求。表 3.3-2 提供了临界 $G_{a,n}$ 值可供查阅。

G 检验法的优点在于判断可疑值的过程中，将 t 分布中的两个最重要的样本参数 $\bar{X}$ 及 s 引入，方法的准确度高，适用范围也广；但缺点是需要计算 $\bar{X}$ 和 s，手续较麻烦。

【例 3】测定某样品中 Ca^{2+} 含量，所得的结果如下：1.25%、1.27%、1.31%、1.40%用 G 检验法判断，1.40%是否保留（置信度为 95%）？

解：已知 $n=4$，计算得到 $\bar{X}=1.31$，$s=0.066$

$$G=\frac{\left|X_i-\bar{X}\right|}{s}=\frac{\left|1.40-1.31\right|}{0.066}=1.36$$

表 3.3-2　G 检验临界值（$G_{a,n}$）

测定次数（n）	3	4	5	6	7	8	9	10	11	12	13	14	15	20
a=0.05	1.15	1.46	1.67	1.82	1.94	2.03	2.11	2.18	2.23	2.29	2.33	2.37	2.41	2.56
a=0.025	1.15	1.48	1.71	1.89	2.02	2.13	2.21	2.29	2.36	2.41	2.45	2.51	2.55	2.71
a=0.01	1.15	1.49	1.75	1.94	2.10	2.22	2.32	2.41	2.48	2.55	2.61	2.66	2.71	3.88

查表 3.3-2，得 $G_{a,n}=G_{0.05,4}=1.46$，$G<G_{a,n}$，故 1.40%应保留。

三、注意事项

（1）用四倍法处理可疑数据的取舍是存有较大误差的，但是，由于这种方法比较简单，不必查表，故至今仍为人们所采用。显然，这种方法只能用于处理一些要求不高的实验数据。

（2）Q 检验适用于一组测量值得一致性检验和剔除离群值。G 检验法适用于检验多组测量值均值的一致性和剔除多组测量值中的离群均值；也可适用于一组测量值得一致性检验和剔除一组测量值中的离群值。

（3）在分析过程中获得一系列实验数据后，首先要判断数据是否有效，可采用四倍法、Q 检验法或 G 检验法等可疑数据进行取舍；其次要判断数据测定过程中是否存在系统误差和偶然误差，即进行精密度检验（F 检验）和准确度检验（t 验）。

子任务 3.4　测定结果的统计检验

一、任务目的

在定量分析中，常需要对两份试样或两种分析方法的分析结果的平均值与精密度等是否存在显著性差别作出判断，如果存在差别，还需要判断这些差别是由偶然误差引起，还是它们之间存在系统误差？这些问题都属于统计检验的内容，称为显著性检验或差别检验。统计检验的方法有很多种，在定量分析化学中最常用的是 t 检验法和 F 检验法，分别用于检验两个分析结果是否存在显著的系统误差或偶然误差。

二、方法步骤

1. *F* 检验法

F 检验（F test）法主要通过比较两组数据的方差 s^2，以确定它们的精密度是否有显著性差异。用于判断两组数据间存在的偶然误差是否有显著不同。

F 检验法的步骤是首先计算出两个样本的方差 s_1^2 和 s_2^2，它们分别代表方差较大和较小的那组数据的方差。然后按式（3.4-1）计算 F 值：

$$F=\frac{s_1^2}{s_2^2}(s_1^2>s_2^2) \tag{3.4-1}$$

计算时，规定方差大的 s_1^2 为分子，方差小的 s_2^2 为分母。将计算所得 F 值与表 3.4-1 所列 F 值（置信度为 95%）进行比较，若 $F>F$ 表，说明两组数据的精密度存在显著性差异；反之，则说明两组数据的精密度不存在显著性差异。

表 3.4-1 所列 F 值是单边值，可直接用于单侧检验，即检验某数据的精密度是否“≥”或“≤”另一组数据的精密度，此时置信度为 95%，显著性水平为 0.05。如果是进行双侧检验，判断两组数据的精密度是否存在显著性差异时，即一组数据的精密度可能“>”，也可能“<”另一组数据的精密度，显著性水平为单侧检验的两倍，即 a =0.10，此时的置信度 P=1−0.10=0.90，即 90%。

【例 4】用两种方法测定某试样中的某组分，A 法测定 6 次（n=6），标准偏差为 s_1=0.055；B 法测定 4 次（n=4），标准偏差为 s_2=0.022。问 A 法的精密度是否显著地优于 B 法的精密度？

解：已知 n_1=6　　s_1=0.055

n_2=4　　s_2=0.022

f_1=6−1=5　　f_2=4−1=3

由表 3.4-1 查得 F 表＝9.01，根据式（3.4-1）得：

$$F=\frac{s_1^2}{s_2^2}=\frac{0.055^2}{0.022^2}=0.625$$

F<F 表值，故 s_1^2 与 s_2^2 之间无显著性差别，即在 95%的置信水平上，两种方法的精密度之间不存在显著性差异。

表 3.4-1　置信度为 95%时的 F 值（单边）

f_2 \ f_1	2	3	4	5	6	7	8	9	10	∞
2	19.00	19.16	19.25	19.30	19.33	19.35	19.37	19.38	19.40	19.50
3	9.55	9.28	9.12	9.01	8.94	8.89	8.85	8.81	8.79	8.53
4	6.94	6.59	6.39	6.26	6.16	6.09	6.04	6.00	5.96	5.63
5	5.79	5.41	5.19	5.05	4.95	4.88	4.82	4.77	4.74	4.36
6	5.14	4.76	4.53	4.39	4.28	4.21	4.15	4.10	4.06	3.67
7	4.74	4.35	4.12	3.97	3.87	3.79	3.73	3.68	3.64	3.32
8	4.46	4.07	3.84	3.69	3.58	3.50	3.44	3.39	3.35	2.93
9	4.26	3.86	3.63	3.48	3.37	3.29	3.23	3.18	3.14	2.71
10	4.10	3.71	3.48	3.33	3.22	3.14	3.07	3.02	2.98	2.54
∞	3.00	2.60	2.37	2.21	2.10	2.01	1.94	1.88	1.38	1.00

注：f_1 为大方差数据的自由度；f_2 为小方差数据的自由度。

2. t 检验法

t 检验（Student's test）法是检查、判断某一分析方法或操作过程中是否存在较大的系统误差的统计学方法，主要用于以下几方面：

（1）平均值与标准值的比较。

在定量分析中，为了检验分析方法或操作过程中是否存在系统误差，可对标准试样进行 n 次平行测定得到平均值与标准值进行比较。假设消除了系统误差，总体平均值即是标准值（视为真值 X_T），那么是由 $\bar{X}-X_T \neq 0$ 引起的，测定误差应满足 t 分布，则 $\left|\bar{X}-X_T\right|=ts_{\bar{X}}$，即确定 t 统计量为

$$t=\frac{\left|\bar{X}-X_T\right|}{s_{\bar{X}}}=\frac{\left|\bar{X}-X_T\right|}{s/\sqrt{n}} \tag{3.4-2}$$

由表 3.4-2 查得 $t_{P,f}$ 值，计算统计量 t 值。若 $t<t_{P,f}$，在一定的置信度下，则判断该组数据的平均值与标准值无显著性差异，该差异是由随机误差引起的；否则认为 $\bar{X}$ 与 X_T 之间存系统误差。

表 3.4-2　$t_{P,f}$ 值表（双边）

f	P=0.90 a=0.10	P=0.95 a=0.05	P=0.99 a=0.01	f	P=0.90 a=0.10	P=0.95 a=0.05	P=0.99 a=0.01
1	6.31	12.71	63.66	11	1.80	2.20	3.11
2	2.92	4.30	9.92	12	1.78	2.18	3.06
3	2.35	3.18	5.84	13	1.77	2.16	3.01
4	2.13	2.78	4.60	14	1.76	2.14	2.98
5	2.02	2.57	4.03	15	1.75	2.14	2.95
6	1.94	2.45	3.71	20	1.72	2.09	2.84
7	1.90	2.36	3.50	30	1.70	2.04	2.75
8	1.86	2.31	3.35	40	1.68	2.02	2.70
9	1.83	2.26	3.25	60	1.67	2.00	2.66
10	1.81	2.23	3.17	∞	1.64	1.96	2.58

（2）两组平均值的比较。

不同分析人员或同一分析人员采用不同的方法测定同一试样，所得到的平均值不一定相等。可采用 t 检验法判断这两组数据之间是否存在系统误差，即两组平均值之间是否有显著性差异。

设两组分析数据分别为：$n_1 \quad s_1 \quad \bar{X}_1$

$n_2 \quad s_2 \quad \bar{X}_2$

它们的总体平均值分别为μ_1和μ_2。假设两组数据来自同一总体，则$\mu_1=\mu_2$，但由于随机误差的存在，$(\bar{X}_1-\bar{X}_2)$不一定为零。

先用 F 检验法检验 s_1 和 s_2 之间不存在显著性差异，则可以认为 $s_1 \approx s_2 \approx s_{合}$，按下式计算合并标准偏差，其中总自由度 $f=n_1+n_2-2$。

$$s_{合}=\sqrt{\frac{\sum_{i=1}^{n}\left(\bar{X}_{1i}-\bar{X}_1\right)^2+\sum_{i=1}^{n}\left(\bar{X}_{2i}-\bar{X}_2\right)^2}{n_1+n_2-2}}$$

$$s_{合}=\sqrt{\frac{s_1{}^2\left(n_1-1\right)+s_2{}^2\left(n_2-1\right)}{n_1+n_2-2}}$$

再计算统计量 t 值：

$$t=\frac{\left|\bar{X}_1-\bar{X}_2\right|}{s_{合}}\sqrt{\frac{n_1 n_2}{n_1+n_2}}$$

由表 3.4-2 查得 $t_{P,f}$值，若 $t>t_{P,f}$，可认为$\mu_1 \neq \mu_2$，两组数据不属于同一总体，即它们之间有显著性差异。若 $t<t_{P,f}$，可认为 $\mu_1=\mu_2$，两组数据属于同一总体，即两组数据之间不存在系统误差。

三、注意事项

（1）显著性检验的顺序是先进行 F 检验而后进行 t 检验。先由 F 检验确认两组数据的精密度无显著性差异后，才能使用 t 检验判断两组数据的均值是否存在系统误差。因为只有当两组数据的精密度无显著性差异时，准确度的检验才有意义，否则将会得出错误的判断。

（2）单侧与双侧检验。检验两个分析结果间是否存在显著性差异时，用双侧检验；若检验某分析结果是否明显高于（或低于）某值，则用单侧检验。t 分布曲线两侧对称，双侧及单侧检验临界值都常见，可根据要求选择，但多用双侧检验。F 分布曲线为非对称，也有单侧检验和双侧检验的临界值，但多用单侧检验。

任务小结

通过数据处理任务的学习，掌握了正确记录数据和计算数据的方法；学会了数据单位的换算方法；学会了用四倍法、迪克逊（Dixon）检验法和格鲁布斯（Grubbs）检验法判断异常数据；掌握了用测定结果的统计检验的方法。

任务练习

1. 简答题

（1）简述有效数字的修约规则。

（2）简述有效数字的运算规则。

（3）判断可疑测量值取舍常用的检验方法有哪些？

（4）简述显著性检验的方法。

2. 技能题

（1）已知浓硫酸的相对密度为 1.84，其中含 H_2SO_4 约 96%，求其浓度。欲配制 1 L 浓度为 0.20 mol/L 的 H_2SO_4 溶液，应取这种浓硫酸多少毫升？

（2）分析不纯 $CaCO_3$（其中不含干扰物质）时，称取试样 0.300 0 g，加入浓度为 0.250 0 mol/L HCl 标准溶液 25.00 mL。煮沸除去 CO_2，用浓度为 0.201 2 mol/L 的 NaOH 溶液返滴定过量的酸，消耗了 5.84 mL。计算试样中 $CaCO_3$ 的质量分数。

（3）用冷原子荧光法测定水中汞的含量，3 次测定结果分别为 0.001 mg/L、0.002 mg/L 和 0.009 mg/L。试问用 Q 检验法（置信度为 90%），判断可疑数据 0. 009 是否应弃去？

（4）在使用分光光度法测定水样中的总磷时，用 1 台旧仪器测定吸光度 6 次所得标准偏差 s_1=0.05%；再用 1 台性能稍好的新仪器测定 4 次所得标准偏差 s_2=0.02%。试问新仪器的精密度是否显著地优于旧仪器的精密度（用 F 检验法）？

相关知识

监测数据的五性

为了使环境监测的数据能够准确地反映环境质量的现状，预测污染的发展趋势，要求环境监测数据具有代表性、准确性、精密性、可比性和完整性。环境监测数据的“五性”是环境监测质量保证体系的必然结果和具体体现。

1. 代表性（representation）

代表性是指在具有代表性的时间、地点，按规定的采样要求采集有效样品。所采集的样品必须能反映环境质量的真实状况，所得到的监测数据能真实代表某污染物在环境中的存在状态以及环境质量状况。

由于污染物在环境中的排放并不是均匀的、有规律的，同时环境条件中的某些参数也不是一成不变的，所以污染物在环境中的分布也不可能是均匀连续的，因此必须充分考虑所测污染物的时间分布和空间分布，通过优化采样点位的布设以及优化采样频次，使所采集的环境样品具有代表性。

2．准确性（accuracy）

准确性是指测定值与真实值的符合程度。从环境样品的现场采集、保存、运送，到实验室的样品分析、所得数据的分析与处理等环节都会影响监测数据的准确性。监测数据的准确性用准确度来表征。准确度用绝对误差或相对误差表示。

3．精密性（precision）

在实际监测分析过程中，样品的真实值无从得知，因此监测数据的准确性无从判断。一般通过监测数据的精密性使其可靠性得到保证。在一定的条件下，通过重复测定同一样品，若干次测定结果之间的一致程度反映了监测数据的精密性。

4．可比性（compatibility）

可比性是指在一定的置信度的情况下，用不同的测定方法测量同一环境样品中的某污染物时，一组测定数据与另一组测定数据是否具有等效性的特性。它要求各实验室之间对同一样品的监测结果应相互可比，也要求每个实验室对同一样品的监测结果在相关项目之间具有数据可比，相同项目在没有特殊情况时，历年同期的数据也要求具有可比性。在此基础上，还应通过标准物质和标准方法的准确度量值传递与追溯系统，以实现国际、行业间、实验室间的数据一致性与可比性。

5．完整性（completeness）

完整性强调工作总体规划的切实完成，即保证按预期计划取得在时间上、空间上有系统性、周期性和连续性的有效样品，而且无缺漏地获得这些样品的监测结果及有关信息。